JN439011

식용작물학
Food Crop Science

식용작물학

Food Crop Science

남상용 · 김경민 · 박재령 지음

RGB

목차

머리말

벼는 우리나라 전 지역에서 재배가 가능하고 기후에도 잘 맞으며 우리 조상 대대로 내려오면서 우리의 삶 곳곳에 농사기술, 전래속담과 전통학문으로 스며 있다. 쌀은 우리나라의 주식을 넘어서 삶과 종교, 문화의 영역까지 깊숙이 연결되어 있다. 일종의 생명, 그 자체라고 해도 과언이 아니다. 예로부터 농업은 천하지대본(天下之大本)이었고 각종 세시풍속도 벼를 알아야 이해가 가능하였다. 벼를 잘 재배할 수 있게 농사철, 24절기를 이해하면 결혼을 시키고 분가도 시켰다. 전통대대로 밥이 하늘이었고 목숨줄이었다. 풍년이 들면 인구가 늘고 흉년이 들면 왕이 쫓겨나기도 했다. 보릿고개로 굶어 죽는 한이 있어도 벼 종자는 보존해야 했다. 처절한 삶의 현장이었고 최선을 다해 농업기술을 읽혔다. 재배 역사도 재배작물 중에서 가징 오래되어 반난년의 역사와 궤적을 같이 한다. 1960년대부터 시작된 녹색혁명이 1970년대에 통일벼로 성공을 거두었고 지금은 자급률 100%로 쌀이 남아돌아 저장창고도 모자랄 지경이고 저장 비용 때문에 가축의 사료화를 고민하고 있으며 실제 사료용 벼 품종이 상당수 나와 있다. 이런 와중에 식량자급률은 23%로 떨어지고 수량보다는 밥맛을 중시하고 품질에 관한 요구의 증가로 단백질 함량은 6% 이하로 내려가는 아이러니한 상황이 전개되고 있다. 그러나 대체 작물 정책으로 다른 작물을 심는 경우가 늘어나고 벼를 재배하는 논 면적 자체도 줄어들고 있어 식량안보와 비상상황 대비해야 한다는 목소리도 높다.

쌀은 소화가 잘되고 밥맛이 좋으며 양질의 에너지를 제공하는 우수한 식품이다. 세계 어떤 작물보다도 수량과 품질이 높으면서도 환경보전 기능과 수자원 보호, 경관과 같은 정서적 기능은 어떤 다른 것으로 대체할 수 없을 정도이다. 또한 기계화율이 98%로 높아진 우수한 재배기술과 품종 육성이 잘 되어 있어 실제로 재배하는 데 큰 어려움이 없으며 관련

농업 인프라도 잘 갖추어져 있다. 이러한 제반 시설들은 하루아침에 만들 수 없으므로 보호해야 할 가치가 충분한 작물이다. 우리에게 쌀이 없는 농업은 상상할 수도 없고 쌀이 없는 삶도, 벼를 재배하지 않고는 행복도, 미래도 담보할 수 없는 상황이 다. 혹자는 단순한 경제 논리를 펴기도 하는데 쌀 생산 기반은 한번 무너지면 회복시키는 데는 훨씬 많은 노력과 시간, 비용이 들어가기 때문에 생명 유지와 직결되고 건강을 보존하는 핵심적인 산업을 단순히 경제 논리로만 판단할 일이 아니다. 오히려 농업에 대한 평가절하와 희생 정책으로 우리나라의 농산업 발전이 이 정도에 이른 것을 인정하고 고마워해야 한다. 농업과 쌀 산업은 어떠한 경우라도 최우선 순위에서 보호하고 존중되어야 한다. 그렇지 않으면 언제 어떻게 우리의 삶이 무너져 내릴지 모른다.

아직도 우리는 부모님의 조건 없는 희생처럼 농민분들의 평가절하된 희생의 토대 위에 우리의 풍요와 행복이 얹어져 있다고 본다. 이제는 농업종사자들께 감사하고 존중하면서 조화로운 산업정책을 추구해야 한다. 농업은 행복 산업이고 생명 산업이기에 손해를 보더라도 해야 하고 하다 보면 즐거운 산업이 되기도 한다. 농업에 대한 보호와 지원정책은 전 세계가 공히 인정하는 부분이다. 선진국일수록 농업이 강하다. 그런데도 지원하며 보호한다. 우리나라도 많은 지원을 하는 것은 사실이나 아직도 미흡해 보인다. 이 책은 강의용 교재나 공무원 수험서로 가치 있게 사용되면 더 바랄 것이 없다. 아직 부족한 부분이 많다. 미흡한 부분과 잘못된 부분을 고쳐주시어 좀 더 나은 교재가 될 수 있도록 도와주시기를 바라마지 않는다.

2023년 3월 3일

불암산 기슭에서 남상용 드림

식용작물학 Food Crop Science

제1장
서론(Introduction)

식용작물은 과수나 관상수류 등과 같은 수목이 아닌 초본류이면서 에너지를 얻을 목적으로 식용이 가능하여 재배하는 식물을 말한다. 원예작물과 관상작물을 제외한 협의의 식량작물(food crop)은 주식이 되는 작물로 벼, 보리, 밀, 옥수수와 같은 단자엽인 화본과 작물과 콩, 땅콩, 완두와 같은 쌍자엽인 두과작물, 옥수수와 같은 잡곡류, 감자와 고구마와 같은 서류가 주요 식용작물이 된다. 여기에 공예작물과 사료작물, 녹비작물이 포함된다.

제1절 식용작물의 분류와 현황

세계의 작물 종류는 표 1-3에 나타낸 것처럼 식량작물이 40%를 차지한다. 표 1-2는 주요 작물의 화기와 과실을 비교한 표이다. 화기(꽃)는 작물의 육종과 생산성(수량)을 결정하는 중요한 부위가 된다. 표 1-1은 단자엽식물과 쌍자엽식물을 비교분석한 표이다. 표 1-5는 주요 작물의 학명, 염색체수, 배수성, 원산지를 분류하여 나타낸 것이다. 표 1-4는 바빌로프 원산지별 작물을 재분류한 표로 원산지가 비슷하면 기후와 토양이 유사하여 재배는 물론 병충해 관리에 유용하다. 다시말해 재배나 육종에서 해당 작물은 원산지를 보면 공통적인 생육 특성과 이용성을 추론해 낼 수 있는 좋은 지표가 된다.

1. 식량작물(food crop)

1) 벼는 주식(stable food) 작물로 대부분 논벼이고 일부만 밭벼(0.1% 미만임)로 재배되고 있다.
2) 맥류(wheat and barley)에는 보리(대맥), 밀(소맥), 귀리, 호밀 등이 있다.
3) 두류(pulse crop)는 콩과작물로 콩, 팥, 녹두, 땅콩, 강낭콩, 완두 등이 있다.
4) 잡곡류(miscellaneous cereals)에는 옥수수를 위시로 조, 피, 기장, 메밀, 수수 등이 있다.
5) 서류(root crop)는 뿌리작물로 고구마, 감자 등이 있다.

2. 공예작물(industrial crop)

1) 전분작물(starch crop)에는 고구마, 감자, 옥수수, 카사바 등이 있다.
2) 유료작물(oil crop)은 콩, 참깨, 들깨, 아주까리, 유채, 해바라기, 땅콩, 아마, 목화 등이 있다.
3) 섬유작물(fiber crop)은 목화, 대마, 모시풀, 아마, 어저귀, 왕골, 수세미, 닥나무, 고리버들 등이 있다.
4) 당료작물(sugar crop)은 식물체나 수액에서 당을 만드는 작물로 사탕무, 사탕수수, 스테비아 등이 있다.

3. 특용작물(special crop)

1) 약용작물(medicinal crop)에는 박하, 인삼, 제충국, 호프 등이 있다.
2) 기호작물(stimulant crop)에는 커피, 담배, 차 등이 있다.

4. 사료작물(forage crop)

1) 벼과(grasses) 사료작물은 옥수수, 호밀, 오처드그라스, 티머시, 라이그라스 등이 있다.
2) 콩과(legumes)에는 동부, 레드클로버, 알팔파, 화이트클로버 등이 있다.
3) 기타(micellaneous forage crop) 사료작물에는 사료용 호박, 순무, 비트, 돼지감자, 해바라기 등이 있다.

5. 녹비작물(green manure crop)

1) 벼과(화본과) 녹비작물에는 호밀, 보리 등이 있다.
2) 콩과(두과)에는 자운영, 클로버, 헤어리베치 등이 있다.

6. 원예작물(horticultural crop)

1) 채소(vegetable)

① 엽경채류(stem & leaf vegetable)에는 배추, 미나리, 상추, 셀러리, 시금치, 아스파라거스, 파, 양파, 마늘 등이 있다.
② 과채류(fruit vegetable)에는 고추, 오이, 수박, 가지, 토마토, 딸기, 참외, 호박 등이 있다.
③ 근채류(root vegetable)에는 감자, 고구마, 마, 생강, 무, 당근, 연근, 우엉, 토란 등이 있다.
④ 협채류(pod vegetable)는 콩과의 꼬투리(협)로 강낭콩, 동부, 완두, 콩 등이 있다.

2) 과수(fruit tree)

① 인과류(pome fruit)는 꽃받침이 발달한 것을 식용하는데 배, 사과, 비파 등이 있다.

② 핵과류(drupe fruit)는 중과피가 발달한 것으로 복숭아, 자두, 살구, 앵두, 대추, 매실 등이 있다.

③ 장과류(berry fruit)는 외과피가 발달한 것으로 딸기, 포도, 무화과 등이 있다.

④ 견과류(nut fruit)는 씨의 자엽이 발달한 것으로 밤, 호두, 피칸 등이 있다.

⑤ 준인과류(quasi-pome)는 자방이 발달한 것으로 감, 밀감(귤), 유자 등이 있다.

표 1-1. 주요 식량작물의 화기와 과실의 특성 비교

연번	작물명	화기 조성과 특성	화기당 종자와 과실
①	감자	암술 1, 수술 5, 꽃잎과 씨방이 분리됨	1~4개 종자(1과실)
②	고구마	암술 1, 수술 5, 꽃잎과 씨방이 분리됨	1~4개 종자(1과실)
③	벼	암술 1, 수술 6	1종자, 여러 개의 종자가 이삭을 구성함
④	보리	암술 1, 수술 3	1종자, 여러 개의 종자가 이삭을 구성함
⑤	옥수수	암꽃과 수꽃이 분리되어 있음(자웅동주, 자웅이화) 암꽃은 겉껍질로 싸여 있음	1종자 여러 개의 종자가 이삭을 구성함
⑥	콩	암술 1, 수술 10, 꽃잎과 씨방이 분리됨	여러 개 종자(1꼬투리(협))

표 1-2. 세계의 작물 종류

연번	작물종	작물수	비율(%)
①	식량작물	888	40
②	채소작물	342	15
③	사료작물	327	15
④	조미료작물	186	8
⑤	섬유작물	97	4
⑥	녹비작물	81	4
⑦	기호작물	70	3
⑧	유료작물	56	3
⑨	염료작물	48	2
⑩	기타	128	6
총합		2,223	100

3) 화훼류와 관상식물(flowering and ornamental plant)

① 초본류(herbaceous)에는 국화, 달리아, 난초, 금잔화, 스킨답서스, 코스모스 등이 있다.

② 목본류(woody)에는 장미, 철쭉, 동백, 무궁화, 벤자민 고무나무 등이 있다.

표 1-3. 원산지별 작물의 분류(바빌로프, 1935)

연번	지역	작물
①	남아메리카(칠레)	감자, 강낭콩, 고추, 담배, 땅콩, 목화, 옥수수, 토마토, 파인애플, 호박
②	인도, 동남아시아	가지, 녹두, 동부, 모시풀, 무, 바나나, 박, 벼, 사탕수수, 생강, 오이, 참깨
③	중국(한국)	감, 배, 메밀, 배추, 벼, 보리(6조종), 복숭아, 앵두, 양파, 인삼, 자두, 자운영, 조, 콩, 팥, 호두
④	중동(코카서스)	귀리, 마늘, 모과, 무화과, 밀, 보리(2조종), 사과, 서양배, 시금치, 알팔파, 유채, 포도, 호밀
⑤	중앙아메리카(멕시코)	강낭콩, 고구마, 고추, 옥수수, 해바라기, 호박(페포)
⑥	중앙아시아	귀리, 기장, 당근, 마늘, 무화과, 사과, 양파, 완두
⑦	중앙아프리카(이디오피아)	수박, 수수, 진주조, 참외, 커피
⑧	지중해	사탕무, 상추, 순무, 양귀비, 양배추, 오차드그래스, 완두, 우엉, 유채, 타임, 티머시

표 1-4. 주요 작물의 학명, 염색체 수, 배수성과 기원지

연번	작물명	분류	학명	염색체 수 (2n)	배수성	기원지(바빌로프)
①	가지	채소	*Solanum melongena*	24	2x	인도
②	감자	서류	*Solanum tuberosum*	48	4x	남미안데스
③	강낭콩	두류	*Phaseolus vulgaris*	22	2x	중앙아메리카
④	고구마	서류	*Ipomoea batatas*	90	6x	중앙아메리카
⑤	고추	채소	*Capsicum annuum*	24	2x	남미(페루)
⑥	귀리	화곡류	*Avena sativa*	42	6x	중앙아시아
⑦	기장	화곡류	*Panicum miliaceum*	36	4x	중앙아시아
⑧	담배	특용작물	*Nicotiana tabacum*	48	4x	아메리카대륙
⑨	대마초	특용작물	*Cannabis sativa*	20	2x	중앙아시아
⑩	딸기	채소류	*Fragaria chiloemsis*	56	8x	아메리카대륙

⑪	땅콩	두류	*Arachis hypogaea*	40	4x	브라질
⑫	메밀	잡곡류	*Fagopyrum esculentum*	16	2x	중국 북부
⑬	무	채소류	*Raphanus sativus*	18	2x	중국
⑭	밀	화곡류	*Oryza sativa*	24	2x	중국, 인도
⑮	벼	화곡류	*Triticum aestivum*	42	6x	중동
⑯	보리	화곡류	*Hordeum vulgare*	14	2x	티벳
⑰	복숭아	과수류	*Prunus persica*	16	2x	중국
⑱	사과	과수류	*Malus sylvestris*	34	2x, 3x, 4x	동유럽, 코카서스
⑲	사탕무	공예작물	*Beta vulgaris*	18	2x	동유럽, 지중해
⑳	사탕수수	공예작물	*Saccharum officinale*	80	8x	동남아시아
㉑	상추	채소류	*Lactuca sativa*	18	2x	지중해연안
㉒	수박	채소류	*Citrullus vulgaris*	22	2x	아프리카 중부
㉓	수수	화곡류	*Sorghum bicolor*	20	2x	아프리카 중부
㉔	아마	특용작물	*Linum usitatissimum*	30	2x	중앙아시아
㉕	알팔파	사료작물	*Medicago sativa*	16	2x	서남아시아
㉖	오렌지	과수류	*Citrus sinensis*	18	2x	인도
㉗	오이	채소류	*Cucumis sativus*	14	2x	지중해연안
㉘	옥수수	잡곡류	*Zea mays*	20	2x	남미안데스
㉙	완두	두류	*Pisum sativum*	14	2x	동남아시아
㉚	유채	채소류	*Brassica napus*	38	4x	스칸디나비아, 코카서스
㉛	배	과수류	*Pyrus Serotina*	34	2x	일본, 유럽동남부
㉜	잠두	두류	*Vicia faba*	12	2x	북아프리카, 서남아시아
㉝	조	화곡류	*Setaria italica*	18	2x	동부아시아
㉞	콩	두류	*Glycine max*	40	2x	중국 동북부
㉟	토마토	채소류	*Lycopersicon esculentum*	24	2x	남미 안데스산맥
㊱	티모시	사료작물	*Phleum pratense*	42	6x	유럽, 아시아북부
㊲	포도	과수류	*Vitis vinifera*	38	2x, 3x, 4x	서아시아, 중앙아메리카
㊳	피(식용)	화곡류	*Echinochloa frumentacea*	36	4x	인도, 중국
㊴	호밀	화곡류	*Secale cereale*	14	2x	코카서스
㊵	호박	채소류	*Cucurbita moschata*	20	2x, 4x	아메리카

표 1-5. 단자엽식물과 쌍자엽식물 특성 비교

순번	항목	단자엽 식물(monocot)	쌍자엽 식물(dicot)
①	주요 식물	벼, 보리, 백합, 밀, 바나나, 옥수수	고구마, 감자, 콩, 철쭉, 해바라기
②	뿌리 형태	발근계	직근계
③	생장형	초본	초본, 목본
④	엽맥의 모양	평행맥	망상맥(그물맥)
⑤	자엽의 수	1개	2개
⑥	줄기 유관속의 배열	산재함	환상배열
⑦	형성층의 유무	없음(대신 절간생장점이 있음)	있음
⑧	화분의 발아구	1개	3개
⑨	꽃잎이나 수술의 수	3의 배수 (벼의 수술은 6개, 암술은 Y자형 1개) 〈벼〉	4 혹은 5의 배수 (감자는 꽃잎이 5개, 수술은 5개) 〈감자〉
⑩	기공모양	〈옥수수 기공〉	〈알파파 기공〉

제2절 세계의 농업 현황

1. 농지의 분류

① 경지(cultivated land)는 전체 토지면적 중 작물을 재배하는 토지를 말한다.
② 논(paddy field)은 담수 상태로 재배하는 농지로 주로 벼를 재배한다.
③ 밭(upland field)은 담수를 하지 않고 경작하는 초지 이외의 농지(보리, 옥수수, 콩 등)이다.
④ 초지(grassland)는 일년생이나 다년생 목초를 재배하여 가축 사양하는 토지를 지칭한다.

2. 전 세계의 토지이용현황

① 전 세계의 토지는 대략 136억ha이고 농지(경종지와 초지)는 약 50억ha로 약 36%가 농지이다.
② 세계의 경지 면적은 약 15억ha로 경지율은 11% 정도이다.
③ 세계의 초지 면적은 약 35억ha로 초지 비율이 25% 정도이다.
④ 한국은 초지비율이 5% 정도로 낮고 미국, 영국 등은 초지비율이 20~40%로 높다.
⑤ 중국은 경지면적이 1억 3000천만ha로 세계 전체의 7% 정도이다.

3. 전 세계의 농업인구

① 경제활동인구 중 농업인구비율은 세계 전체는 40%, 선진국은 3% 내외로 낮고 개발도상국은 50% 전후로 높다.
② 한국과 일본의 농업인구는 4%, 영국과 미국은 2%, 캐나다와 독일은 2.3%, 프랑스는 3%, 중국과 베트남은 45% 정도이다.

4. 전세계의 주요 작물의 생산

① 세계 전체 식량작물 생산량은 옥수수 9억만 톤, 밀 7억만 톤, 벼 6억만 톤, 보리 2억만 톤, 감자 3억만 톤, 고구마 1억만 톤 정도이다.
② 지역별 생산비율을 보면 아시아에서 전 세계의 벼 90%, 밀 40%, 감자 40%, 고구마 80%가 생산되고 있다.
③ 유럽은 호밀 90%, 보리 65%, 감자 45%가 유럽에서 생산된다.
④ 전세계 옥수수의 40% 정도는 북아메리카에서 수수의 40% 정도는 아프리카에서 생산된다.

5. 세계의 쌀생산과 교역

1) 세계의 쌀생산

① 쌀 생산 국가는 총 110개국이 넘고 생산규모 1.5억 ha의 면적에서 7억 톤을 생산하고 있다.

② 대륙별 규모로는 아시아가 90%를 넘고 아메리카 5.4%, 아프리카 3.2%, 유럽 0.6%, 호주와 남태평양권이 0.1% 정도이다.

③ 2017년 식량농업기구(FAO)에 의하면 주요 생산국은 중국(1억 5천만 톤), 인도(1억 2천만 톤), 인도네시아(6천만 톤), 방글라데시(3천 5백만 톤), 베트남, 태국, 미얀마, 필리핀, 브라질, 일본, 미국, 한국(400만 톤) 순으로 우리나라는 12위권이다.

④ 주요 생산지역 대부분 강우량이 많은 지역에 분포하고, 일부는 관개농업을 통해 생산한다.

⑤ 온대자포니카 벼는 한국, 일본, 중국 북부, 미국 캘리포니아, 이집트, 이탈리아 등에서 많이 재배한다.

⑥ 인디카 벼는 중국 남부과 인도네시아, 인도, 스리랑카, 태국, 베트남, 캄보디아, 필리핀이 주산지이다.

⑦ 열대자포니카벼 인도네시아 남부에서 주로 재배한다.

⑧ 중국의 쌀 생산에서 온대자포니카 벼의 재배비율은 22% 정도로 중국 북부지역에서 생산된다.

⑨ 북한의 쌀 생산량은 220만 톤으로 남한의 380만 톤의 58%, 단수는 460kg/10a으로 남한의 522kg/10a의 88% 수준이다.

2) 쌀의 국제교역

(1) 쌀의 수출입 현황

① 세계의 쌀 교역량은 생산량의 7%인 2,700만 톤에 불과하고 이 중에서 온대자포니카 쌀은 200만 톤으로 자포니카 쌀은 더욱 적다.

② 주요 수출국은 태국, 인도, 미국, 베트남, 중국, 파키스탄 등이고 주요 수입국은 인도네시아, 나이지리아, 필리핀, 사우디아라비아, 방글라데시, 브라질 등이다.

③ 국제간 곡물교역의 교역량 비율로 밀, 콩은 세계 생산량 중 교역량 비율이 각각 18%에 달해 수출입량이 많다.

(2) 쌀의 국제경쟁력 증진 방안

① 논의 경지정리, 관배수시설 개선 등의 생산 기반시설을 완비하고 생산비를 절감해야 한다.

② 유통체계 개선, 노동생산성 및 토지생산성 향상, 쌀 전업농가 육성, 쌀 품질향상에 의한 차별화가 필요하다.

③ 환경보전 등 논의 다원적 기능을 평가하여 직접지불제로 생산의욕을 높여야 한다.

제3절 우리나라의 농업현황

1. 농업의 비중

① 우리나라 국내총생산액 중 농업생산이 차지하는 비중은 1970년 25%에서 2020년 2.5%로 감소하고 있고 중국과 베트남이 10% 내외이다.

② 농업소득은 53조 원이고 농산물 수입액은 40조 원에 달한다. 농가소득은 4,500만 원 정도이다.

③ 농업소득에서 재배업은 30조 원이고 이 중에서 식량작물이 10조(미곡은 8조) 원이고 채소가 11조 원, 과실이 5조 원이다.

2. 국토 및 경지이용

① 남한 국토면적은 총 999만ha 중 산림이 630만ha로 63%, 농경지가 160만 ha로 16%, 기타 19%이다. 북한은 1,231ha로 산림면적과 비율이 남한보다 더 높다.

② 한국은 농지가 줄어드는 추세이나 초지의 비율은 늘어나고 사료 수입량도 증가하고 있다.

③ 농경지 면적비율은 1970년 23%에서 1980년 22%, 1990년 21%, 2020년도는 16%로 감소하고 있다.

④ 경지이용률(전체 농경지에서 재배하는 면적)은 1970년에는 맥류 등 2기작의 영향으로 142 정도였으나 2020년에는 100 이하로 감소하고 있다.

⑤ 농가호당 경지면적은 1.5ha 정도로 논이 약 0.9ha를 차지하고 밭이 약 0.6ha로 영농규모는 점차 늘어나고 있는 추세이나 아직도 영세한 편이다.

3. 우리나라의 농업생산

1) 식량작물

① 식량작물 생산량은 1970년에 270만ha에서 670만 톤, 2021년에는 73만ha에서 351만 톤을 생산하여 1970년 대비 면적은 83%, 생산량은 48% 감소하였다.

② 현재 식량작물 생산량 비중은 벼가 88%로 가장 높고 겉보리 0.3%, 쌀보리 1.4%, 맥주보리 1.0%, 밀 0.3%, 콩 4%, 옥수수 2%로 쌀이 절대적인 우위에 있는 구조를 갖고 있다.

③ 식량자급률이 100%에 가까운 쌀의 1인당 소비량이 2000년도에 83kg에서 2021년에는 57kg(일본은 2011년에 58kg, 2018년에 53.1kg이었음)으로 30% 정도 감소하고 있으나 식생활의 변화로 자급률이 1% 전후인 밀은 1인당 37kg을 상회하고 있다.

④ 식량자급률은 2021년도 기준 사료용을 포함한 곡물 전체자급률은 22%에 불과하며 사료용을 제외하고 사람이 먹는 식용만을 대상으로 하더라도 44% 수준이다.

⑤ 우리나라 농축산물 수입액은 40조 원 정도이고 수출액은 수입액의 20% 정도인 약 9조 원 정도이다. 수출액의 대부분은 가공식품으로 75%에 달한다.

⑥ 양곡의 도입은 밀, 옥수수, 콩, 쌀의 순으로 약 530만 톤에 200억 원 정도로 세계 5대 식량 수입국이다.

2) 원예작물

① 채소류의 대부분은 재배면적과 생산량이 증가하여 농업소득의 35% 정도를 점유하고 있다. 채소 중 딸기와 수박, 양파 생산이 증가하고 전통적인 과채류인 고추의 생산량은 감소하고 있다. 딸기의 경우 수경재배 비율이 40%에 근접하고 있다.

② 채소류 1인당 평균섭취량은 153kg으로 중국의 절반수준이나 세계 2위로 높고 WHO 권장 섭취량(250g/day)의 2배 수준으로 높다.

③ 과수류 1인당 연간소비량은 2020년 58kg으로 일본의 36kg보다 1.6배 높다. 과실의 소비는 사과에서 줄고 소비품목은 다양해지고 있다.

④ 과채류는 일본의 경우 고품질, 섭취편의성, 고부가가치를 높이는 방향으로 전환되고 있다.

⑤ 과수재배농가는 감이 6%, 사과 3.7%, 복숭아 3.1%, 포도 2.1%, 감귤 1.9%, 배가 1.1% 정도이다.

3) 축산

① 우리나라 축산은 농업소득의 42%(2020년도) 정도로 비중이 높아지고 있으나 노령화와 환경문제 등으로 여건이 악화되고 있다.

② 가축은 2020년 기준 축산물자급률은 쇠고기(36%), 돼지고기(77%), 닭고기(44%), 우유(48%)를 기록하고 있다.

③ 초지나 조사료의 부족으로 외국에서 수입한 곡물을 원료로 제조하는 농후 배합사료에 크게 의존하며 옥수수나 볏짚 등을 이용한다.

④ 구제역이나 조류 독감 등 질병의 발생, 악취 등으로 축산업에 대한 불안감이 높다.

⑤ 육류소비량은 2020년도에 1인당 연간 55kg으로 1970년 대비 10배 늘었으며 소고기 13kg, 돼지고기가 26kg이었다.

4. 우리나라 농업 특성

1) 우리나라 논작물의 특징

① 벼농사 위주의 재배형태이고 집약농업을 한다.
② 작부체계와 초지농업이 발달하지 못하였다.
③ 토양비옥도(부식함량이 2% 내외)가 낮다.
④ 가뭄과 저온, 태풍 등으로 기상재해가 빈번하다.
⑤ 경영규모가 영세하여 농산물의 국제경쟁력이 약하다.

2) 우리나라 밭작물의 수익성과 중요성

① 농산물의 소비 유형 변화와 서구화된 식생활, 가공식품 및 편의식품의 발달로 인해 전체 식량작물 중 밭작물의 비중이 커지고 있다.
② 밭작물은 겨울철에 월동작물(맥류 등)을 재배함으로써 식량자급률의 향상뿐만 아니라 양질의 조사료를 생산, 수입을 대체하여 외화를 절약할 수 있다.
③ 밭작물은 과수, 채소에 비해 소득은 낮은 편이지만 안정적인 수입원으로서의 중요한 역할을 담당한다.
④ 벼농사와 공동으로 사용할 수 있는 농기계가 많아 효율성을 높이고 비용을 절감할 수 있다.
⑤ 밭작물은 여러 가지 기능성 물질과 보완성분(쌀의 리신, 콩의 메티오닌 등)으로 인해 균형진 식품 섭취에 필요하다.
⑥ 식량자급률을 높이기 위한 밭작물 재배확대가 필요하나 밭은 산간지나 경사지 등으로 재배에 열악한 지역이 많다.
⑦ 밭은 작토가 얕으며 유기물인 부식함량이 적고 산성토양이 많아 비료성분이 부족하다.
⑧ 밭작물은 5~6월에 가뭄이 많이 발생하고 7~8월에는 장마와 태풍, 1~2월의 혹한으로 동해와 건조해를 많이 받는다.
⑨ 밭작물은 식량안보의 차원에서 볼 때 비상 시 증산 가능한 작물이 많다.

3) 우리나라 농업의 과제

① 생산자 위주에서 소비자 위주로 품질과 유통구조를 개선해야 한다.
② 세계화 시대에 수출입에 대응하도록 국제경쟁력을 높여야 한다.
③ 유통의 활성화로 양질의 품질을 유지하도록 저장성을 높여야 한다.
④ 단위면적당 수량은 물론 품질을 높여서 생산성을 향상시켜야 한다.
⑤ 맛과 기능성, 가공성을 포함한 품질을 다양화하고 고급화해야 한다.

⑥ 여러 지역과 수요에 대응하도록 작목과 작형을 다양화해야 한다.
⑦ 친환경 농업의 정착으로 저투입과 안전성을 제고하여 지속가능한 농업을 추구해야 한다.
⑧ 과잉생산에 대비하고 안정된 소득증대를 위해 농산물의 수출을 강화해야 한다.
⑨ 해외농업개발을 통하여 생산의 한계를 극복하고 시장의 안정성을 도모해야 한다.

5. 농업인구 및 경영규모

① 농가호수와 농가인구는 계속 감소하여 2021년 농가호수는 98만호에 농가인구는 215만 명 정도이다.
② 농가인구 비율은 1970년 45%에서 2020년에는 4.5%로 크게 감소하였다.
③ 농가 중 전업농가가 2020년의 경우 60%, 겸업농가가 40% 정도이다.
④ 경지규모별 농가호수는 0.5ha 이하가 52%, 0.5~1ha가 22%, 1~2ha가 14%, 2ha 이상이 9%로 평균 1.1ha로 경영규모가 영세하다.
⑤ 경영주 평균연령은 66세(65세 이상이 50%)이고 농업경력은 30년 이상이며 50%가 고등학교 이상의 고학력자이다.

6. 농경지 지력

① 우리나라 논토양은 보통답 32%, 사질답 31%, 미숙답 23%, 습답 9%, 염해답 3% 등으로 저위생산답이 약 2/3에 달한다.
② 밭토양은 보통밭 42%, 사질밭 23%, 미숙토양밭 17%, 점질토양밭 14%, 화산회토 밭이 2%로 생산력이 낮은 밭이 58%에 달한다.
③ 토양의 화학성으로 토양산도(pH)는 논이 5.8, 밭이 6.2. 시설재배지는 6.4 정도이다.
④ 유기물 함량(부식)은 논과 밭 모두 2% 내외로 도달목표(적정기준)인 3%보다 낮다.
⑤ 유효 인산(P) 함량은 논이 130mg/kg, 밭 680mg/kg, 과수원 670mg/kg, 시설재배지가 1000mg/kg으로 모두 적정범위보다 높다.
⑥ 주요 비료성분인 칼륨(K), 칼슘(Ca), 마그네슘(Mg) 등의 양이온치환용량(CEC)은 10cmol/kg 정도로 낮은 편이나 과수원, 시설재배지 토양은 높다.
⑦ 논의 유효 규소(Si)의 함량은 75mg/kg 정도로 적정범위인 130~180mg/kg보다 낮아 규산질 비료의 시비가 필요하다. 벼논에서 가장 많이 시용하는 비료이다.

7. 농가소득의 분석과 증대

① 우리나라는 농가소득 4,500만원 중 농업소득이 1,200만원 내외로 27%, 농외소득은 1,700만원으로 38%, 이전 수입이 1,400만원으로 31%, 비경상소득이 300만원으로 5% 정도로 구성되어 있다.

② 농가소득 중 농작물 재배수입이 73%이고, 농작물 이외 수입이 27% 정도이다.

③ 농업총수입 중 작물별 비중은 쌀이 17%로 감소하고 있으며 채소나 과수, 특용작물이 40%, 축산은 43%로 모두 증가하고 있다.

④ 농가소득은 농지규모와 비례하여 증가하고 있으나 도시근로자 수준의 농가소득이 확보되려면 경영규모가 7ha 이상이 되어야 한다.

⑤ 농축산물 판매금액으로 분류하면 120만원 미만이 19%, 120~1,000만원이 44%, 1,000~3,000만원 사이가 17%, 3,000만원 이상이 13%로 나타났다.

8. 벼농사 경영분석

1) 노동력과 생산비

(1) 벼농사의 노동투하시간

① 우리나라 벼농사 노동투하시간 10a당 28.6시간(2002년도)이다. 미국은 경영규모가 크므로 1970년대에(벼농사 경영규모 200ha) 이미 2~3시간/10a으로 단축되었다.

② 재배양식별 노동투하시간은 1997년 기준으로 중모기계이앙 30시간, 어린모기계이앙 27시간, 건답직파 22시간, 직파평균 23시간 정도이다.

③ 작업단계별 노동투하시간은 2022년 기준으로 모내기 5시간, 물관리 5시간, 육묘 5시간, 콤바인 수확 2시간, 병충해 방제 2시간 등이다.

④ 지역별 노동투하시간은 경북, 전북, 경남이 전국평균보다 다소 많다.

⑤ 쌀의 국제 경쟁력을 높이려면 농작물의 생력화와 기계화를 도모하고 작업단계별 노동투하시간을 줄여나가야 한다.

⑥ 우리나라 벼농사의 경우 기계화율은 98%로 높다.

2) 쌀 생산비

(1) 한국의 쌀 생산비

쌀 생산비는 2020년 10a당 97만원, 쌀 조수입은 121만원으로 생산비를 뺀 순수익은 44만원으로 순수익률은 36%이고 조수입에서 경영비 48만원을 뺀 소득은 73만원으로 소득률은 60%, 쌀 생산비의 비목별 구성은 토지용역비 27만원, 자본용역비 1만원(간접생산비가 28만원), 노동비 19만원, 농구비 3만원, 농약비 3만원, 비료비 5만원으로 나타났다.

① **토지용역비**

우리 쌀의 생산비를 낮추려면 생산비 중 가장 큰 토지용역비를 절감해야 한다. 우리나라 농지가격은 미국이나 유럽보다 비싸다. 경영규모를 확대하거나 농지이용의 집약도를 높여야 한다.

② **농구비**

우리나리의 벼농사 기계화율은 98%에 이르는데 농구비 절감을 위해서는 영농 규모화를 통해 농기계 이용효율을 증진시켜야 하며 농지기반을 정비하여 사용연수를 증대시키는 등 효율을 증대시켜야 하고 농기계를 합리적으로 이용할 수 있는 종합대책과 작부체계 도입 등이 필요하다.

③ **노력비**

생력화 기술개발로 노동비는 크게 감소하였으나 자동차비 등 농구비는 상승하였다. 단순한 노동비 절감보다는 노동비와 농구비가 모두 절감될 수 있는 기술체계 개발이 필요하다.

④ **농약비**

친환경을 추구하는 트렌드로 인해 농약 사용량이 감소되었으나 농약 가격은 비싸져서 농약비는 크게 줄지 않고 있다. 내병충성 품종의 육성, 영양생리적 저항성 증대, 비료 및 병충해 종합관리, 정밀농업 등이 도입되고 있다.

⑤ **비료비**

최근·친환경 영농에 대한 의식이 높아지면서 비료사용량도 감소하고 있다. 친환경이면서 고품질인 안전한 쌀 생산을 위해서는 유기질 비료나 토양개량제의 시용량을 증대해야 한다.

(2) 일본의 쌀 생산비

일본의 쌀 생산비(2017년도)는 10a당 117만원으로 이 중 노동비가 31%, 농구비가 22%, 임차료가 10%, 비료가 8%, 농약이 7%, 기타 22%가 들어가는 것으로 나타나 우리나라보다 노동비는 7% 정도 높고 토지용역비(임차료)는 25% 정도 낮았다. 이때 소득은 240만원이어서 소득률은 50% 정도가 된다.

(3) 주요국의 쌀 생산비

토지용역비를 포함한 2017년 농촌진흥청 자료에 의하면 쌀 생산비는 우리나라가 92만원/10a로 이를 100으로 보았을 때, 미국 45%, 중국 48%, 대만 66%, 일본 121%이었다. 세계적인 쌀 생산량의 증가는 화학비료와 농약의 개발과 사용에 비례하여 증가하였다.

(4) 쌀 생산비 절감 방안

① 경영규모의 확대(규모의 경제, economy of scale)를 통한 경제성을 확보한다.

② 농기계 이용의 효율화(임대나 규모화 등)를 통한 비용구조를 개선한다.

③ 생산 및 경영관리 능력의 제고를 통한 경영효율을 증진한다.

④ 생력재배기술 도입에 의해 노동비를 절감한다.

⑤ 우량품종을 선택하고 재배관리기술을 향상시켜 단위면적당 수량을 높인다.

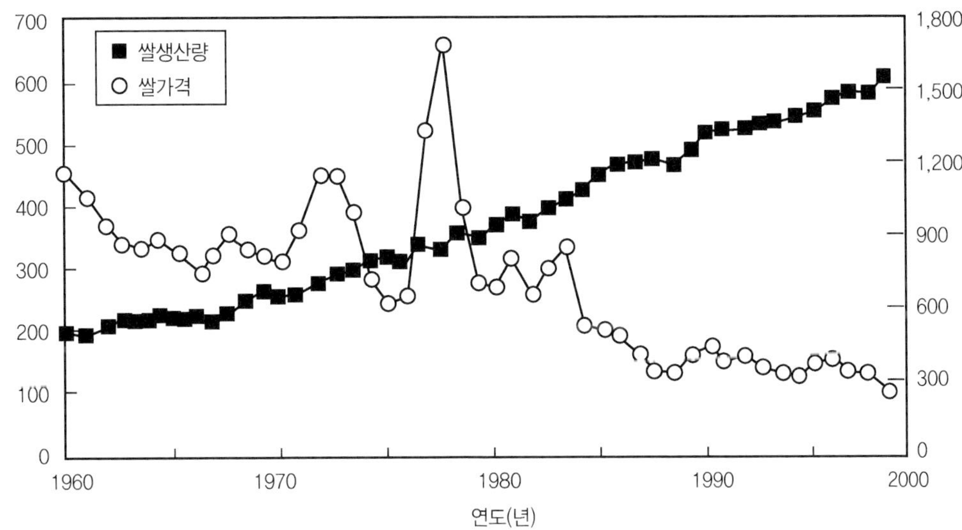

그림 1-1. 세계의 쌀 생산과 가격 추세

그림 1-2. 인디카(왼쪽), 자포니카(오른쪽) 벼 종자의 차이
*인디카 벼는 부호영과 소화경이 밀착되어 있다.

제4절 벼의 분류와 우리나라 현황

1. 벼의 명칭과 분류

1) 벼의 명칭

(1) 재배종의 벼 학명은 *오리자 사티바*(*Oryza sativa* L.)이다.

① 벼를 가리키는 한자 도(稻, 벼를 절구에 찧는 모양)는 한국, 중국, 일본에서 사용한다.

② 도정 전의 벼는 조곡, 도정 후는 정곡, 도정여부를 따지지 않고 넓은 의미로 미곡(米穀)이라 한다.

③ 우리나라는 왕겨가 있는 상태로 저장하나 일본은 현미상태로 저장하며 수량은 조곡에서 이제는 정곡으로 환산하여 계산한다.

④ 논재배 벼는 수도(水稻), 밭재배 벼는 육도(陸稻)라고 하며 우리나라는 거의 대부분 논벼로 재배한다.

(2) 벼의 식물학적 분류

① 벼는 벼과(Gramineae), 벼속(*Oryza*)에 24종이 있는데 주요 재배종에는 아시아 재배종(*Oryza sativa*)과 아프리카 재배종(*Oryza glaberrima*)이 있다.

② 전세계 대부분은 아시아종이고 아프리카종은 서아프리카 지역에서 밭벼로 일부 재배되고 있다.

③ 벼는 2n=24로 게놈(n=12)을 1쌍 갖는 2배체 식물이며 게놈의 조성은 AA이다.

④ 벼의 염색체 분석결과 게놈은 1만여 개의 염기로 구성되어 있다.

(3) 벼 재배종의 분류

① 아시아종은 다년생 야생벼인 *오리자 루피포곤*(*Oryza rufipogon*)에서 1년생인 아시아종인 *오리자 사티바*(*Oryza sativa*)로 발전하였다.

② 아프리카종은 다년생 야생벼인 *오리자 바르티*(*Oryza barthii*)라고도 하는 *오리자 브레빌리귤라타*(*Oryza breviligulata*)에서 1년생 아프리카벼인 *오리자 글라베리마*(*Oryza glaberrima*)로 발전하였다.

③ 아시아종의 *오리자 사티바*(*Oryza sativa*)의 생태종은 다시 온대자포니카(temperate *japonica*), 열대자포니카(tropical *javanica*), 인디카(*indica*) 종으로 분화되었다.

(4) 재배벼와 야생벼의 차이 비교

재배벼는 야생벼보다 타식률이 낮고 종자 크기가 크며 탈립성이 약하고 휴면은 없거나 약하다. 그리고 내비성이 강하고 감광성과 감온성은 둔하며 저온에 견디는 힘이 약하다. 반면 야생벼는 잡초성벼로도 인식되나 내병성, 내충성, 내재해성이 강해 중요한 유전자원이자 생태 연구의 소재로서 가치가 높다.

표 1-6. 야생벼와 재배벼의 종자와 생리생태적 차이 비교

번호	특성분류	항목	재배벼	야생벼
①	종자특성	종자수	많음	적음
		종자수명	짧음	김
		종자크기	큼	작음
		탈립성	낮음	높음
		휴면성	약함	강함
②	생식특성	개화 후 개약시간	즉시	30분 전후
		수정양식	자식성(타식률 1% 내외)	타식성(타식률 30~99%)
		암술머리 크기	작음	큼
		화분 확산거리	20m	40m
		화분수(수술당)	700~2,500개	4,000~9,000개
		화분수명	3분	6분
③	생리특성	감광성	민감~둔감	민감
		감온성	민감~둔감	민감
		내냉성	약함	강함
		내비성	강함	약함
④	생태특성	까락형태	없거나 짧음	강인하고 김
		번식방법	종자번식	종자, 영양번식
		생존연한	1년생	1년생, 다년생
		이삭모양	길고 밀집형	짧고 분산형

표 1-7. 수정양식에 따른 작물의 분류

자식성 작물	가지, 담배, 밀, 벼, 보리, 복숭아, 완두, 참깨, 콩, 토마토, 포도
타식성 작물	딸기, 고추, 마늘, 메밀, 무, 배추, 시금치, 아스파라거스, 양파, 옥수수, 율무, 호밀, 호프

표 1-8. 벼의 염색체와 게놈 구성(이홍석 1998)

구분	염색체수(n)	게놈구성	종명	분포지역
I군	12	AA	*Oryza sativa* L.	아시아
			Oryza glaberrima Steud.	서아프리카
			Oryza breviligulata	서아프리카
			Oryza perennis(*Oryza rufipogon*)	남아시아, 남중국
		EE	*Oryza australiensis*	호주
II군	24	BBCC	*Oryza minuta* Presl.	남동아시아
III군	24	CCDD	*Oryza latifolia* Desv.	중남미

2. 벼의 기원과 전파

벼의 기원지는 역사적 기록이나 유적 발굴 등 고고학적 방법, 효소분석이나 DNA 분석 등 분자생물학적 방법으로 추정하는데 대부분의 학자들은 벼는 약 1만 년 전에 종이 분화했다고 본다.

1) 벼의 기원지

(1) 인도 아삼지역설

① 바빌로프(Vavilov)의 유전자중심설에 의하면 인도 아삼 지역이 가장 유력한 기원지라고 추정한다.

② 근거로는 이 지역에서 B.C. 5000년경으로 추정되는 탄화미가 출토되었다.

③ 그리고 이 지역 부근에서 B.C. 6000년경의 벼 종자가 낀 토기가 출토되었다.

(2) 태국 베트남설

① 이 지역에서 약 1만 년 전 신석기문화 유적에서 벼재배로 추정되는 유물이 출토되었다.

(3) 중국 원난과 미얀마설

① 이 지역에서 야생벼가 아직도 다수 자생하며 유전변이가 풍부하여 많은 학자들이 주장하나 고고학적 증거는 부족하다.

(4) 중국 남부 기원설

① 화남지방에서 아직도 야생벼가 자생하며 벼농사에 관련된 유물이 많다.

② 이 지역에서 BC 9000년경으로 추정되는 탄화미가 출토되었다.

2) 벼 재배 역사

(1) 전세계적으로 유물과 탄화미 등의 연대측정 결과를 종합해 볼 때 1만 년 전으로 추정된다.

(2) 우리나라의 고문헌과 유적에 의한 추정은 다음과 같다.

① 약 2600여년 전에 발간한 삼국지 위지동이전에 벼가 언급되어 있다.

② 삼국사기 백제본기에 벼농사 기록이 있어 약 2000년 전으로 추정한다.

③ 경기 고양시의 탄화미 발굴(1991년)에서 약 5000년 전 쌀알로 추정되었다.

3) 전파경로

(1) 우리나라로 벼의 전파경로는 4가지로 추정되고 있다.

① 중국 황하유역에서 중국 해안을 따라 육로로 압록강 연안을 거쳐 한반도로 전파되었다.

② 중국 산둥반도에서 황해 북쪽인 요동반도를 거쳐서 한반도로 전파되었다.

③ 중국 산둥반도에서 황해를 건너 해로로 한강 하류로 전파되었다.

④ 중국 황하유역에서 황해를 거쳐 해로로 한반도 남부지방으로 전파되었다.

3. 벼의 가치와 중요성

1) 기후 생태적 측면

① 주식(主食)은 기후풍토에 가장 잘 적응해온 작물로 정해지고 가장 경제적으로 생산할 수 있는 작물이어야 한다.

② 건조지대나 곡물 경작이 어려워 가축사육을 할수밖에 없는 곳은 축산업이 발달하게 되고 육식문화가 많아진다.

③ 온난건조지대인 아메리카 대륙의 문명에서는 밀과 옥수수가 잘 적응하여 주요 식량작물이자 에너지작물이 되었다.

④ 온대의 반건조지대는 건조에 강한 밀, 보리 등 밭작물 재배가 쉬워 빵을 주식으로 하게 된다. 저온건조기후에서 밀이 적응하여 서구문명을 발생시켰다.

⑤ 온대계절풍지대(몬순기후)는 물속에서 자라는 벼를 주식으로 하였고 쌀은 고온다습한 기후에 적응하는 작물로 정착되었다.

⑥ 벼는 우리나라 기후에서 가장 잘 자라고 생산량이 높아 1년 동안 저장하고 식용할 수 있는 주식 작물이 되었다.

⑦ 벼와 달리 우리나라에 전파되어온지 얼마 되지 않은 옥수수, 감자, 고구마는 전작물로 국민정서나 취향, 저장성이 낮아 주식이 되지 못하였다.

⑧ 보리나 밀, 옥수수, 콩 등 밭작물은 장마와 태풍으로 벼처럼 생산이나 이용이 쉽지 않았다.

2) 문화와 정서적인 측면

① 세계 3대 주요 식량작물은 쌀, 밀, 옥수수로 재배면적은 밀이 가장 많으나 생산량은 옥수수가 가장 많고 벼는 비슷하게 매년 각각 6억 톤 정도 생산된다.

② 한국에서 벼농사는 우리 문화의 뿌리이며 정신이다. 이는 벼농사가 밭농사보다 편하기 때문이기도 하다.

③ 밀과 달리 벼는 공동작업을 해야 하는 경우가 많아 지역사회 구성원 간 공동체 의식 형성에 기여한다.

④ 벼는 우리나라의 기후와 환경에 적합하여 경제적인 주요 식량작물이 되었고 지혜롭고 끈기 있는 민족성의 근원이 되었다.

3) 에너지와 영양적 측면

① 에너지면에서 100g의 곡물 칼로리는 쌀 360cal, 밀 358cal, 옥수수 362cal이고 곡물의 가식부 비율은 쌀 75, 밀 62, 옥수수 84%이다.

② 연간 1정보당 인구부양능력(ha)은 쌀 22명, 밀 14명, 옥수수 19명으로 인구 밀집도가 높은 아시아에서 유리하다.

③ 쌀은 소화가 잘 되고 밀단백질(12% 함유)에 비해 쌀단백질(7% 함유)은 함유 비율은 낮지만 인체 단백질을 만드는 데 우수하다.

④ 쌀은 리신(lysine) 등 일부 아미노산이 부족하나 완전식품에 가까워 각종 성인병 예방효과가 우수하다.

표 1-9. 주요 식용작물의 성분조성(Yamaguchi 1978)

번호	작물	단백질(%)	지방(%)	탄수화물(%)	회분(%)
①	벼	7.8	2.7	87	1.5
②	보리	11.6	2.2	83.4	2.8
③	밀	12.1	2.3	83.7	1.9
④	옥수수	9.5	5.3	83.7	1.5
⑤	콩	39.0	19.9	35.4	5.7
⑥	감자	9.2	0.5	86.3	3.9
⑦	참깨	21.2	54.7	18.4	5.7

* 우리나라 벼의 단백질 함량은 밥맛을 고려해 6% 이하까지도 낮추고 있는 추세이다.

4) 식량안보적 측면

(1) 우리나라의 식량작물 생산

① 벼, 감자, 고구마만 자급수준이고 나머지 식량작물은 재배면적과 생산량이 아주 낮다.

② 감자, 고구마는 재배가 용이하나 저장이 어려워 주식의 역할을 하기 어렵다.

③ 밀, 옥수수, 콩은 값싼 외국산에 밀려 경제성이 떨어진다.

④ 우리나라에서는 안정적 생산과 공급이 용이한 작물은 벼가 거의 유일하다.

⑤ 가축을 사육하려면 초지가 거의 없는 우리나라는 사료의 도입이 증가하므로 국산축산물이라고 말하기도 어렵다.

(2) 식량안보와 벼(쌀)

① 식량안보는 자국민에게 충분하고 만족한 품질의 식량을 필요한 시기, 필요한 장소에서 조달이 가능하고 이러한 상태를 장기적으로 지속할 수 있는 것을 말한다.

② 식량안보의 기본조건은 가용성(availability), 접근성(accessability), 안정성(stability), 안전성(safety) 등의 조건을 갖추어야 한다.

③ 가축사료를 수입에 의존하는 축산물의 생산과 소비는 식량안보와는 관계가 멀다.

④ 벼는 국가정책이나 에너지 공급, 자급률 등에서 식량안보 조건에 합당한 작물이다.

4. 벼 재배의 다원적 기능

농업은 농산물을 생산하는 주기능 외에 국토의 균형발전, 농업고용 증진, 환경보전, 식량안보, 전통문화의 계승발전 등과 같은 비시장적 재화를 부수적으로 생산하고 유지하므로 우리나라와 외국에서 환경에 기여하는 농업 기능을 평가하여 공공재정에 의한 직접지불제도로 농산업을 지원하고 있다. 직접지불제도에는 농업, 임업, 수산공익직불제가 있고 2001년부터 논농업직불제를 실시하고 있다.

*무논은 물이 늘 들어있는 논을 말하고 모는 묘를 지칭하며 이앙은 이식을 하는 것을 전통적으로 내려오면서 편하게 발음하다보니 굳어져 표준어가 된 것이다.

표 1-10. 벼농사의 환경보전 기능

번호	항목	내용	경제적 가치
①	홍수조절	논은 큰 비가 내릴 때 물을 일시적으로 가두는 홍수조절 기능을 한다. 우리나라 논 전체의 저수량은 36억 톤 정도이다.	11조 4,000억원
②	수질정화	논에 공장폐수 생활하수 등이 관개되었을 때 벼는 오염수에 포함되어 있는 질소(N)를 흡수하고, 인산(P)은 벼의 흡수와 토양고정으로 제거된다. 논토양에서는 시비된 질소가 암모늄태로 존재하여 토양에 흡착되므로 유실 방지효과가 크다. 논에서 질소가 정화되는 경로는 벼에 의한 흡수이용, 토양의 탈질, 조류에 의한 질소고정이 있는데, 일반 논의 경우 질소정화율은 벼 생육초기에 25~40%, 출수기에는 90% 이상에 달한다.	1조 9,000억원
③	대기정화	광합성을 하는 과정에서 이산화탄소를 흡수하고 산소를 배출한다. 식물의 이산화탄소 흡수기능과 산소방출 기능(합쳐서 대기정화기능)이 있다.	1조 7,400억원
④	지하수 저장	논에 물이 담겨 있으면 논물은 계속적으로 땅속으로 침투된다. 침투수의 55%는 하천으로 유입되고, 45%는 지하수(158억 톤)로 저장되는데 이들 지하수 저장기능과 하천유량 유지기능이 있다.	1조 4,000억원
⑤	대기온도 조절	온도가 높아지면 논에 담수된 물이 증발하거나 벼를 통해 증산될 때 대기를 식혀준다. 온도가 낮을 때 햇볕에 데워진 물을 깊게 담수하면 논물의 보온력에 의해 식물체가 보호된다. 우리나라 논에서 증발산되는 양은 45억 톤에 달한다.	1조 3,600억원
⑥	토양유실 방지	비바람에 의해 비탈진 밭에서 씻겨 내려가는 흙을 논이 받아 보존한다. 논이 밭상태로 되면 토양유실량은 연간 ha당 22톤이 되는 것으로 조사되고 있는데 논은 토양유실 방지기능이 있다.	2,000억원
⑦	생물상 보전	논이나 수로에 서식하는 생물을 유지하고 보전한다.	–

5. 농업생산의 기본인 벼재배

1) 우리나라 농업에서 쌀이 차지하는 비중

① 벼의 재배면적은 전국토면적의 10%, 총경지면적의 50% 정도를 차지하고 있다.

② 벼를 재배하는 농가수는 전체 농가수의 77%에 달한다.

③ 벼 생산량은 국내 총 식량작물 생산량의 88% 정도이다.

④ 벼재배 농가는 농가소득의 30%, 농업소득의 76%를 벼에서 얻는다.

2) 벼를 계속 많이 재배하는 이유

① 밀, 옥수수, 콩을 생산하면 가격 및 품질 경쟁력이 낮으므로 경제적 재배가 어려워 오히려 특용작물, 채소, 과수, 축산을 하게 된다.

② 벼 이외의 다른 작물은 경영규모가 작고 수요가 한정적이어서 생산이 조금만 증가해도 과잉생산으로 어려움을 겪게 된다.

③ 벼재배에서 농기계의 기계화율은 98% 정도로 높아 다른 작물보다 재배와 경영이 편하다.

3) 우리나라 벼의 생산 및 수급

(1) 생산과 소비 현황

① 벼 재배면적은 2022년 73만ha의 논에서 351만 톤을 생산하여 벼 자급률은 사실상 100%이다.

② 연간 1인당 쌀 소비량은 1970년 136kg에서 2020년 58kg으로 급격히 감소하고 있다.

③ 미곡 총수요는 370만 톤 정도이며, 2021년도에 국내 생산량은 380만 톤이다.

④ 전체 식량자급률 23%에 불과하고 적정 재고량이 2021년도 9월에 15만 톤이었는데 적정재고량은 80만 톤 정도이다.

⑤ FAO(세계식량농업기구)가 권장하는 적정 쌀 재고량 소비량의 17~18%이다.

(2) 통일벼와 쌀의 수급

① 1970년대 이전에 우리나라는 만성적인 쌀 부족국가였다.

② 1971년 통일벼가 육성, 보급되고 1977년에는 쌀 자급이 가능해졌다.

③ 1978년 통일벼 보급 면적이 전국 논의 78%를 차지하였다.

④ 1980년 냉해에 약한 통일벼의 대면적 재배로 수확이 급감하여 140만 톤을 긴급 수입하였다.

⑤ 1989년 양질미 선호로 이때부터 통일형 재배가 급감하였다.

⑥ 1992년 통일벼 재배가 전무하게 되었고 품질에 대한 요구 증가로 기능성 벼의 시대가 되었다.

⑤ 2007년 사료용 벼 품종이 개발되고 재배가 시도되었다.

(3) 벼 재배면적

① 벼의 재배면적은 2020년도에 726천ha이고 10a당 수량(현백률 92.9%)은 483kg이었다.

② 현백률을 90.4% 조정하여 적용하면 470kg이 된다.

③ 생산량(현백률 92.9%)은 2020년도에 351만 톤으로 현백률 90.4% 적용 시 341만 톤이 된다.

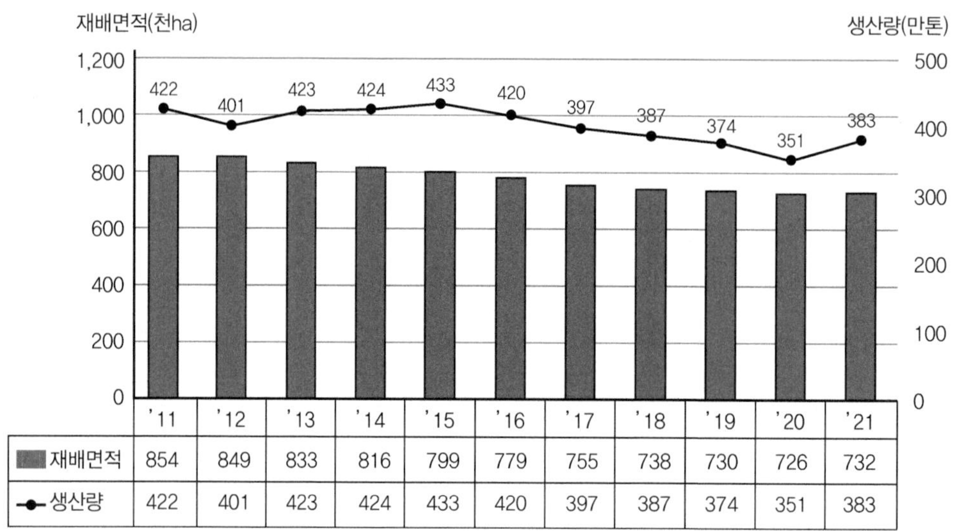

	'11	'12	'13	'14	'15	'16	'17	'18	'19	'20	'21
재배면적	854	849	833	816	799	779	755	738	730	726	732
생산량	422	401	423	424	433	420	397	387	374	351	383

그림 1-3. 연도별 벼 재배면적 및 쌀 생산량 추이

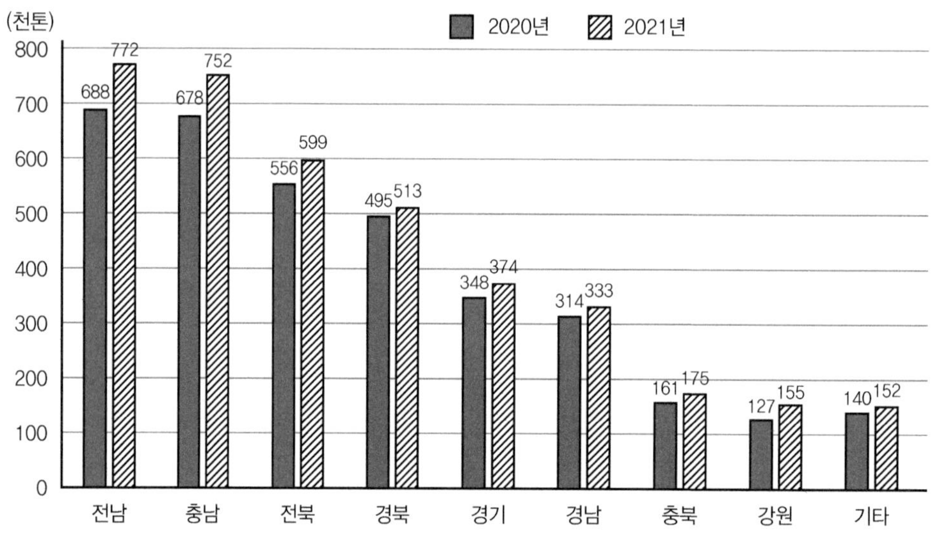

그림 1-4. 시도별 쌀 생산량(기타는 특광역시, 세종특별자치시, 제주특별자치도임)

(4) 미래 쌀 수요 예측

① 연간 1인당 60kg 소비, 인구 5,000만 명을 최대로 가정하면 최소 300만 톤이 필요하다.

② 남북한을 고려하면 70kg, 7,000만 명이라고 가정하면 연간 쌀이 500만 톤이 필요하다.

③ 10a당 쌀 생산량이 500kg이라고 가정하면, 300만 톤을 생산하려면 60만 ha가 필요하다.

④ 식량안보적 차원에서 유사시를 대비하려면 논의 무분별한 전용을 억제하여 현재와 같은 70만 ha의 재배면적은 유지되어야 한다.

표 1-11. 우리나라 2021년도 전국 벼생산면적과 생산량

시도	재배 형태	재배면적 (ha)	10a당 생산량(kg)		총생산량(톤)		기타
			9분도	12분도	9분도	12분도	
서울	논벼	187	501	488	937	912	밭벼 재배는 없음
부산	논벼	2,169	525	511	11,387	11,081	"
대구	논벼	2,847	510	496	14,514	14,123	"
인천	논벼	11,747	496	483	58,296	56,727	"
광주	논벼	4,910	494	481	24,265	23,612	–
	밭벼	6	300	292	19	18	
대전	논벼	1,131	509	495	5,756	5,601	밭벼 재배는 없음
울산	논벼	3,793	491	478	18,624	18,123	"
세종	논벼	3,340	550	535	18,351	17,857	"
경기	논벼	74,717	501	488	374,373	364,298	"
강원	논벼	28,903	535	521	154,513	150,355	"
충북	논벼	33,403	525	511	175,338	170,620	"
충남	논벼	135,398	555	540	752,046	731,808	–
	밭벼	1	315	307	2	2	
전북	논벼	114,509	523	509	599,330	583,202	밭벼 재배는 없음
전남	논벼	155,101	597	484	771,333	750,576	논벼와 밭벼 모두 재배면적과 생산량이 전국 최대임
	밭벼	334	309	301	1031	1003	
경북	논벼	95,830	536	522	513,212	499,401	–
	밭벼	7	260	253	18	18	
경남	논벼	64,079	520	506	333,073	324,110	밭벼 재배는 없음
제주	논벼	6	334	525	18	18	밭벼를 논벼보다 많이 재배함
	밭벼	59	285	277	168	163	
전국 (17개 시도)	논벼	732,070	523	508	3,825,367	3,722,424	연도별로 보면 재배면적과 생산량이 계속 감소하는 추세임
	밭벼	407	304	296	1239	1206	

* 통계자료에서 9분도는 현백률이 92.9%인 경우이고 12분도는 현백률이 90.4%임

제2장
벼의 형태와 구조
(Rice Morphology and Structure)

벼는 화본과 식물의 영과(caryopsis)를 식용으로 하는 것이다. 영과는 과실에 해당하는 종자이다. 벼처럼 용어가 애매하고 포괄적이며 또 다양하게 나와 있는 작물도 거의 없다. 이번 2장에서는 벼의 종자부터 뿌리 잎, 줄기를 거쳐 다시 종자가 되기까지 약 150일간의 생육변화를 따라 용어를 정리해 보고 그 특성을 알아본다. 우리가 식용으로 하는 것은 벼의 종자 즉 종실이다. 벼의 구조가 특이하고 다양하다는 것은 그 사회와 문화에서 중요하다는 반증이다. 먼저 종자가 충실해야 하고 뿌리는 식물체를 잘 지탱하며 영양분을 잘 흡수해야 한다. 줄기는 많은 잎을 규칙적인 공간배열을 통하여 광합성 효율을 최대로 올리도록 해야 한다. 잎은 생리생태적으로 광합성과 호흡, 증산작용을 잘 수행할 수 있도록 되어 있어야 한다. 마지막으로 벼의 화기와 이삭의 구조 및 형태는 우리나라 기후와 토양에 잘 맞는 특성을 갖고 있다. 이들의 해부적인 구조와 명칭, 형태와 기능을 공부하여 숙지하는 것이 필요하다.

제1절 벼의 종실

1. 종실의 특성

① 벼의 종자는 식물학적으로 소수(작은 이삭, spikelet)에 해당한다.

② 화본과 식물에서 벼의 종자는 영과(caryopsis)라고 한다.

③ 현미(brown rice)가 왕겨(hull)라고 하는 과피로 둘러싸여 있는 형태이다.

④ 왕겨는 내영과 외영으로 구분되며 외영의 끝에는 까락(망, awn)이 붙어 있다.

⑤ 자포니카형 벼는 길이가 짧고 둥글며 찰기가 있다. 반면 인디카형 벼는 길이가 길고 찰기가 적다.

2. 종자의 구성

① 종실은 맨 바깥층부터 과피(pericarp), 종피(seed coat), 호분층(aleurone layer), 외배유로(outer endosperm) 구성되고 과피는 왕겨에 해당하고, 종피는 현미 껍질에 해당한다.

② 현미는 배(embryo, 2n), 배유(endosperm, 3n), 종피(2n)로 구성되어 있다.

③ 배는 유아(어린눈, plumule), 배축(hypocotyl), 유근(radicle)으로 구성되어 있다.

④ 유아는 생장점, 본엽을 감싸 보호하는 초엽(cleoptile), 제1~3 본엽의 원기체가 이미 분화되어 있다.

⑤ 유근은 종근(seminal root), 종근을 보호하는 근초(coleorhiza)가 이미 분화되어 있다.

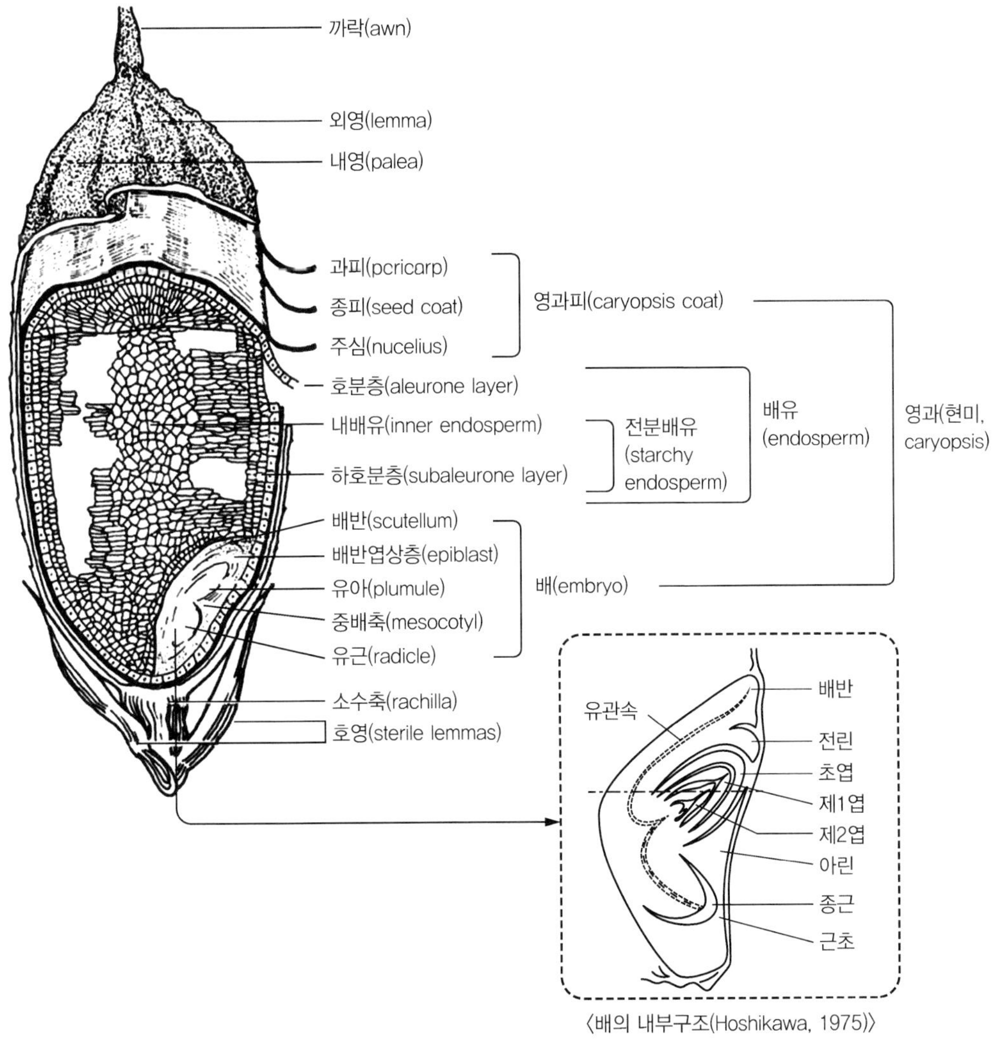

그림 2-3. 벼 종실의 단면도(Juliano and Aldarna, 1937)

3. 종실의 내부구조

① 종실 내부구조는 외배유, 호분층, 그리고 전분세포로 구성되어 있다.

② 멥쌀은 전분세포가 20% 정도 아밀로스로 구성되어 있고 투명하게 보인다.

③ 찹쌀은 전분세포의 구조 내에 미세공극이 있어 빛이 난반사하므로 유백색이고 반투명하게 보인다. 아밀로스 함량은 10% 내외이다.

④ 유조직(parenchma)은 얇은 1차 세포벽으로 광합성과 분열이 가능하고 후각조직(collenchyma)은 두꺼워진 1차 세포벽으로 쌍자엽식물의 지상부 생장부위를 지지한다.

⑤ 후벽조직(sclerenchyma)은 목질화된 2차 세포벽을 가진 단지엽식물의 보호조직으로 탄성을 가진 섬유와 보강세포로 되어 있다.

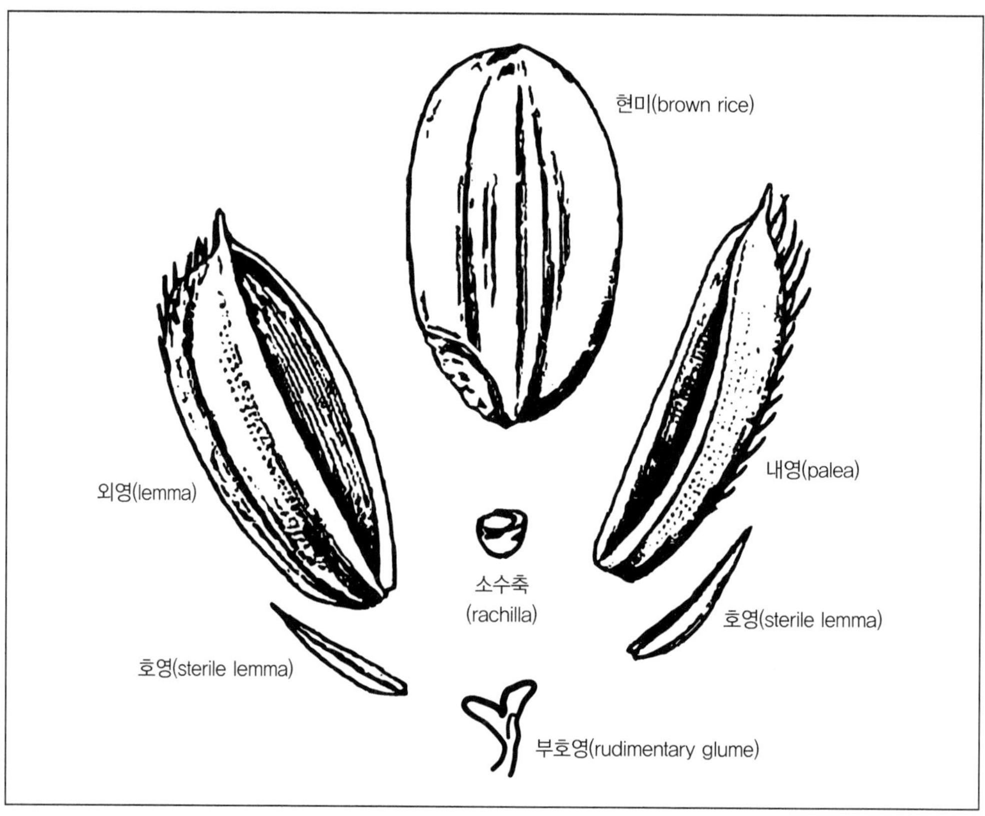

그림 2-1. 벼 종실의 구조(Hoshikawa, 1975)

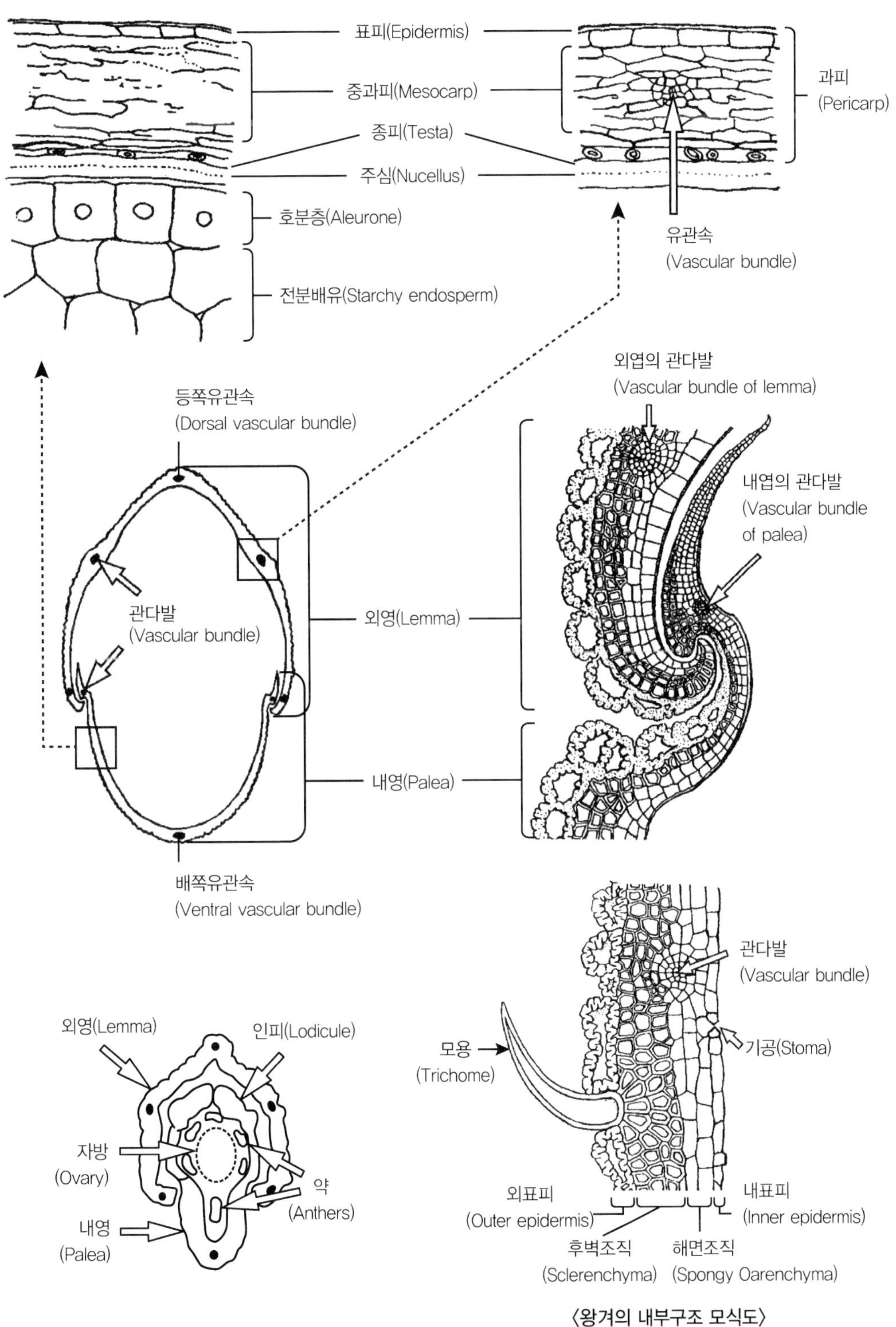

그림 2-2. 벼알의 표피조직

제2절 벼의 뿌리

1. 종자근(seminal root)

① 발아 시 종자에서 근초를 뚫고 나와 제일 먼저 신장하는 1개의 뿌리이며 최고 15cm까지 자란다.

② 종자근은 발아 후부터 양분과 수분을 흡수하며 관근이 발생한 후에도 7엽기까지 기능을 유지한다.

2. 중배축근(mesocotyl root)

① 정상적인 파종조건에서는 발생하지 않으나 종자가 깊이 파종되었을 때 가늘게 신장하는 뿌리가 부정근(adventitious root)이다.

② 밭못자리나 건답직파에서 종자를 너무 깊이 파종하면 중배축근이 많이 발생한다.

3. 관근(crown root)

① 관근은 벼 줄기에서 나와 근계를 이루는 부정근이며 각 마디에서 나오므로 마디근(nodal root)이라고도 한다. 줄기 둘레를 따라 발근하며 마디마다 10~20개가 나온다.

② 관근은 마디에서 직접 발생하는 1차근이 가장 굵고 여기서 발생하는 2, 3차근으로 갈수록 가늘어지며 분지근이 가장 가늘다.

③ 관근의 양상으로 주간절위별 관근수는 상위절로 갈수록 많아져서 11절에서 가장 많고(지엽까지 15매일 때), 그보다 상위절에서는 다시 감소한다.

④ 뿌리의 신장은 유수분화기에 출현하는 뿌리가 가장 왕성하고 분지근 발달도 현저하다. 지엽 추출 이후에는 지표면 가까이에 망상으로 분포한다.

4. 근모(root hair)

① 근모는 식물의 뿌리 끝에 실처럼 길게 나온 가는 털로 토양의 양분과 수분을 흡수한다.

② 성숙대 표피세포에 근모가 많이 발달하고 피층은 유조직세포로 구성되어 있다.

③ 성숙한 벼의 근모는 퇴화하고 외피세포가 목질화(코르크화)되며 이 목질화된 조직은 그 안쪽의 후막세포와 함께 뿌리 표면을 보호하는 역할을 한다.

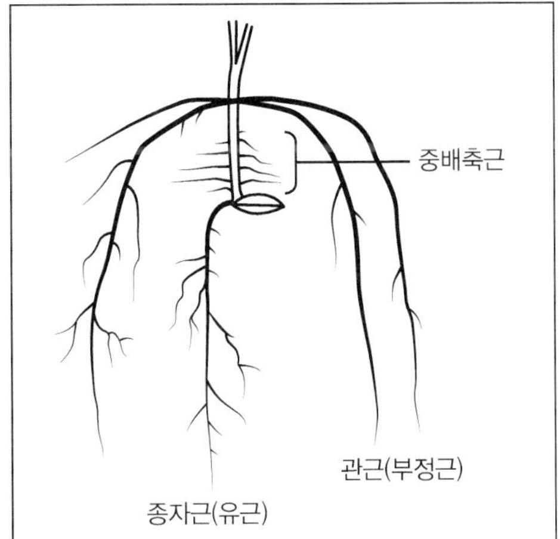

그림 2-4. 벼 뿌리의 3종류(Hoshikawa, 1975).

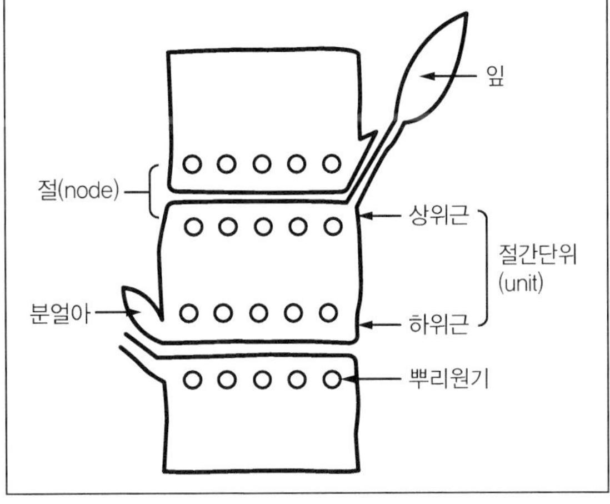

그림 2-5. 잎, 뿌리, 분얼의 구조 단위(Kawata et al., 1963).

5. 파생통기조직(lysigenous aerenchyma)

① 벼가 생장함에 따라 뿌리의 피층이 파괴되어 통기강(air space)과 파생통기조직이 발달한다.

② 통기강(air space)은 잎이나 줄기의 통기강들과 연결되어 지상부에서 뿌리로 산소가 이동하는 통로가 된다.

③ 공급된 산소는 논토양이 환원상태일 때 벼 뿌리의 세포호흡에 이용되고 황화수소 가스로부터 보호한다.

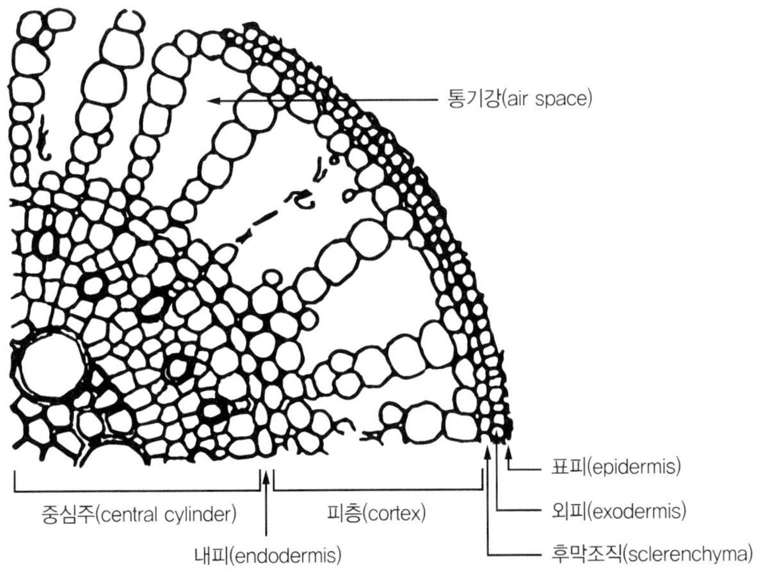

그림 2-6. 성숙한 벼 뿌리의 단면도(Hoshikawa, 1975)

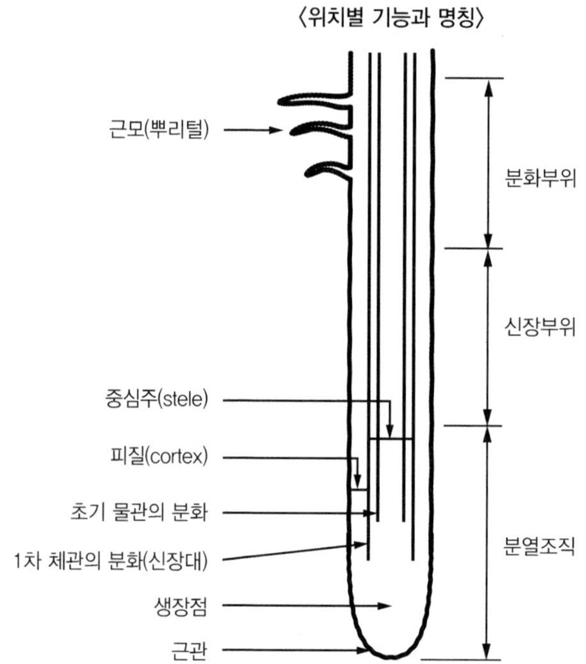

그림 2-7. 어린 뿌리의 구조와 기능(Kramer, 1969)

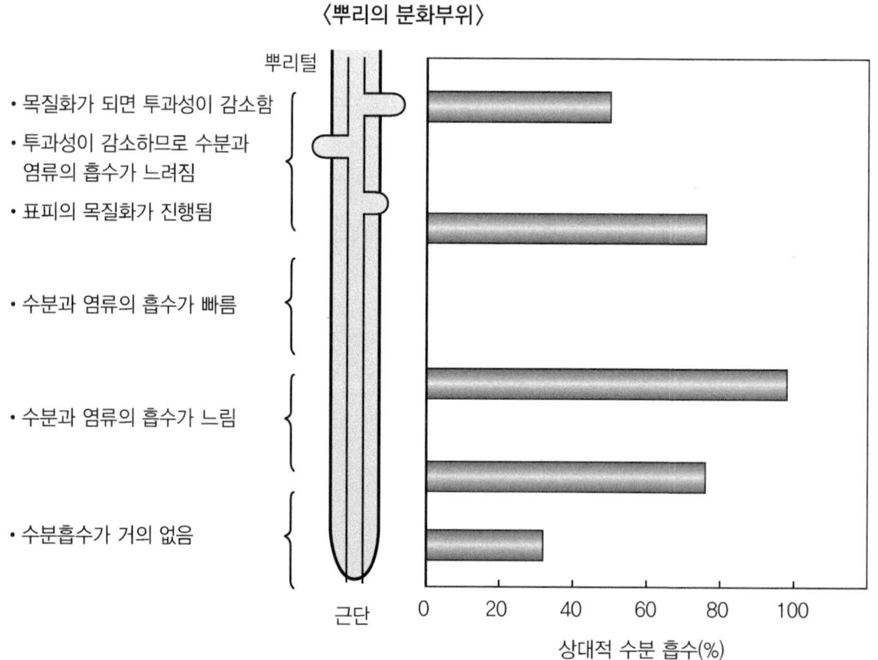

그림 2-8. 벼 뿌리의 부위별 수분흡수(Kawata and Lai, 1968)

제3절 벼의 잎

1. 잎의 구성

① 엽초(leaf sheath)는 광합성은 거의 하지 않지만 절간 잎과 유수(어린이삭)를 보호하고 동화산물을 일시 저장하며 줄기를 감싸고 도복을 방지하는 역할을 한다.

② 엽신(leaf blade)은 광합성과 증산작용을 주로 하는데 기동세포는 증산작용을 조절한다.

③ 엽설(leaf ligule)은 혀바닥 모양의 조직으로 발생학적으로 엽초에 해당한다. 벼에는 있고 피에는 없다. 엽초와 줄기 사이에 빗물이 들어가지 않게 하고 건조 등의 공기습도를 조절하는 역할을 한다.

④ 엽이(auricle)는 발생학적으로 엽신에 해당하며 엽초가 줄기에서 분리되지 않도록 한다.

⑤ 벼 품종 중에는 엽설과 엽이가 없는 품종도 가끔 있으나 일반적으로 벼에는 엽설이 있고 잡초인 피에는 없으므로 벼와 피를 구분하는 요소(key)가 되기도 한다.

2. 잎의 종류

1) 초엽(coleoptile)

① 발아 시 제일 먼저 나오는 잎으로 어린줄기의 본엽을 보호하는 역할을 한다.

② 보통 1cm 정도 자라며 정상적인 잎으로 간주하지 않아 엽수에 넣지 않는다.

③ 출아(발아)한 볍씨에서 초엽이 1cm 정도 자라면 1엽이 나오기 시작한다.

④ 초엽이 나오면 종근도 나오기 시작한다. 초엽은 산소가 부족해도 나온다.

2) 제1본엽(first leaf)

① 원통형이고 엽신(leaf blade)의 발달이 불완전한 뾰쪽한 침엽 형태이다.

② 제1엽은 엽신이 없고 엽초(leaf sheath)만 2cm 정도 자라기 때문에 불완전엽에 해당한다.

③ 불완전하더라도 엽수를 계산할 때 넣는다.

3) 제2본엽(second leaf)

① 엽신이 짧고 갸름한 스푼(spoon)모양을 가진다.

② 제1엽이 완전히 자라기 전에 2엽이 나타나고 제2엽은 엽초가 3~5cm 자라고 엽신이 스푼모양으로 엽초보다 짧아 2cm 정도 자란다.

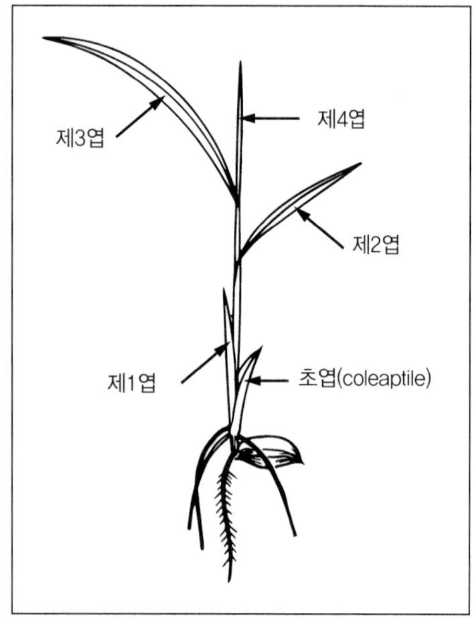

그림 2-9. 벼의 엽수(3.5엽)와 명칭

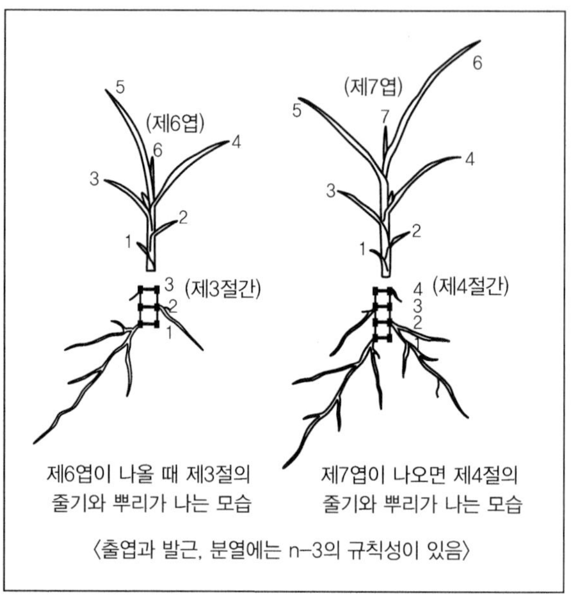

그림 2-10. 분얼과 잎, 뿌리의 동신생장(synchronous growth) 규칙도(Fujii, 1974)

4) 제3본엽(third leaf)

① 제3본엽 이후의 잎은 모두 완전한 잎모양을 갖춘 잎으로 3엽은 엽초가 4~6cm, 엽신은 5~7cm 정도 자란다.

② 제3엽과 그 이후에 나오는 잎은 앞서 나온 잎이 완전히 자란 다음 바로 앞에 잎의 엽초 상단으로부터 나오며 3엽부터는 엽신이 엽초보다 길어진다.

5) 지엽(terminal leaf)

① 마지막에 출현하는 최상위 잎으로 바로 아래 잎보다 짧으나 너비는 더 넓다.

② 지엽의 엽신 속에 출수전 어린 이삭(유수)을 감싸고 있고 끝까지 남아서 광합성작용을 한다.

③ 출수전 18일 경에 나오며 출수전 6일경에는 지엽의 엽초가 출수할 이삭으로 인해 부풀어 오르는데 이 때를 수잉기라고 한다.

6) 전엽(prophyll)

분얼을 할 때 처음에는 엽신이 없는 잎이 나오는데 이는 주간의 초엽에 해당하며 분얼눈을 보호하는 잎이다.

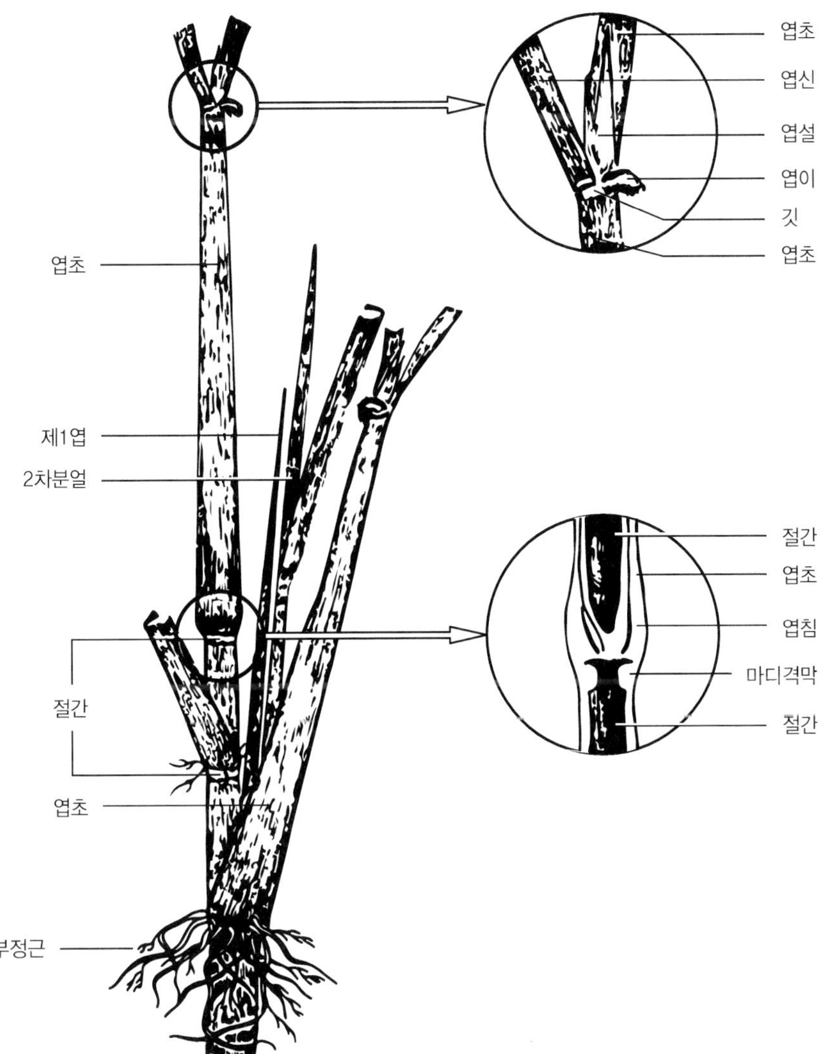

그림 2-11. 분얼과 마디구조(Chang and Bardens, 1965)

3. 잎의 특성

① 엽수는 품종에 따라 다르나 국내 재배벼의 총엽수는 주간을 기준으로 조생종이 14매, 만생종이 18매 내외로 평균 16매이다.

② 엽신의 길이는 엽위에 따라 다르나 지엽으로부터 3번째 아랫잎이 가장 길고 그로부터 상위 또는 하위로 갈수록 짧아진다.

③ 엽신의 모양에 따라 품종을 구분하기도 하는데 짧은 잎은 단엽, 긴 잎은 장엽, 넓은 잎은 광엽, 가는 잎은 세엽 품종이라 한다.

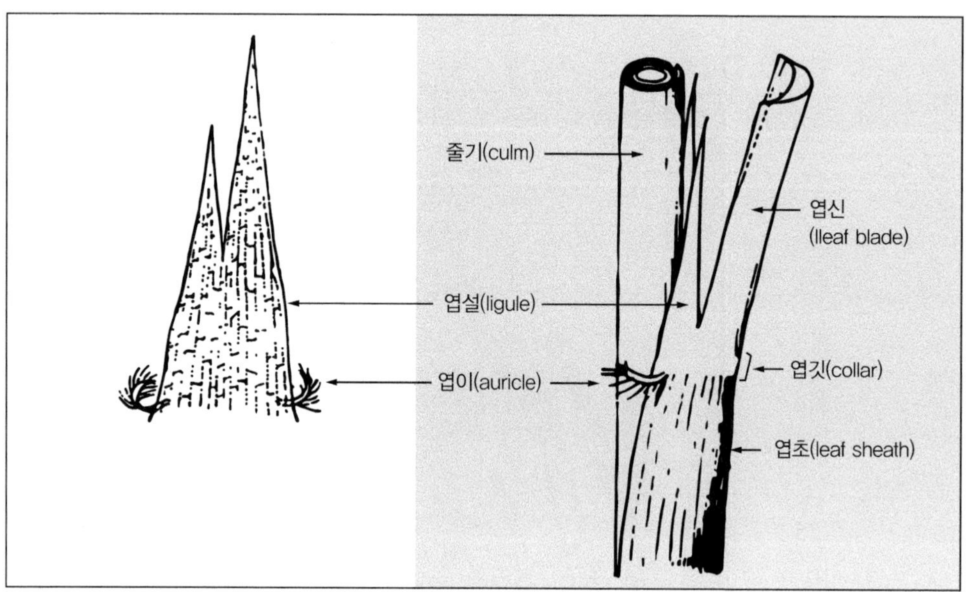

그림 2-12. 벼 줄기의 명칭과 구조

4. 잎의 구조

1) 엽맥(leaf vein)

① 표피에는 중앙에 중륵(midrib)이 있고, 그 양쪽으로 엽맥이 평행맥으로 형성되어 있다.

② 엽맥을 따라 나란히 기동세포와 기공이 배열되어 있다.

2) 기동세포(motor cell)

① 주위 세포보다 모양이 다소 길며 기공열과 기공열 사이에 2~3열 나란히 분포한다.

② 수분이 부족하면 수축하여 잎을 둥글게 말게 해서 과도한 증산을 막아 수분손실을 줄인다.

3) 기공(stomata)

① 기공은 녹색을 띠는 엽초, 이삭, 까락, 지경 표피, 벼알(왕겨)에도 발달한다.

② 벼의 기공 크기는 30×25㎛ 정도로 다른 식물보다 작은 편이다.

③ 개수(밀도)는 1mm^{2}당 100~600개로 비교적 많은 편이다.

④ 전체 엽면적에 대한 기공의 면적 비율은 0.6~0.8%로 다른 식물과 비슷하다.

⑤ 기공 수는 상위엽일수록 많고 하나의 잎에서는 선단으로 갈수록 많으며 차광처리를 하면 감소된다.

⑥ 온대자포니카벼보다 왜성의 인디카형 통일계 벼에 더 많다.

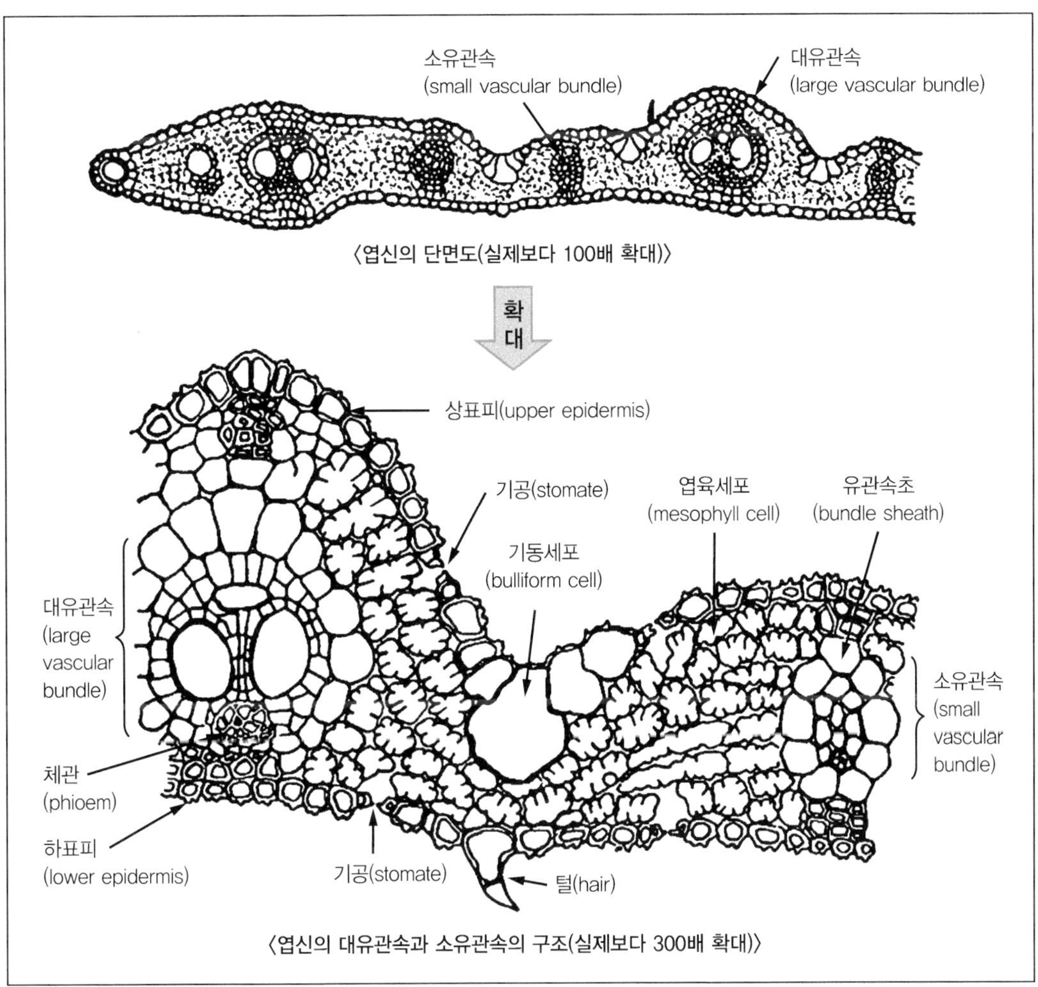

그림 2-13. 벼 엽신의 단면도(Hoshikawa, 1975)

4) 수공(hydropore)

① 엽신의 중륵과 유관속 선단부에 비교적 큰 기공모양의 구조를 한 수공이 있다.

② 수공은 이른 아침 무렵 잎끝에 이슬방울이 맺히는 것처럼 일액현상(guttation)을 나타낸다.

③ 수공은 항상 열려 있는데 일액현상은 뿌리의 근압 때문이다.

5) 엽신의 내부구조

① 굵은 엽맥에는 대유관속이, 가는 엽맥에는 소유관속(small vascular bundle)이 발달한다.

② 엽신 중앙에는 중륵이 크게 돌출되어 있다.

③ 유관속과 유관속 사이에는 엽육세포가 3~5층으로 치밀하게 배열되어 있다.

6) 엽초의 내부구조

① 중앙부가 두껍고 양끝을 향하여 얇아지며 엽초 안쪽은 통기강(air space)이 있고 바깥쪽에는 많은 유관속과 후막조직이 있어 강인성을 지닌다.

② 엽초 속은 큰 통기강(air space)인 파생통기강이 유관속 1개에 1개꼴로 형성되어 있다.

③ 통기강은 기공으로부터 줄기와 뿌리에 연결되어 산소의 통로 역할을 하고 있다.

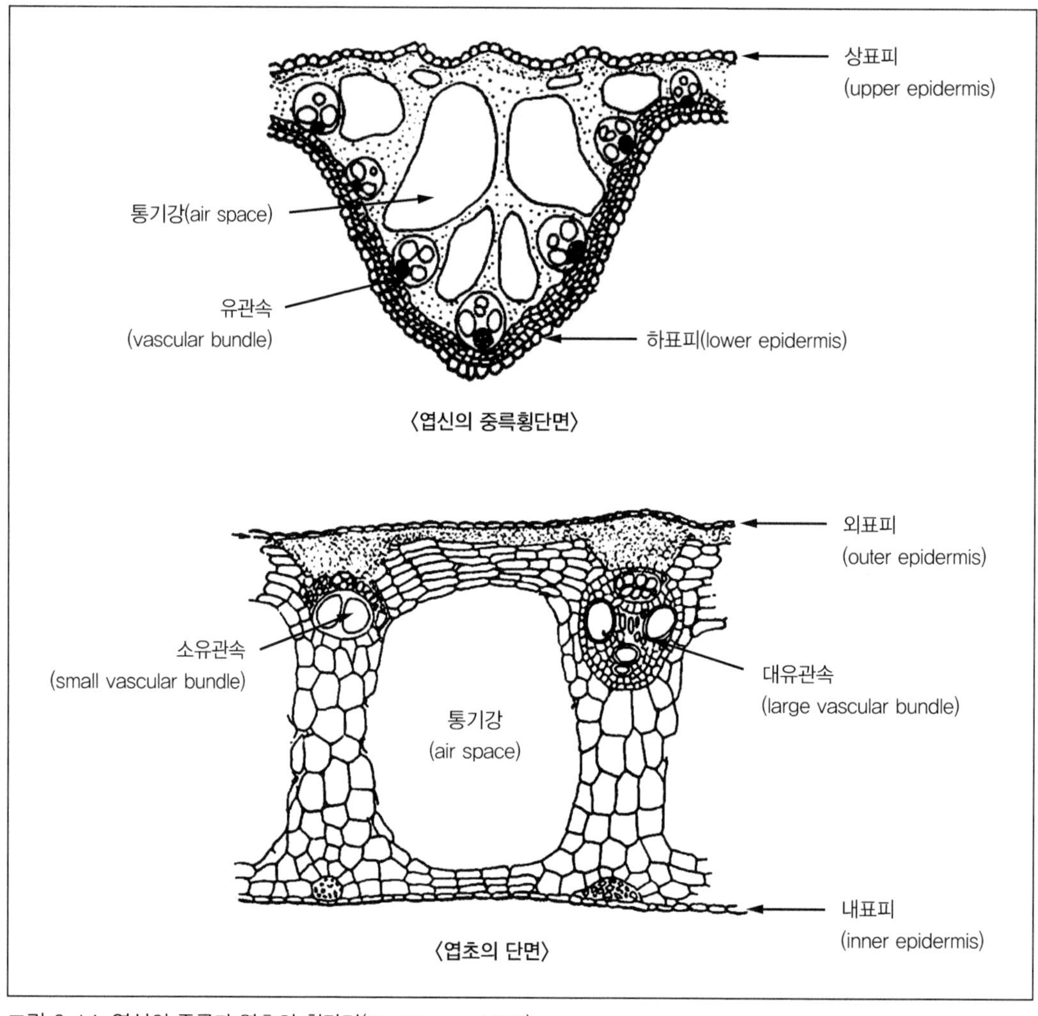

그림 2-14. 엽신의 중륵과 엽초의 횡단면(Hoshikawa, 1975)

제4절 벼의 줄기

1. 줄기의 형태

① 각 마디(절)에서 1개의 잎이 나오므로 마디수(node)와 엽수는 같다.

② 절간(마디사이, internode)은 원통형이며, 엽신으로 둘러싸여 있고 표면은 세로로 골이 나 있다.

③ 각 절(마디, node)에서 분얼의 뿌리가 발생하며 반드시 1개의 잎과 1개의 분얼이 발생한다.

2. 벼줄기의 구성

① 벼줄기의 마디수는 15~20개이며 이삭으로부터 아래로 5마디 사이가 길게 신장하여 벼 키를 결정한다. 이삭목절간의 길이가 가장 길다.

② 각 마디 부위에서 잎, 분얼, 뿌리가 발생하며 동신생장(동신엽동신분얼이론)을 한다.

3. 줄기의 위치에 따른 구분

1) 간기부(stem base, 불신장경)

① 줄기 하위 10~12마디는 절간이 신장하지 않고 2cm 정도의 짧은 길이에 마디(절)가 빌집되어 있는 부위를 말한다.

② 분얼절은 줄기의 아랫부분 마디에서 분얼경을 내는데 분얼경은 착생절위 및 차위가 높아질수록 마디수가 감소한다.

③ 간장(culm length)은 줄기의 길이로서 기부에서 이삭목까지의 길이를 말한다.

2) 신장절(신장경)

① 생식생장기에 줄기의 상위 5~6절간이 길게 신장하는 부위이다.

② 신장절간 수는 주간과 분얼경 간에 큰 차이 없이 거의 상위 5개 부위이다.

③ 신장경은 위에서 아래로 내려갈수록 절간장이 짧아지는데 위에서 5번째 절간은 길이가 1~2cm에 불과하다.

④ 신장절의 최상위 절간은 이삭과 경계를 이루고 절간 길이가 30cm 정도로 가장 길다.

⑤ 이삭목 형성은 최상위 제1절간에서 생긴다.

3) 절간의 내부구조

① 불신장경의 절간 중앙에 커다란 수강(medullary cavity)이 있는데 이는 둥글고 속이 비어있는 공간으로 지상부를 지탱하는 기둥 역할을 하며 산소의 이동 통로가 된다.

② 외피는 규질화된 표피세포와 몇 층의 두꺼운 막으로 된 섬유조직이 있으며 안쪽에는 유조직이 있다.

③ 주변의 후막조직 속에는 많은 작은 유관속이 있고 내부 유조직 속에는 큰 유관속이 있다. 이 대유관속은 둥근 모양이고 바깥쪽은 체관부, 안쪽은 물관부가 위치한다.

④ 대유관속 사이의 유조직에 파생통기조직(통기강)이 발달되어 있다.

⑤ 통기강은 밭벼보다 논벼(水稻)가, 상위절간보다 하위절간이, 그리고 물에 떠서 자라는 부도(浮稻)에서 더 잘 발달되어 있다.

4) 벼줄기의 수강과 통기강

① 마디사이 횡단면에 둥글고 속이 비어있는 수강은 지상부를 지탱하는 속이 빈 기둥의 역할을 하며 산소의 이동통로가 된다.

② 줄기 유관속은 줄기의 체관부는 잎으로부터 양분을 필요한 부위로 수송하며 물관부는 물과 용해된 무기성분을 뿌리로부터 위로 수송한다.

③ 각 마디사이의 통기강 줄기의 아래쪽으로 갈수록 통기강이 잘 발달되어 있다.

제5절 벼의 화기

내영(작은껍질)과 외영(큰껍질)이 내부의 화기를 보호한다. 내외영 아래쪽에 호영(sterile lemma), 부호영, 소화경(소지경)이 붙어있다. 벼의 꽃은 완전화로서 Y자형 암술(pistil) 1개에 수술(stemen)이 6개로 구성되어 있다.

1) 암술(carpel)

① 암술은 씨방(자방, ovary), 암술대(화주, style), 암술머리(주두, stigma)로 구성되어 있다.

② 씨방은 곤봉형의 1실 배주이며 주공은 밑을 향하고 배주 표피가 노출된 주심이 있으며, 안쪽에 배낭이 있다.

③ 주두(암술머리)는 선단이 둘로 갈라진 무색의 깃털모양으로 꽃가루가 붙기 쉬운 구조를 하고 있으며 품종에 따라 자색이나 홍색을 띠고 있다.

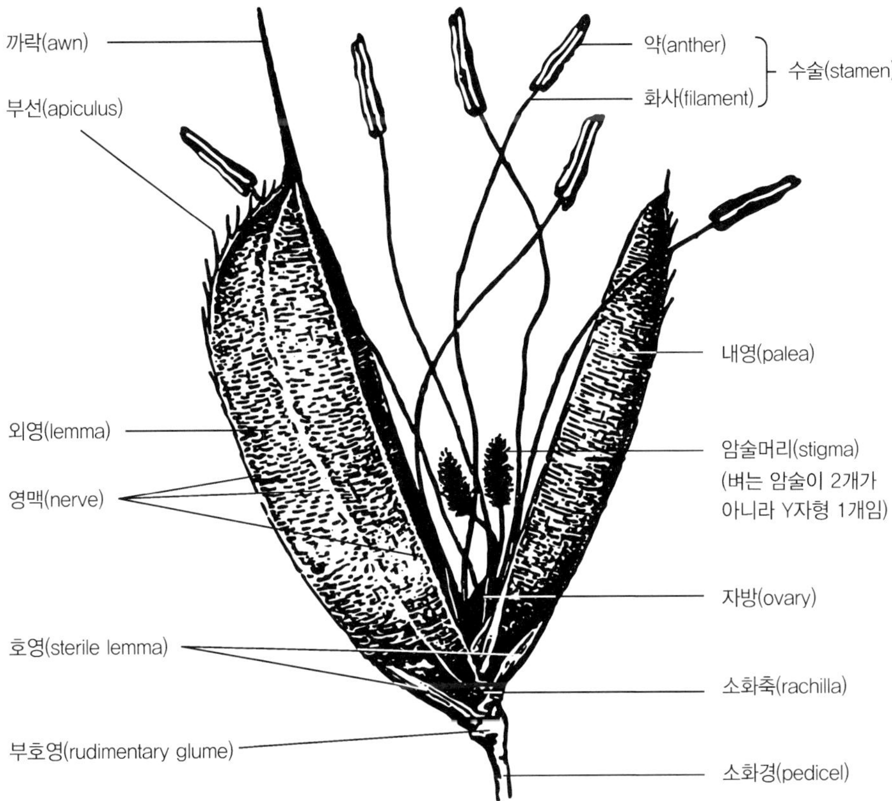

그림 2-15. 벼의 화기구조

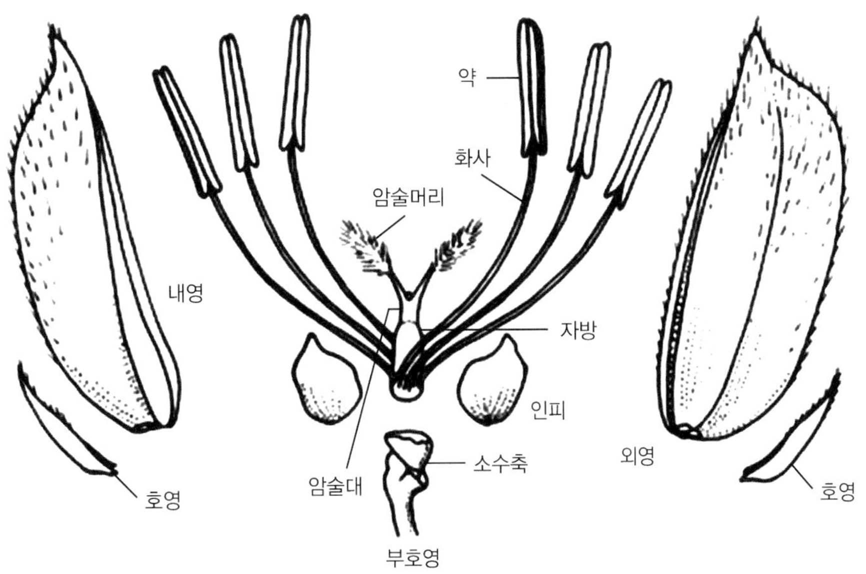

그림 2-16. 벼 화기의 구조와 명칭(Nagai, 1962)

2) 수술(stamen)

① 수술은 약(anther)과 화사(filament)로 구성되어 있다.

② 약은 4개의 방으로 되어 있고 그 속에 많은 꽃가루(화분, pollen)가 들어 있으며 이 꽃가루는 두꺼운 외벽으로 싸여있으며 형태는 구형이다.

③ 화사가 개화 후 급격히 신장하면 약이 터져서 꽃가루를 비산시킨다.

3) 인피(lodicule)

① 내외영 밑에 흰색이며 육질이고 난형으로 2매(1쌍)가 있다.

② 개화할 때 흡수, 팽창하여 개영을 시키는 역할을 한다.

③ 인피는 발생학적으로 꽃덮개 또는 꽃잎에 해당한다.

4) 화기 구조(structure of rice flower)

표 2-1. 주요 작물의 암술과 수술의 개수 비교

작물	보리, 밀, 호밀, 귀리, 수수, 조, 기장	감자, 고구마	벼, 백합	콩, 팥, 땅콩, 철쭉
암술:수술 개수	1:3	1:5	1:6	1:10

제6절 벼의 이삭

1. 이삭 형태

① 이삭(panicle)은 줄기의 끝부분인 수수절로부터 위쪽으로 종실이 달리는 부분을 말한다.

② 이삭축(panicle axis)은 2~3cm 간격으로 보통 8~10마디가 있다.

③ 각 마디에서 1개씩 1차 지경이 나오고 2차 지경, 3차 지경 및 소지경이 순차적으로 나온다.

④ 소지경 끝에 종실에 해당하는 소수(이삭당 100개 전후)가 붙는다.

⑤ 수수절(이삭목마디) 바로 밑 절간의 대유관속 수는 그 이삭의 1차지경 수와 같다.

⑥ 이삭목의 중앙에 수강이 있고 그 주위를 대유관속이 10~12개 줄지어 있으며 그 외부 주변에는 작은 유관속의 돌기가 줄지어 있다.

소수경(pedicel)
소수(spikelet)
2차 지경(secondary branch)
수축(panicle axis)
1차 지경(primary branch)
지엽(flag leaf)
이삭목마디(panicle base)
최상위 절간(uppermost internode)

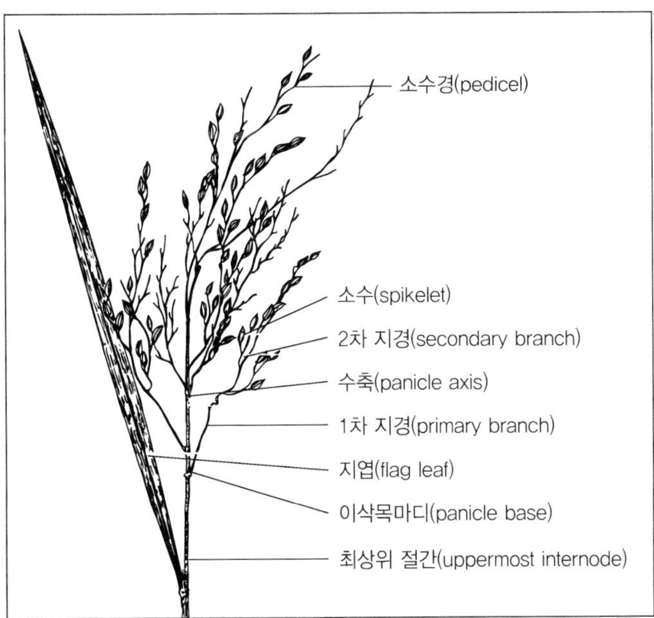

그림 2-17.
이삭의 명칭(Chang and Bardens, 1965)

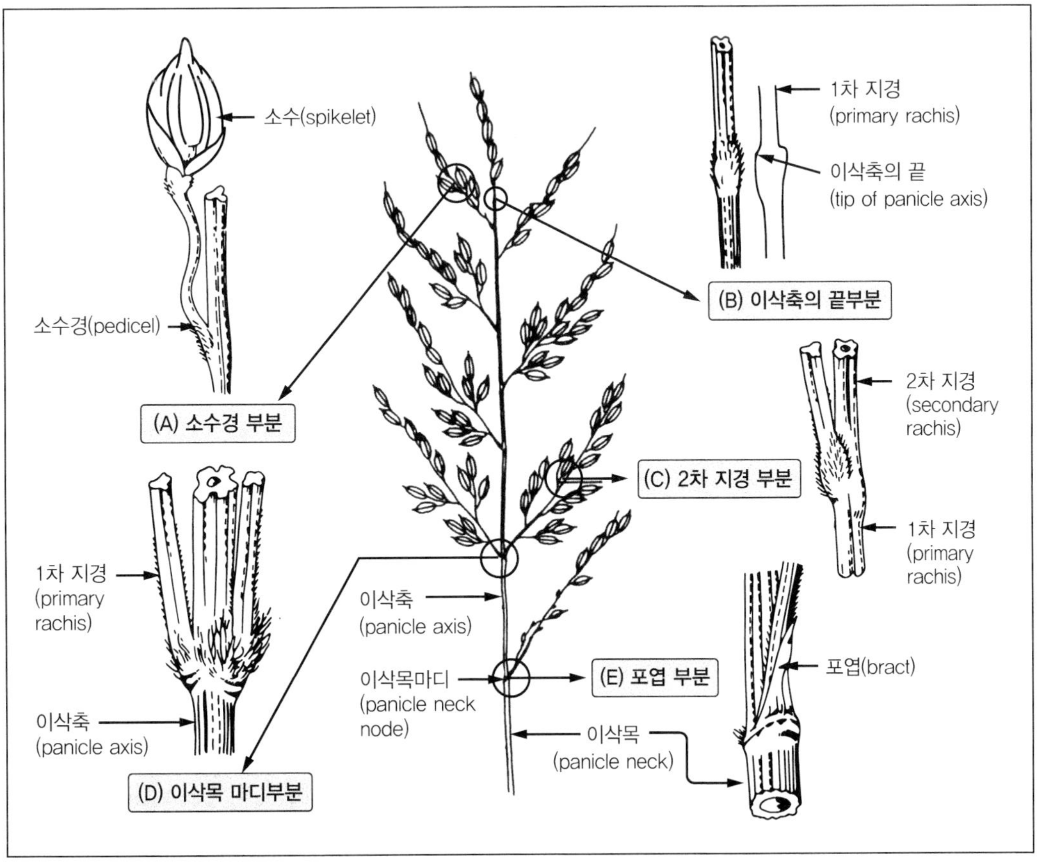

소수(spikelet)
소수경(pedicel)
(A) 소수경 부분
1차 지경
(primary rachis)
이삭축의 끝
(tip of panicle axis)
(B) 이삭축의 끝부분
2차 지경
(secondary rachis)
(C) 2차 지경 부분
1차 지경
(primary rachis)
1차 지경
(primary rachis)
이삭축
(panicle axis)
이삭축
(panicle axis)
이삭목마디
(panicle neck node)
(E) 포엽 부분
포엽(bract)
이삭목
(panicle neck)
(D) 이삭목 마디부분

그림 2-18. 이삭의 구성요소(Hoshikawa, 1975)

제3장
생장과 발육
(Growth and Development)

벼의 일생은 파종, 발아, 생장, 개화, 결실까지의 전 생육기간(growing period)을 거쳐야 한다. 전 생육기간은 품종과 환경에 따라 다르나 조생종은 120일, 보통 품종은 150일, 만생종은 180일 정도이다. 영양생장기는 육묘기, 이앙기, 착근기, 분얼기로 구분하는데 영양생장기에는 질소가 다량 요구(단백질 대사)되며 출수기, 개화기, 결실기로 구분되는 생식생장기는 개화와 결실로 이어지는 단계이다. 이들 생육상의 전환은 온도와 일장이라는 대기환경이 중요(기상생태형)하다. 자연환경을 따라 적응하며 대사작용이 이루어지고 있다. 온도가 높으면 생육기간이 짧아지고 서늘한 기후에서는 길어진다.

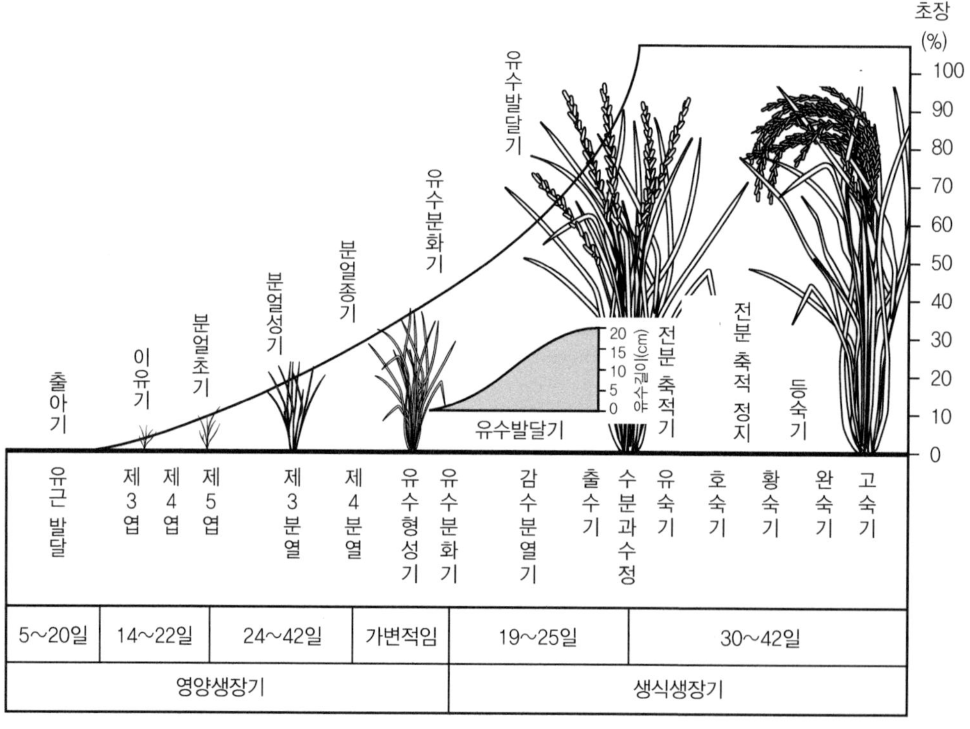

그림 3-1. 벼의 생육단계(Stansel, 1975)

제1절 영양생장과 생식생장

1. 영양생장기(vegetative growth period)

영양생장기는 발아에서 유수분화 직전까지의 기간으로 영양기관인 잎, 줄기, 뿌리 등이 형성되는 시기이다. 기본영양생장기(basic vegetative growth period)는 질적 발육을 위한 최소한의 생장기로 환경조건에 크게 좌우되지 않는 유년기가 저위도 지방에서 주로 재배하는 인디카형 벼는 기본영양생장형이 길고 고위도 지방에서 주로 재배하는 온대자포니카형 벼는 짧다. 가소영양생장기(plastic vegetative growth period)는 환경조건(특히 온도와 일장)에 따라 변하는 가변적 생육기간으로 고온단일 조건에서 짧아지고 저온장일 조건에서 길어진다.

1) 육묘기(seeding raising stage)

① 이앙재배를 하려면 모를 키우는 육묘기간이 있어야 한다.

② 기계이앙의 육묘기간은 유묘 10일, 치묘 20일, 중묘 30일, 성묘 40일(손 이앙 시) 정도가 소요된다.

2) 이앙기 및 활착기(transplanting stage & rooting stage)

① 이앙기는 모를 논에 옮겨 심는 시기로 벼의 경우 이식이라고 부르지 않고 이앙이라고 한다.

② 활착기(착근기)는 모내기 후 새로 뿌리가 내리는 기간을 말한다.

③ 활착기간은 모의 소질, 기상조건, 이앙작업의 적절성 등에 의해 영향을 받는다.

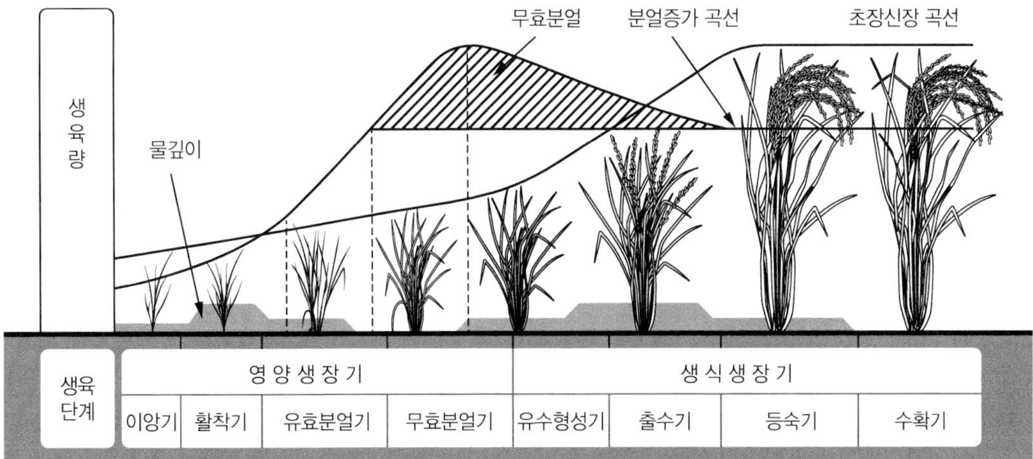

그림 3-2. 벼의 생육단계와 생육량

3) 분얼기(tillering stage)

① 분얼기는 이앙된 모가 착근되어 분얼이 발생하고 증가하는 시기이다.
② 분얼성기는 모내기 후 분얼수가 급증하는 시기이다.
③ 유효분얼종지기는 유효분얼이 끝나고 무효분얼로 넘어가는 시기이다.
④ 최고분열기는 분열성기를 경과하여 분열수가 가장 많은 시기를 말한다.
⑤ 무효분얼기는 최고분얼기 이후 늦게 나온 작은 얼자(tiller)는 죽어 없어지므로 분열수가 감소하는 시기이다.
⑥ 유효경비율은 최고분얼수에 대한 유효분얼수의 백분율을 말한다.
(유효분얼수 / 최고분얼수) × 100
⑦ 유효분얼은 분얼 중에서 이삭이 나오고 정상적으로 결실하는 분얼을 말한다.
⑧ 무효분얼은 이삭이 정상적으로 결실하지 못하는 분얼이다.
⑨ 분얼수나 유효경비율은 질소비료를 많이 주거나 밀식하여 최고분얼수가 많아지면 무효분얼수가 많아져서 유효경비율은 낮아진다.
⑩ 모내기 후 최고분얼기까지의 일수는 일반 재배 시 35~40일로 일찍 모내기하면 이보다 길어지고 늦게 모내기하면 이보다 짧아진다.
⑪ 일반적으로 최고분얼기에 3매의 잎이 달린 분얼은 유효분얼이되므로 최고분얼기 15일 전에 발생한 분얼은 유효분얼이 된다.

2. 생식생장기(reproductive growth period)

① 생식생장기는 유수분화기 이후부터 성숙기까지의 기간으로 유수와 화기가 형성되고 발달한다. 출수, 개화, 수정 이후에 자방이 발달하고 종실이 완성되기까지의 기간을 말한다.
② 영양생장에서 생식생장으로 생육상이 전환되면 줄기의 상위 4~5절간이 신장하여 키가 커진다. 줄기 끝의 생장점에서 잎 대신 유수의 세포가 분화하여 자란다.
③ 유수분화기에서 출수기까지는 영양생장과 생식생장이 함께 일어나며 출수 후부터는 생식생장만 하는데 노화되는 시기이므로 활동하는 잎과 뿌리 수는 감소하며 양분흡수도 저하된다.

1) 절간신장기(internode elongation stage)

① 절간신장기는 유수분화기부터 출수기까지 사이에 줄기의 절간이 길어지는 시기로 출수 30일 전인 최고분얼기에 전후가 해당한다.
② 재배법에 따른 유수분화기와 최고분얼기와의 관계로 조기재배 시에는 최고분얼기 이후에 유수분화기가 오며 보통재배 시에는 최고분얼기와 유수분화기가 일치한다. 만기재배 시에는 유수분화기 이후에 최고분얼기가 온다.

2) 유수형성기(panicle formation stage)

① 유수분화기(panicle initiation stage)는 유수길이가 2mm에 도달할 때까지 유수가 분화되기 시작하며 이삭줄기가 분화하는 시기이다.

② 영화분화기는 유수분화 후 7~10일경에 영화분화가 이루어지는 시기이다.

③ 유수형성기는 유수가 3~5cm로 자라 화분 속에 생식세포가 나타나기 직전(출수 16일 전)까지를 말한다.

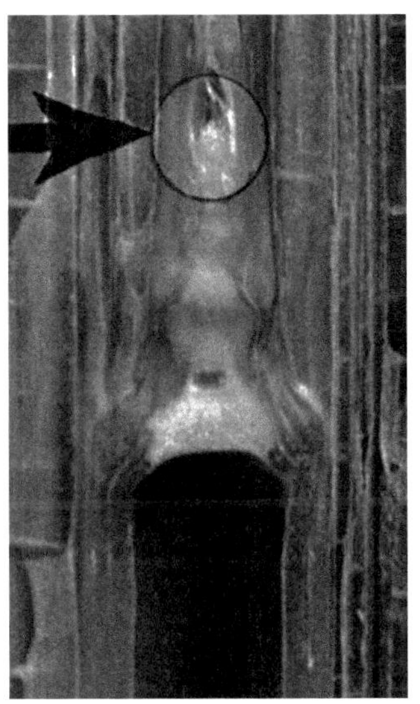

그림 3-3. 벼의 줄기에서 유수가 분화하는 모습(화살표 위치)

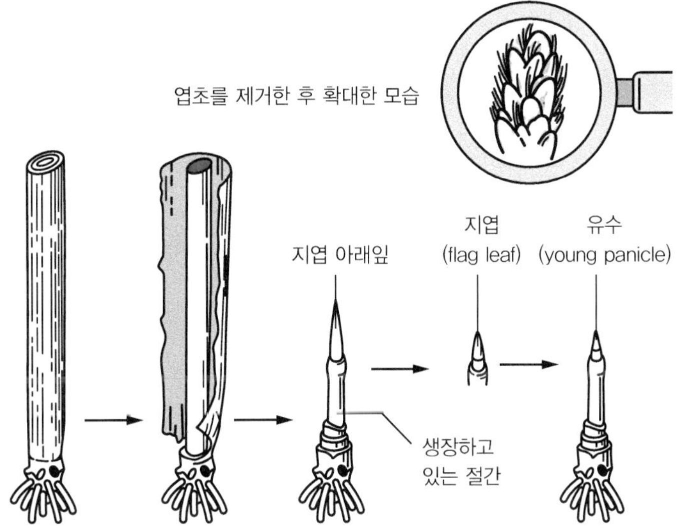

그림 3-4. 엽초를 제거한 후 유수의 모습

3) 수잉기(booting stage)

① 출수 10~12일 전부터 출수 직전까지 줄기 속에 이삭이 배어 불룩하게 보이는 시기이다.

② 수잉기에는 이삭 길이가 거의 완성되고 화분모세포와 배낭모세포가 감수분열하여 수정할 준비가 된다.

③ 벼의 수잉기(감수분열기)는 저온이나 가뭄 등 환경재해에 가장 민감한 시기이다.

4) 출수기(heading stage)

① 이삭이 지엽의 엽초 속에서 나오는 시기로 출수한 이삭은 당일 또는 다음날 개화한다.

② 화본과 식물에서 개화에 앞서 이삭목마디 사이가 신장하여 지엽의 엽초에서 이삭이 나오는 시기이다.

③ 화본과 식물에서 개화에 앞서 이삭목마디 사이가 신장하여 지엽의 엽초에서 이삭이 나오는 시기로 이 시기는 재배상 생육과정의 한 지표로서 중요하다.

④ 출수기를 정하는 데는 약 10%가 출수한 때를 출수시(first heading), 40~50%가 출수한 때를 출수기, 70~80% 출수한 때를 수전기(穗揃期)라고 한다.

⑤ 출수기간은 1포기당 이삭수가 적은 경우에는 짧고 이삭수가 많은 경우에는 길어지며 고온에서는 짧아지고 저온에서는 길어진다.

⑥ 출수시에서 출수기까지 2~3일, 출수기에서 수전기까지 5~7일이 걸리는데 벼 1주가 모두 출수하는 데 7일, 포장에서 이삭이 모두 출수하는 데는 10~14일 걸린다.

⑦ 생육이 충분하지 않은 상태에서 이삭이 나오는 것을 불시출수(premature heading)라고 하는데 이는 감온성이 높은 품종을 고온에서 재배하거나 질소 부족, 육묘기간이 길 때 많이 나타난다.

5) 등숙기(ripening stage)

① 등숙기는 개화, 수정이 완료되고 종실이 비대, 성숙하는 기간으로 품종과 환경에 따라 다르나 결실에는 더운 지방은 30~35일, 추운 지방은 45~55일이 소요된다. 결실기도 온도가 높으면 빨라지고 낮으면 길어진다.

② 유숙기는 종실의 내용물이 백색의 젖과 같이 희고 액체상태로 보이는 기간이다.

③ 호숙기는 저장전분이 늘어나고 수분이 감소되어 풀(젤)과 같이 보이는 시기이다.

④ 황숙기는 현미 전체가 투명하게 굳어지는 시기로 수정 후 30일경이다. 일반적으로 벼는 황숙기에 수확한다.

⑤ 완숙기는 종실이 완전히 익어 수확을 하기에 적당한 등숙이 완료되는 시기이다.

⑥ 고숙기는 과숙기라고도 하는데 수확적기를 지나 종실의 투명한 부분인 배유세포에 전분 등 저장물질이 모두 채워져서 맑고 투명하게 굳어진 단계로 도정 시에 쌀알이 깨지는 설미가 되기 쉽다.

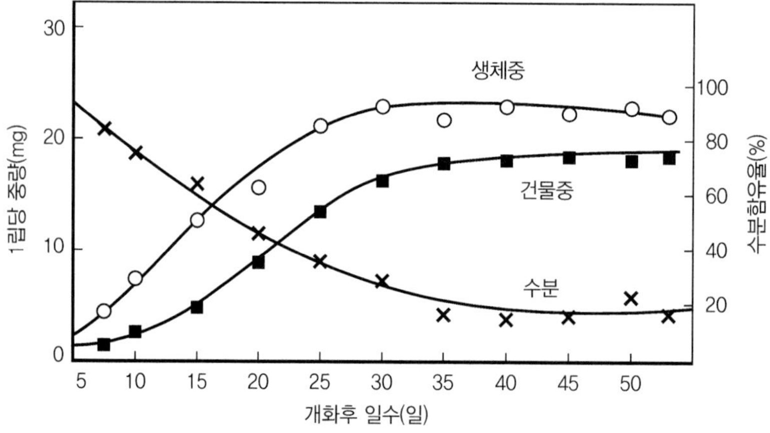

그림 3-5. 현미의 입중과 수분함유율의 변화(Hoshikawa, 1975)

제2절 발아와 휴면

1. 종자의 수명

① 종자의 활력이 떨어지는 원인은 종자 내외 요인이 서로 복합적으로 작용하기 때문이다.

② 종자수명에 영향을 미치는 요인은 온도, 수분, 광, 공기조성 등인데 가장 중요하고 필수적인 요인은 종자의 수분함량과 온도이다.

③ 일반적으로 저온, 저수분 조건에서 산소(O_2) 농도를 낮추면 종자수명이 길어진다.

④ 벼에서 수분함량을 15% 이하로 과도하게 건조시키면 오히려 수명이 단축된다.

2. 종자의 휴면

1) 휴면성

① 아프리카 재배벼(*Oryza glaberrima*)와 야생벼는 휴면성이 매우 강하다.

② 인디카형 벼는 온대자포니카형에 비해 휴면이 강한 것이 많다.

③ 통일형 품종은 일반 온대자포니카보다 휴면이 다소 강하다.

④ 온대자포니카 품종과 같이 휴면성이 약한 벼는 수확기에 비를 많이 맞으면 수발아(穗發芽)가 쉽게 일어난다.

⑤ 수확 직후에는 영(왕겨)에 존재하는 발아억제물질인 블라스토콜린(blastokoline)에 의해 발아가 저해되고 휴면한다.

2) 휴면타파(dormancy breaking)

① 벼는 왕겨에 발아억제물질이 있으므로 이를 제거하면 휴면이 타파되고 발아가 가능한데 벼의 종류에 따라 과피와 종피의 일부 또는 전부를 제거해야 휴면이 타파되기도 한다.

② 볍씨를 고온인 50℃에서 4~5일, 강한 것은 7~10일을 경과시키면 휴면이 타파된다.

③ 벼에서 질산(HNO_3)처리는 0.1N 질산 1L에 건조종자 1.2kg을 1~2일(강한 것은 3~7일) 침지한 후 건조시키면 휴면이 타파된다.

3. 발아(germination)

휴면하던 배가 수분을 흡수하여 1mm 정도 자라는 것을 발아(germination)라고 하고 땅속에서 지표밖으로 새순이 나오는 것을 출아(emergence)라고 한다.

1) 흡수된 수분의 이동

① 종자의 수분흡수는 배와 배유의 경계부위인 배반을 통해 흡수된다. 종자가 수분을 흡수하면 호분층에서 가수분해효소를 합성하여 배유로 이동한다.
② 종자에 흡수된 수분은 배반(scutellum)의 흡수세포층을 통해 배조직으로 이동한다.
③ 흡수된 수분은 호분층을 따라 종자의 선단부로 이동한다.

2) 발아과정(germination process)

① 종자가 수분을 흡수하면 호분층에서 가수분해효소를 합성하여 배유로 이동한다.
② 고분자 저장물질인 탄수화물, 지방, 단백질을 저분자물질로 가수분해한다.
③ 가수분해된 당, 지방산, 아미노산 등은 종실의 배조직으로 이동하여 이미 분화되어 있던 유아 및 유근 세포의 생장에 이용된다.
④ 볍씨가 물을 흡수하여 발아할 태세를 갖추면 호흡이 급격히 늘어난다.

4. 발아에 영향을 미치는 요인

1) 종자(seed)

(1) 종자의 발아조건

① 종자가 수정 후 7일이면 발아가 가능하나 미성숙 종자는 발아소요일수가 길어지고 발육이 불완전하다.
② 수정 후 14일 정도가 지나면 발아율도 높아지고 발아일수도 거의 정상에 가까워진다.
③ 같은 품종이라면 종실의 비중이 무거운 것이 발아력이 강하고 발아 후 생장도 좋다.
④ 종자활력은 한 이삭에서 위쪽에 있는 종자가 아래쪽의 종자보다 충실하여 발아가 빠르고 발아율이 높다.
⑤ 저장기간이 길어질수록 발아율은 낮아지는데 자연상태에서는 2년이 지나면 발아력이 급격히 떨어진다.

2) 수분(water)

(1) 흡수기

① 볍씨가 발아하려면 건물중의 30~35%의 수분을 흡수해야 하며 종자 중량의 약 23%의 수분을 흡수하면 발아가 가능하다.

② 흡수초기(A상)인 흡수기는 수분을 물리적이고 수동적으로 흡수하는 시기이다.

③ 흡수기는 볍씨가 수분을 흡수하여 배와 배유의 생리적 활성을 유발하는 시기이다.

④ 이 시기는 온도의 영향이 크지 않으며 발아에 필요한 수분함량에 달할 때까지 급속히 진행된다.

⑤ 흡수기의 종자 수분흡수는 약 18시간 정도면 발아에 필요한 수분이 거의 흡수된다.

⑥ 볍씨의 수분함량이 볍씨 무게의 15%가 되는 때부터 배(embryo)가 활동을 시작한다.

⑦ 볍씨의 수분흡수 속도는 온도가 높을수록 빠르다.

(2) 활성기(발아준비기)

① 발아에 충분한 물이 흡수된 후 조직 내에서 발아준비를 하는 시기이다.

② 활성기는 볍씨가 30~35% 수분함량을 유지하면서 발아를 준비하는 시기이다.

③ 발아준비기는 생화학적 과정이어서 온도 영향을 크게 받는 시기이다. 전기 종자의 효소가 활성화되는 시기로 후기에는 활성화된 효소작용에 의해 배유의 저장양분이 가수분해되고 배로 이동하는 시기이다.

④ 배로 이동한 당은 일부가 호흡에 쓰이고 일부는 유아, 유근의 생장을 위한 에너지로 축적된다.

⑤ 활성기가 끝날 무렵에 배에서 어린 싹이 나와 발아를 시작한다.

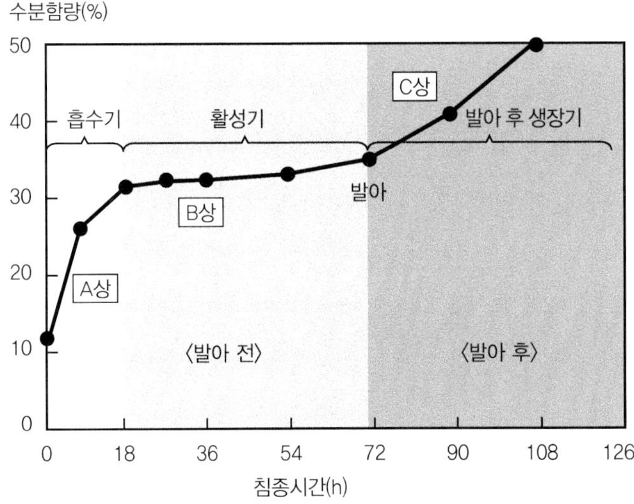

그림 3-6. 볍씨의 발아 시 수분의 흡수양상(Takahashi, 1961)

(3) 생장기(발아 후)

① 유아와 유근이 종피를 뚫고 발아한 후 세포 신장에 따라 생장이 이루어지는 시기이다.

② 수분흡수가 급속히 증가한다.

3) 온도(temperature)

① 벼 발아를 위한 최적온도, 최저온도, 최고온도는 생태형이나 품종에 따라 다르다.

② 일반적으로 발아 최저온도는 8~10℃, 최적온도는 30~32℃, 최고온도는 44℃이다.

③ 발아 최저온도는 품종 간 차이가 커서 고위도 한랭지 품종은 저위도 열대 품종에 비해 저온 발아성이 강하다.

④ 우리나라 재래종은 8℃에서도 발아하나 열대지역의 볍씨는 16~24℃에서도 발아하지 않는 경우가 있다.

⑤ 종자 활력이 강한 볍씨는 30℃에서 파종 후 24~48시간에 발아한다.

⑥ 휴면이 완전히 타파되고 종자 활력이 높으면 품종에 따른 발아력 차이가 적은데 반해 휴면타파가 충분하지 않거나 활력이 저하된 종자는 발아온도 폭이 좁다.

표 3-1. 벼의 생육단계별 온도(Yoshida, 1977)

연번	생육단계	최저온도	최적온도	최고온도	기타
①	발아기	10	20~35	45	발아기에는 온도 범위가 넓다.
②	출아기(입묘기)	12~13	25~30	35	–
③	발근기(활착기)	16	25~28	35	–
④	생장기	7~12	31	45	생장기와 분얼기에는 비교적 저온에 강하다.
⑤	분얼기	9~16	25~31	33	
⑥	유수분화기	15~20	–	38	유수분화기와 개화기에는 최저온도가 높아야 한다.
⑦	개화기	22	30~33	35	
⑧	성숙기	12~18	20~25	30	생태적으로 온도가 낮어지는 시기이다.

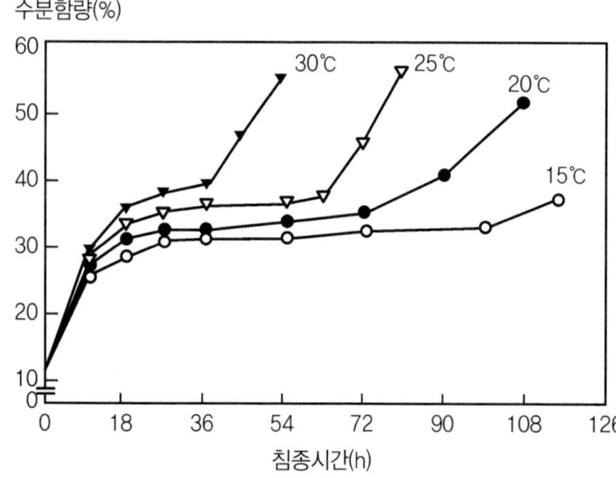

그림 3-7.
발아온도에 따른 볍씨의 수분흡수
(Takahashi, 1961)

4) 산소(O_2)

(1) 호기적 조건

① 볍씨는 물이나 공기 중에서 모두 발아가 가능하다. 즉 벼는 물속과 밭 상태에 모두 적응하도록 적응해 왔다.

② 산소가 충분히 공급되는 조건에서는 유근이 먼저 발생하여 정상적으로 자란다.

③ 산소가 풍부한 조건에서는 초엽이 1cm 이하로 짧고 굵게 나오면서 종근도 함께 자란다.

③ 깊은 물속에서 발아한 유아가 수면 위로 자라서 산소가 공급되면 유근생장도 촉진된다.

④ 물속에서는 착근이 어려우므로 착근기에는 배수하여 산소 공급을 도와야 한다.

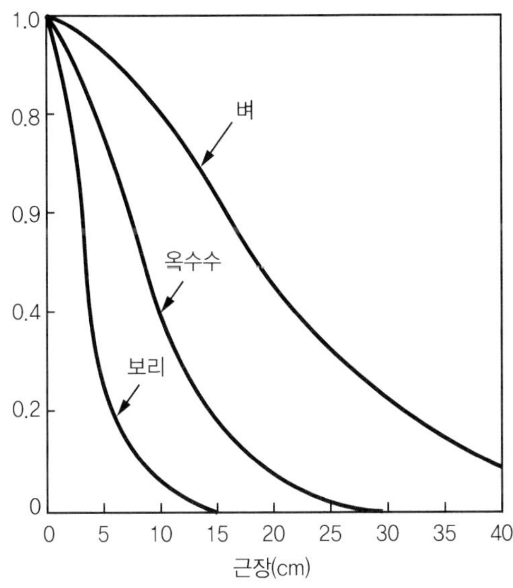

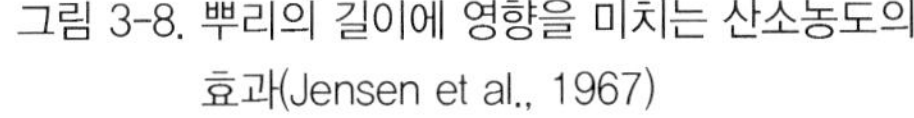
그림 3-8. 뿌리의 길이에 영향을 미치는 산소농도의 효과(Jensen et al., 1967)

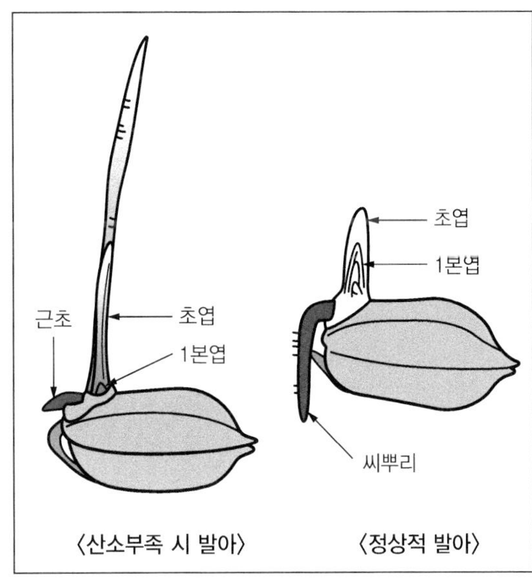

그림 3-9. 산소조건에 따른 볍씨의 발아 모습

(2) 혐기적 조건

① 산소가 부족하면 발아에 필요한 효소(카탈라아제, 시토크롬 산화효소, 아밀라아제 등)의 활성이 매우 낮다.

② 볍씨는 발아하는 데 필요한 산소의 양이 다른 작물에 비하여 적어 산소농도가 0.5% 정도에서도 100% 발아한다.

③ 산소가 없는(무산소) 조건에서도 무기호흡에 의해 80% 정도의 발아율을 보인다. 산소가 부족한 암흑 조건에서는 중배축이 많이 신장한다.

④ 산소가 부족하면 초엽은 자라나 본엽이나 유근은 잘 자라지 않는다.

⑤ 산소가 부족한 암흑조건에서 자란 모는 초엽이 4~6cm까지 자라고 중배축이 신장하여 정상적인 형태를 이루지 못한다.

⑥ 산소가 충분하지 못한 경우 유근의 생장이 억제되고 유아가 먼저 신장한다.

5) 광도(light)

① 볍씨는 발아 시 반드시 광을 필요로 하지는 않아 암흑조건에서도 발아는 하지만 발아 직후부터는 유아(아생기관) 생장에 영향을 준다.

② 중배축은 초엽마디와 종근 근초 사이를 말하며 보통 상태에서는 신장하지 않는다.

③ 암흑조건에서 발아하면 중배축(mesocotyl)이 신장하여 마치 산소가 부족한 조건에서 발아하는 것과 같은 모습을 보인다.

④ 중배축은 파종심도가 깊어질 때 초엽을 지상으로 밀어 올리는 역할을 한다.

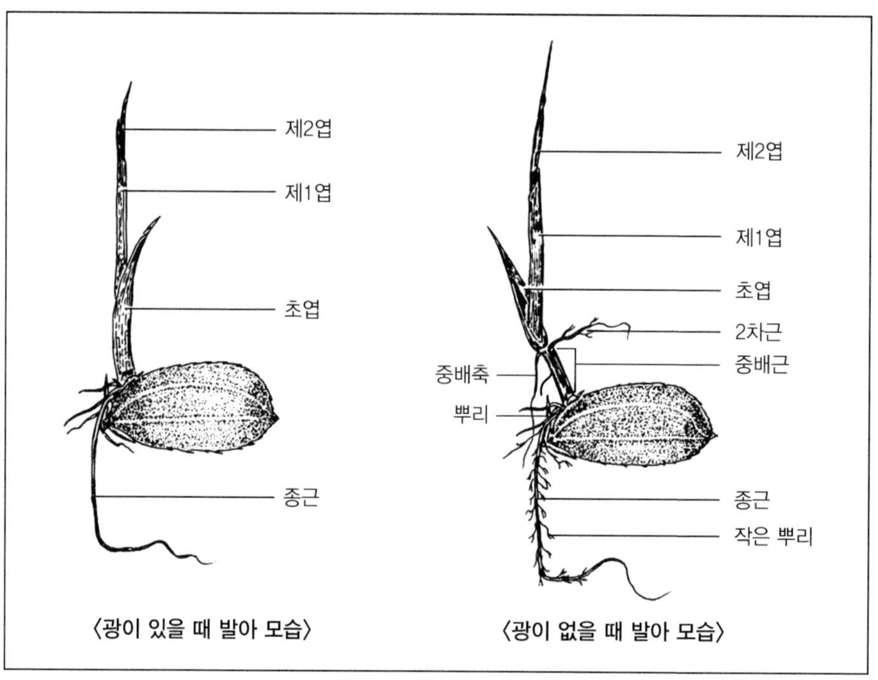

그림 3-10. 발아 모습(Chang and Bardens, 1965)

6) 파종깊이(seeding depth)

① 표토 부근인 0.5cm로 파종할 경우 산소가 풍부하고 산광도 있어 발아와 생장이 양호하다.

② 지면으로부터 지하 2cm로 파종하면 도장이 일부 발생하게 된다.

③ 지하 3cm로 파종하면 중배축과 초엽이 신장해서 지상으로 출아가 어렵게 된다.

④ 건답직파의 경우도 파종깊이는 지하 3cm 정도가 한계이다.

⑤ 논토양에서 3cm 깊이로 파종했을 때는 중배축이 신장하고 초엽마디에서 관근이 발생하며 5cm 깊이로 파종했을 때는 중배축 뿌리가 발생하여 수평으로 뻗는다.

제3절 모의 생장

1. 모(seedling)의 생장

① 발아한 모에는 1개의 종근이 나오고 이유기 무렵에는 5~6개의 관근이 발생한다.

② 파종 후 20일 정도 되면 종근은 전장에 달하고 관근이 급속히 증가한다.

③ 손이앙모는 파종 후 40일 경에 성묘의 형태를 갖춘다.

④ 모의 질소함량은 제4~5엽기에 최고가 되고 그 후에는 감소하여 C/N율이 높아진다.

2. 모의 이유기(weaning stage)

① 본엽이 3매 나올 때까지는 배유의 저장양분에 의존하여 생장한다(종속영양생장).

② 대략 3~4엽기가 되어 종속영양생장에서 독립영양생장으로 전환되는 시기를 이유기라고 한다.

③ 제4본엽기 이후에는 새로 신장한 뿌리에서 흡수되는 양분에 의해 생장한다.

④ 모의 엽색이 황변하기 쉬운 경우로 3번의 시기가 있을 수 있는데 제1본엽이 초엽에서 나오는 시기, 볍씨의 배유 소진기(종속영양에서 독립영양생장으로 바뀌는 제4본엽 출현기)와 못자리 말기이다.

⑤ 육묘할 때 밀파 또는 만파하거나 양분이 부족할 때, 특히 광이 부족하면 도장하고 병충해에 약해지므로 육묘관리에 유의한다.

제4절 뿌리의 생장

1. 근계의 형성

1) 뿌리 생장

① 벼 뿌리의 발생은 분얼과 잎의 발생과 밀접한 관계가 있는데 n마디 뿌리와 분얼은, n+3에서 나오는 잎과 동시에 발생(동신엽동신분열이론)한다.

② 벼 뿌리 생장량을 지상부에 대한 뿌리의 건물중 비율로 보면 생육초기에 약 35%, 출수기 16%, 호숙기 7%로 생육이 진전됨에 따라 뿌리 비율이 낮아진다.

③ 직파재배 벼는 이앙재배 벼에 비해 지표에 뿌리가 많이 분포한다. 건답직파 벼는 담수직파 벼에 비해 초기에 지하부로 신장하는 뿌리가 많다.

④ 다수확을 위해서는 성숙기까지 활력이 높은 건강한 뿌리를 많이 확보하고 유지해야 한다.

2) 근계(root system)

① 지표에서 아래로 5cm 이내에 전체 뿌리의 45% 분포하고 20cm 이내에 90% 분포한다.

② 분얼기에 뿌리는 가로 35cm, 깊이 20cm 정도의 깊이로 분포한다.

③ 출수기에는 가로 40cm, 깊이 50cm 정도의 범위, 최대깊이 90cm에 달하기도 한다.

④ 뿌리는 생육초기 지표 부근에 얕게 분포하고 납작한 타원형을 보이다가 분얼이 증가함에 따라 측면방향과 심층으로 자란다.

3) 근수와 근장

① 근수와 근장은 이앙 후부터 증가하기 시작하여 출수기에 최고에 달한다.

② 1차근과 분지근을 합한 총 근장은 출수기 이후까지 계속 증가하고 뿌리 기능은 출수기 이후에 쇠퇴한다.

③ 분얼수가 최다인 시기는 출수전 35일경으로 유수분화기 직전이다.

④ 근수가 최다인 시기는 최고분얼기 이후 15일~출수전 20일경이며 뿌리길이가 최장이 되는 시기는 출수기이다.

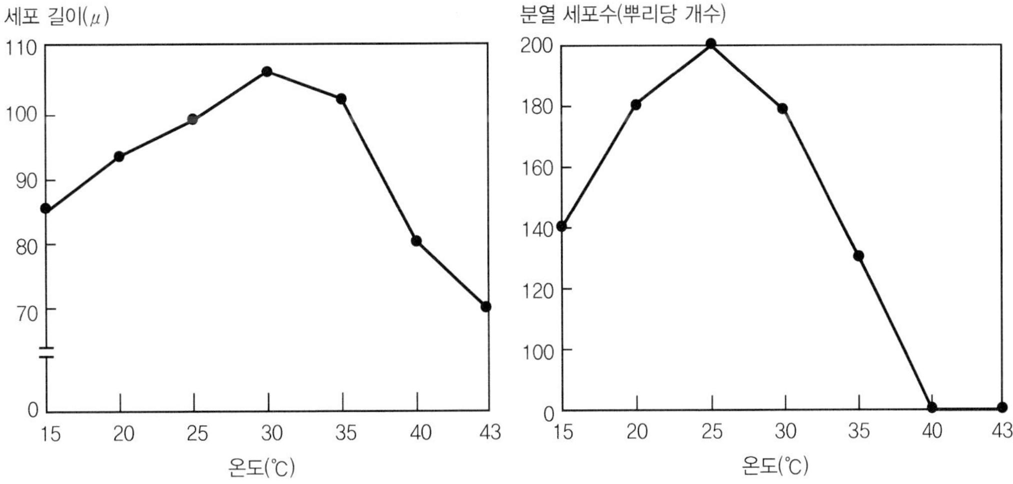

그림 3-11. 온도에 따른 유근의 세포신장과 분열(Yamakawa and Kishikawa, 1957)

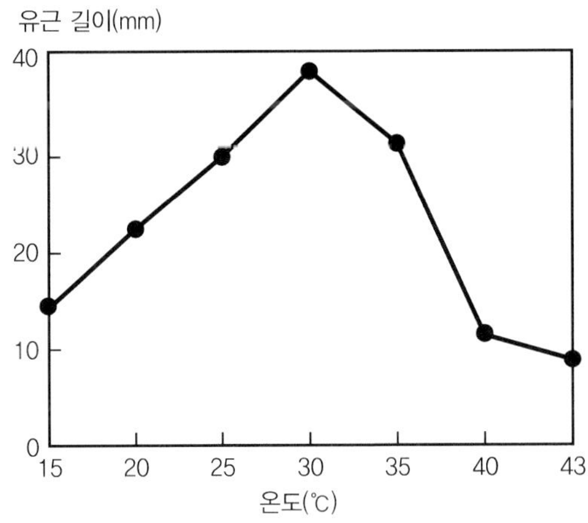

그림 3-12. 온도에 따른 유근의 길이 생장(Yamakawa and Kishikawa, 1957)

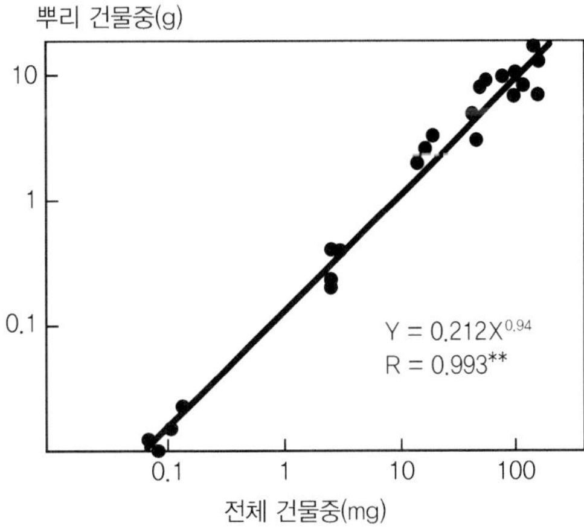

그림 3-13. 벼의 4품종에서 조사한 전체 건물중(X)과 뿌리 건물중(Y)과의 관계(IRRI, 1978)

표 3-2. 벼 뿌리의 분류(IRRI, 1981)

분류군	뿌리털(%)	평균길이(cm)	평균나이(day)
1군	없음	5~7	3 이하
2군	약 50%	10~20	3~7
3군	약 80%	15~30	7~14
4군	90% 이상	30 이상	14 이상

표 3-3. 수수형과 수중형 벼의 특성 비교

번호	항목	수수형	수중형
①	줄기지름	가늚	굵음
②	분얼	많음	적음
③	1차 근수	많음	적음
④	뿌리특성	천근성	심근성
⑤	뿌리크기	작음	큼

2. 뿌리생장에 영향을 주는 환경조건

1) 토양 조건

① 논상태보다 산소가 많은 밭상태에서 벼의 근모(뿌리털)의 발생이 많다.

② 논상태에서 뿌리는 토양에 산소(O_2)가 적어 뿌리신장과 분지근의 발생이 적고 가늘다.

③ 밭상태에서는 토양에 산소가 풍부하여 관근이 길게 여러 개의 분지근을 발생시킨다.

④ 논토양이 환원상태가 되면 벼 뿌리는 피층 내에 파생통기조직을 발달시켜 지상부로부터 산소를 공급받는 특수한 적응능력이 있다.

⑤ 벼뿌리 피층조직의 파생통기조직 비율은 밭조건에서 25%, 담수상태에서는 60%까지 증가한다.

⑥ 지상부로부터 공급받는 산소를 뿌리 선단부위에서 방출하여 뿌리 주변의 근권 토양을 산화시키면서 환원토양 속으로 뻗어 나간다.

⑦ 방출된 산소는 토양 중의 철분과 결합하여 적갈색의 산화철 피막을 만들어 환원조건에서 생기는 황화수소(H_2S), 메탄(CH_4) 등 유해가스로부터 뿌리를 보호한다.

2) 물관리 조건

① 지하투수량이 많은 토양에서 자란 벼 뿌리는 토양 속에 수직으로 분포하는 1차근수 비율이 높다.

② 상시 담수토양에 비해 물이 잘 빠지는 토양이나 간단관수를 한 토양에서는 1차근수가 많고 1차근의 길이가 길다.

③ 담수토양은 근권에 산소가 부족해지므로 뿌리생장이 왕성한 시기에 중간낙수나 간단관수를 하여 산소(O_2)를 공급하는 것이 좋다.

④ 토양의 환원정도가 심한 논은 배수시설을 하는 등 건답화를 도모하는 것이 필요하다.

3) 산소조건

① 산소가 많으면 뿌리가 잘 뻗고 호흡 에너지를 이용하여 양분흡수도 잘 되므로 지상부 생장도 왕성해져서 뿌리 생장을 촉진하게 된다.

② 산소가 부족하면 뿌리생장이 나빠지는데 황화수소(H_2S), 메탄(CH_4) 등이 많아져 뿌리가 손상되기 때문이다.

③ 철분(Fe)이 충분할 때 벼는 뿌리 표면에 산화철 피막을 만들어 황화수소(H_2S)의 피해를 방지한다.

④ 벼가 담수한 논에 적응하여 잘 생장하는 이유는 벼뿌리 조직의 피층 내에 통기조직이 잘 발달하였기 때문이다.

⑤ 벼는 뿌리 끝에서 산소를 방출하여 토양을 산화적으로 교정하기도 한다.

4) 시비조건

① 벼의 근계형성에는 상대적으로 질소(N) 비료의 영향이 크다.

② 질소비료 시용량이 많으면 근계가 작아지고 1차근수는 증가하나 1차근장이 짧아지며 비교적 표층에 분포하게 된다.

③ 질소비료를 시비할 때 기비를 많이 시용하면 표면근이 적고 분시횟수가 많으면 표면근이 많아진다.

④ 심층시비를 하면 표층시비에 비해 깊게 뻗는 1차근수가 많아진다.

5) 재식조건

① 재식묘수를 많게 하면 주당 1차근수가 증가하지만 1차근 지름은 작아지고 깊이 뻗는 1차근수는 적어진다.

② 재식밀도가 높아지면 깊게 뻗는 1차근의 비율이 감소한다.

제5절 잎의 생장

1. 벼 잎의 형성과 전개

① 줄기의 생장점으로부터 엽원기가 차례로 분화하고 발달한다.

② 엽신과 엽초 모두 그 선단으로부터 신장하기 시작하여 차차 기부로 전개된다.

③ 잎 1매의 신장은 먼저 엽신부터 신장이 시작되고 엽신이 상당히 신장한 다음 엽초가 신장한다.

④ 엽초의 신장과 동시에 다음 잎의 엽신도 신장하기 시작하며 제n엽의 엽초와 제n+1엽의 엽신이 동시에 신장한다.

⑤ 적정 수의 잎을 확보하고 빨리 전개하여 높은 광합성능력을 유지하는 일은 벼의 생육에 중요하다.

2. 출엽

① 온도가 높으면 출엽이 빨라지고 온도가 낮으면 늦어진다.

② 잎 1매의 출엽은 유수분화기 이전에는 4~5일에 1매가 나오고 유수분화기 이후에는 7~8일에 1매가 나온다.

3. 잎의 생존기간

① 잎의 생존기간은 잎이 완전히 전개된 후 광합성 기능을 수행하는 활동기간을 말한다.

② 잎의 활동기간은 하위엽일수록 짧고 상위엽일수록 길며 지엽이 가장 길다.

③ 기능을 마친 벼 잎은 줄기 아래 늙은 잎부터 먼저 말라죽는다.

④ 유수분화기로부터 출수기까지 줄기에는 대개 5매의 활동엽이 착생한다.

⑤ 광이 부족하면 잎이 길어지고 얇아지며 수명도 짧다.

4. 활동중심엽

① 활동중심엽은 벼가 생장하는 특정 시점에서 광합성 활동이 가장 왕성한 잎을 말한다.

② 영양생장기의 광합성 활동은 최상위 선단엽 제1엽보다 상위로부터 제3엽, 제4엽에서 높다.

③ 하위엽이 노화되면 말라죽고 새잎이 전개되므로 생리적 활동중심은 위로 이동하게 된다.

④ 생식생장기에는 지엽(끝잎)과 그 바로 밑의 엽이 활동중심엽이 된다.

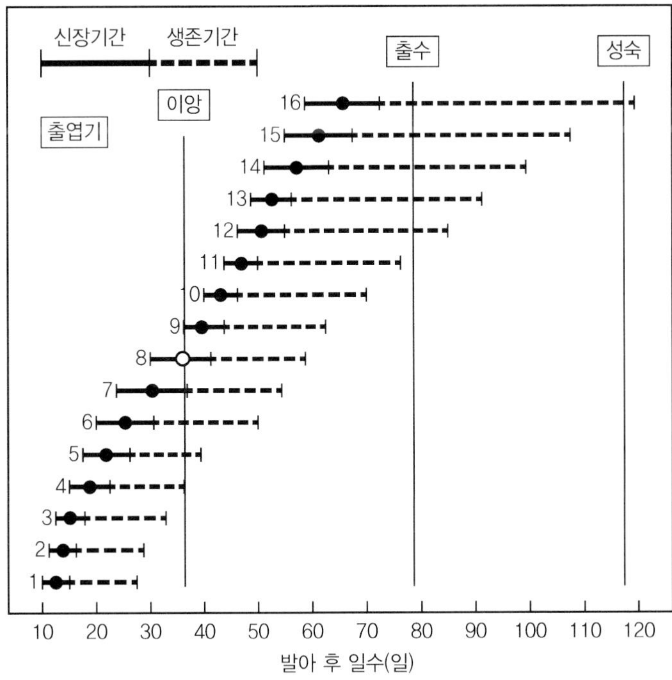

그림 3-14.
엽위별 엽신의 신장과 수명
(Arashi, 1955)

5. 잎과 전류(leaf and translocation)

① 광합성 산물의 전류방향은 필요로 하는 부위(sink)의 요구도 및 잎과의 거리와 관계가 있다.

② 벼의 등숙은 주로 상위엽의 동화산물에 의존하고 뿌리의 활력은 하위엽에 의해 유지된다.

③ 최상위 지엽에서 생산한 동화산물이 이삭으로 먼저 분배된다.

④ 최하위 잎의 동화산물은 가장 가까운 거리에서 필요로 하는 뿌리로 보내진다.

6. 잎집(leaf sheath)

① 절간신장이 거의 없는 유수분화기까지는 식물체를 기계적으로 지탱하는 구실을 한다.

② 절간신장이 완료된 출수기 이후에는 식물체를 지탱하여 도복을 방지하고 출수 전에 저장해 둔 탄수화물을 이삭으로 전이시켜 수량을 형성시킨다.

③ 벼 잎의 무게는 신장과 동시에 급격히 증가하여 최대에 달하고 그 후 점차 감소하게 되는데 이는 동화산물이 새로 신장되는 상위엽으로 옮겨가기 때문이다.

7. 엽의 생장과 활동

① 벼의 잎 생장량은 단위면적당 엽면적, 엽중, 엽면적지수 등으로 표시한다.

② 엽면적지수는 벼가 생장함에 따라 증가해 출수기경에 최고에 달하고 그 후 점차 감소한다.

③ 엽면적에 가장 큰 영향을 미치는 재배요인은 재식거리와 질소시용량인데 잎의 크기, 줄기당 엽수, 포기당 줄기수에 영향을 미쳐 엽면적이 결정된다.

④ 영양생장기에는 위에서부터 3~4엽, 생식생장기에는 지엽과 제2엽이 광합성을 많이하는 생리적 활동중심잎이 된다.

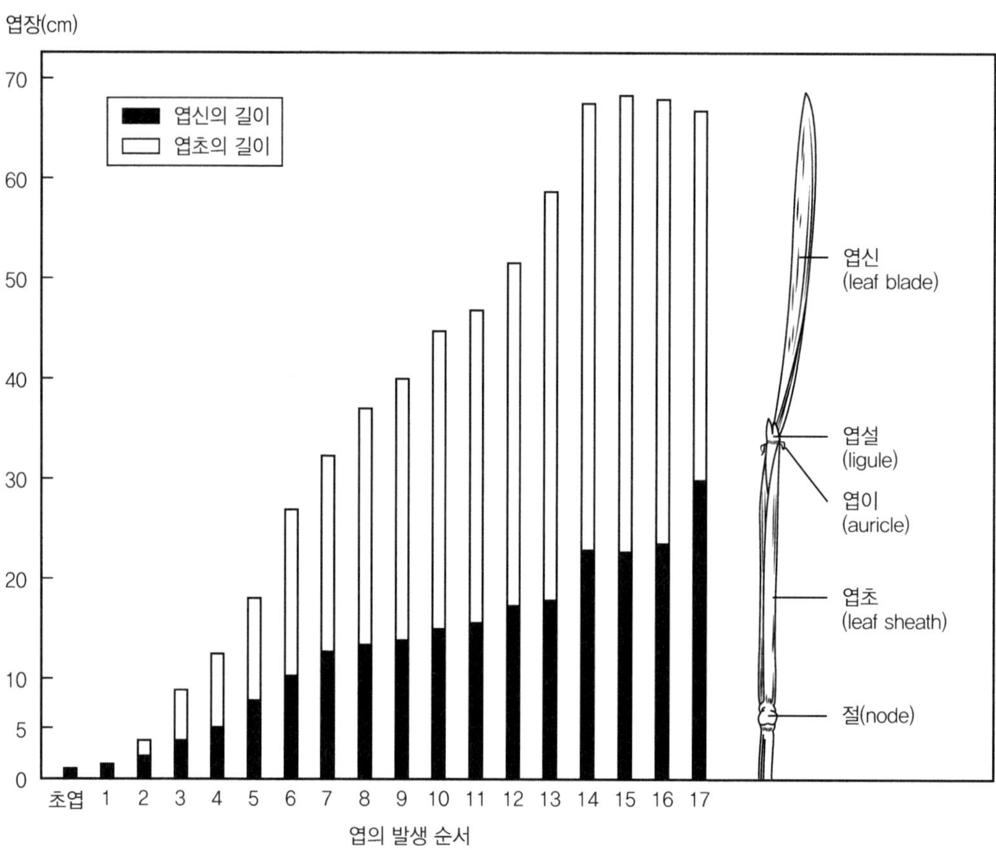

그림 3-15. 엽위별 엽초와 엽신의 길이(Hoshikawa, 1975)

제6절 줄기의 생장

1. 줄기의 신장

① 볍씨로부터 직접 나온 줄기를 주간이라고 하고 이 줄기는 마디와 마디사이로 구성되어 있다.
② 주간의 마디수는 주간의 엽수와 일치한다.
③ 영양생장이 감소하면 마디 수가 적어지고 불시출수를 하게되면 4~6마디가 줄어든다.
④ 줄기의 신장은 출수전 35일경부터 이루어지고 출수기에 최고에 달한다.

2. 분얼(tillering)

1) 분얼 체계

① 분얼(얼자, tiller)은 줄기 각 마디의 곁눈, 즉 겨드랑이에서 발생하는 가지를 말한다.
② 모내기 후 활착기를 지나면 키가 커지고 분얼이 왕성하게 증가한다.
③ 주간분얼은 초엽절이나 제1엽절에서는 발생하지 않고 제2엽절 이후 불신상성 마디부위에서 출현한다.
④ 분얼이 발생할 때는 제1엽이 나오기 전에 전엽(prophyll)이 먼저 나온다.

2) 동신엽동신생장(synchronous growth)

① 동신생장 분얼은 잎, 뿌리와 함께 일정한 규칙에 의해 발생한다.
② n엽과 n-3엽의 엽액(잎겨드랑이)에서 나오는 분얼의 제1엽은 동시에 생장한다.
③ 주간의 제5엽이 나올 때 주간의 제2절에서 분얼과 뿌리가 동시에 나온다.
④ 동신엽동신생장은 2차분얼과 3차분얼에도 모두 동일하게 적용된다.

3) 분얼에 영향을 미치는 환경조건

(1) 온도

① 벼의 뿌리부위보다 간기부가 온도의 영향을 더 많이 받는다.
② 분얼의 최적기온은 26℃, 최적수온은 30℃로 기온보다 수온의 영향이 더 크다.
③ 기온이 낮 동안 30~35℃이고 밤에 15℃인 조건에서 분얼이 가장 활발하며 분얼에 적합한 주야간 온도교차는 10~15℃ 정도이다.

④ 분얼발생 적온은 20~25℃이지만 적온에서는 주야간 온도교차가 클수록 분얼이 증가한다.

⑤ 분얼기가 비교적 저온기이고 주야간 온도교차가 큰 조기재배는 보통기재배보다 분얼수가 많다.

(2) 광도

① 광도가 높으면 분얼수가 증가하는데 이는 분얼초기가 분얼후기보다 영향이 더 크다.

② 평균일사량이 200cal/cm^2/day 이하에서는 분얼의 발생이 미약하다.

(3) 수분

① 벼는 토양수분이 부족하면 전반적으로 생육이 감소하므로 분얼도 억제된다.

② 심수관개를 하면 온도가 낮아지고 주야간 온도교차가 적어져 오히려 분얼이 억제된다.

③ 유식물일 때는 5cm의 수심에서도 분얼발생이 억제되지만 분얼최성기에는 10cm 수심에도 크게 억제되지 않는다.

(4) 양분

① 분얼이 발생하고 잘 생장하기 위해서는 무기양분과 광합성 산물이 충분히 공급되어야 한다.

② 왕성한 분얼발생을 유도하기 위해서는 활동엽의 질소가 3.5%, 인산이 0.25% 이상 되어야 한다.

③ 분얼기에는 잎의 질소함량이 2% 이상되어야 광합성이 정상적으로 이루어진다.

④ 이삭거름은 질소함량이 2% 이하일 때 효과적이며 천립중의 증가는 1.2% 이상일 때이다.

(5) 묘령

① 벼는 조건이 양호할 때 제2절에서부터 분얼이 출현하기 시작한다.

② 이앙재배의 경우 못자리에서는 밀파상태로 생육하므로 하위절의 분얼아가 휴면하여 모내기를 해도 하위절에서는 분얼이 발생하지 않는다.

③ 손이앙을 하는 40일 성묘의 경우는 제5절부터 분얼이 나오고 기계이앙을 하는 30일 중묘는 제4절~제5절, 기계이양을 하는 20일 치묘는 제4절에서 분얼아가 생긴다.

(6) 이앙깊이와 재식밀도

① 이앙깊이가 깊을(심식)수록 지온이 낮아지고 주야간 온도교차가 작아 착근이 늦고 분얼이 억제되며 1차분얼의 발생절위가 높아져 유효경수가 적어진다.

② 재식밀도가 높을수록 밀식이 되므로 개체당 분얼수는 감소한다.

③ 단위면적당 재식본수가 같으면 포기당 본수가 적고 재식주수가 많은 쪽이 하위절로부터 분얼이 출현하여 분얼수, 이삭수가 많아진다.

④ 밀파한 모를 깊이 심으면(심식) 하위 3~4절의 분얼눈이 휴면하여 분얼이 감소한다.

(7) 직파재배

① 직파재배는 2엽절~12엽절까지 분얼이 발생하여 이앙재배보다 분얼이 많아져 무효분얼도 많아진다.

② 이앙재배는 일반적으로 5엽절~10엽절까지 분얼이 발생한다.

③ 뿌리는 얕은데 분얼은 많아져 도복(쓰러짐)이 많이 발생한다.

4) 유효분얼과 무효분얼

(1) 유효분얼

① 분얼경 중에서 출수하여 결실하는 분얼을 말한다.

② 유효경 비율이 높다는 것은 무효분얼이 적어 불필요한 에너지 소모가 적어 높은 수량을 올릴 수 있으므로 중요한 진단의 지표가 된다.

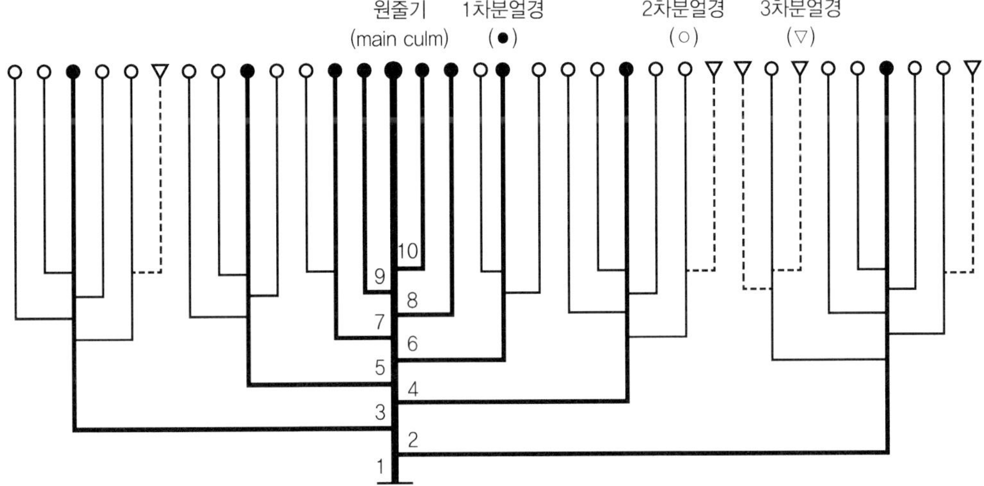

그림 3-16. 벼의 분얼양상(IRRI, 1981)

(2) 진단지표와 방법

① 초장률

최고분얼기로부터 1주일 후에 한 포기에서 가장 긴 초장(대개는 주간)에 대하여 2/3 이상의 크기를 가진 분얼경은 유효분얼이 되고 그 이하의 것은 무효분얼로 판단한다.

② 출엽속도

동신엽동신분얼 이론에 따라서 모든 분얼의 출엽은 주간의 엽과 동시에 신장한다. 그러나 최고분얼기가 지나면 분얼에 따라서는 출엽속도가 달라지는 것이 있다. 이후 출엽속도가 늦어지는 것은 무효분얼이 된다.

③ **분얼의 출현시기**

조기에 출현한 하위분얼은 생육량이 많아 유효분얼이 되지만 늦게 출현한 상위분얼은 생장기간도 짧고 영양분도 적어 무효분얼이 되기 쉽다. 일반적으로 최고분얼기보다 15일 이전에 출현한 분얼은 유효분얼이 되고 그 후에 출현한 것은 무효분얼이 된다.

④ **엽수와 발근**

일반적으로 최고분얼기에 엽수가 4매 이상 나온 것은 유효분얼이 되고 2매 이하인 것은 무효분얼이 된다. 엽수가 4매라는 것은 동신엽동신생장이론에 의해 분얼경의 1엽절에서 뿌리가 발생하여 독립적 생활이 가능하다.

3. 절간신장

① 유수분화기에 영양생장이 정지되고 생식생장으로 전환되면서 줄기의 절간신장이 시작된다.
② 줄기 최선단 절간(수수절간)은 출수 전 10일경에 분화가 개시되고 출수 전 2일부터 신장속도가 급속해지면서 지엽의 엽초 속에서 이삭을 위로 밀어내 출수하게 된다.
③ 수수절간은 출수 후에도 1~2일간 신장해서 최대길이에 도달한다.
④ 도복은 초장이 길어지고 지표부위 2개 절간이 신장하여 꺾이거나 구부러져 일어난다.
⑤ 절간신장은 질소질 비료의 영향을 크게 받는데 질소(N) 시용이 많으면 절간이 길어져 도복이 발생하기 쉽다.
⑥ 신장기에 절간신장 속도는 1일에 2~10cm에 이른다.

4. 이삭의 발육과 진단

(1) 출수 전 일수

① 출수 전 일수는 생육단계를 판단하는 중요한 자료(표 3-4 참조)이다.
② 유수의 길이에 따라서 생육시기를 유추하는 것은 엽령지수, 엽이간장으로도 가능하다.

(2) 출엽과 지엽

① 유수분화기는 마지막으로 발생하는 지엽으로부터 4번째 전 잎이 나오는 시기와 일치한다.
② 지엽추출기에 영화원기가 분화를 시작하여 화분모세포가 형성되는 시기까지 발달한다.
③ 계속 재배되던 품종이면 주간엽수가 몇 매인지 알 수 있으므로 엽수를 헤아려 지엽으로부터 역산함으로써 이삭 발육상태를 추정할 수 있다.

표 3-4 벼의 이삭 발육과 출수기 추정

연번	생육단계	세부단계	엽령지수 (%)	출수 전 일수 (day)	출엽과 엽이간장 (cm, 그림 3-17 참조)	이삭 길이 (mm)
①	유수분화기	–	77	30	끝에서 4번째 출엽	0.2
②	지경분화기	1차지경 분화	81	28	–	0.4
		2차지경 분화	85	26	끝에서 3번째 출엽	1.0
③	영화분화기	영화원기 분화	87	24	끝에서 2번째 출엽	1.5
		암술과 수술 분화	89	22	–	2.5
		영화분화 종료	92	18	끝에서 1번째 출엽(지엽)	10
④	생식세포형성기	화분모세포 형성	95	16	–	30
⑤	감수분열기	감수분열 시작	96	15	엽이간장 -10cm 이하	50
		감수분열 중기	97	12	엽이간장 0cm	
		말기	98	5	엽이간장 +10cm	
⑥	화분완성기	꽃가루 완성	99	2	엽이간장 +12cm 이상	다 자람
⑦	출수기	–	100	0	–	다 자람

(3) 엽령지수(leaf number index)

① 해당 품종의 엽수를 총엽수로 나눈 백분율로 총엽수의 몇 퍼센트(%)가 출엽했는지를 나타내는 지표로 출엽수에 의해 산출되는 잎나이지수이다.

② 총엽수는 품종과 재배조건에 따라 차이가 있으나 총엽수는 일정하다고(보통 16매) 가정하고 이것을 기준으로 계산한다.

③ 조식재배를 하면 총엽수가 1~2매 늘어나고 만식재배를 할 경우는 총엽수가 감소한다.

④ 엽령지수는 유수분화기가 77, 영화분화기 90, 감수분열기 97, 화분완성기는 거의 100에 도달한다.

⑤ 엽령지수가 100인 시기는 지엽이 완전히 신장한 시기로 꽃가루의 외각형성이 시작된다.

⑥ 주간엽수가 기준 엽수인 16매보다 많거나 적은 품종은 엽령지수를 계산할 때 보정하여 조정한다.

(4) 엽령지수의 계산과 보정

① 엽령지수는 (특정 시기에 생육한 엽수/총엽수)×100으로 계산한다.

② 보정계수(correction factor)는 (100−엽령지수)×(16−총엽수)/10로 계산한다.

③ 보정을 하는 것은 너무 분얼이 적거나 무효분얼이 많은 경우 통상적으로 16개의 유효분얼을 감안한 엽령지수로 환산하는 데 그래야 좀 더 정확한 생육기의 추정이 가능하다.

④ 보정된 엽령지수는 엽령지수에 보정계수를 더한 것으로 예를 들면 총엽수가 14이었고 특정 시기에 생육한 엽수가 12.6일 때 1차 엽령지수는 12.6/14로 90이 되지만 보정계수는 (100−90)×(16−14)/10=2가 된다. 따라서 보정된 최종 엽령지수는 90+2로 92가 된다.

(5) 엽이간장(distance between auricles and panicle)

① 지엽의 잎귀와 그 바로 아랫잎 잎귀와의 간격을 가지고 이삭의 발육단계를 추정하는 방법이다.

② 엽이간장 추정법은 환경스트레스(온도 등)에 민감한 감수분열기를 쉽게 추정할 수 방법이다.

③ 지엽의 잎귀가 아랫잎의 엽초에서 추출되어 나온 거리로 -10cm이면 감수분열 시작기, 0cm 이면 감수분열 성기, +10cm이면 감수분열 종지기이다.

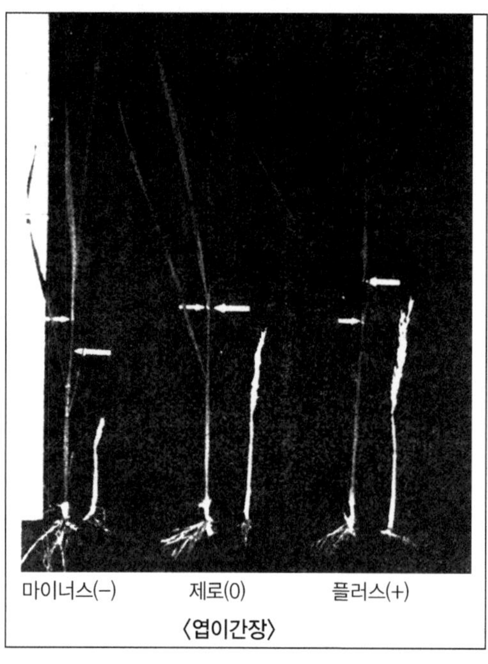

그림 3-17. 엽이간장과 생육진단

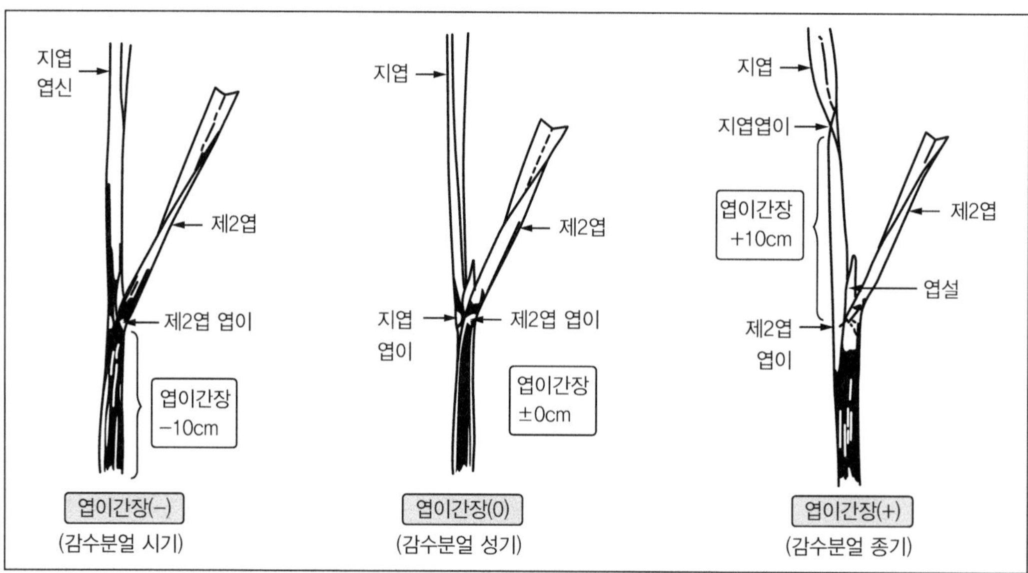

그림 3-18. 엽이간장에 의한 감수분열기의 진단법(Matsushima et al., 1956)

제7절 유수의 발육

1. 생육상의 전환

① 벼 생육 중 영양생장 단계에서 생식생장 단계로 전환되는 것을 생육상의 전환(상적발육)이라고 한다.

② 영양생장 기간 중에는 잎, 줄기, 뿌리 등 영양조직이 분화되지만 생식생장 단계로 전환되면 화아가 분화되기 시작한다.

③ 생육상의 전환에는 기상조건인 일장, 온도, 영양상태가 큰 영향을 미친다.

④ 주간의 출엽속도가 4~5일 1매에서 7~8일에 1매로 늦어지면 영양생장에서 생식생장으로 전환되는 전조이다.

⑤ 유수분화기에 하위절간의 신장도 시작되므로 절간신장이 시작되는 시기인 유수분화기가 생육상의 전환기이다.

⑥ 수수절(이삭목마디) 분화기는 유수분화의 기점이 되며 엽령지수가 76~78 전후일 때가 생육상의 전환기이다.

2. 유수의 발육

1) 유수의 발달

① 유수는 이삭원기가 분화해서 엽초 밖으로 출수하는 어린이삭으로 유수분화는 출수 전 30일경에 시작된다.

② 줄기 끝의 생장점에서 지엽의 원기가 분화된 후 측면의 포원기가 분화하여 1차 지경, 2차 지경, 영화 원기 등으로 분화해 간다.

③ 분얼의 증가가 정지될 무렵 유수가 분화되는데 조생종의 다비재배나 한랭지 등에서 재배할 때에는 유수분화가 시작된 후에도 분얼발생이 계속된다(영양생장과 생식생장 중복).

2) 최고분얼기와 유수분화기의 관계

지역에 따라 다르고 재배법과 품종의 조만에 따라서도 다르나 아래와 같이 3가지로 나타난다.

① 유수분화기가 최고분얼기 보다 선행하는 형은 최고분얼기 도달 이전에 유수가 분화되는 경우로 조생종에서 볼 수 있다.

② 최고분얼기와 유수분화기가 일치하는 형은 최고분얼기와 유수분화기가 일치하는 경우이다. 중생종에서 주로 나타난다.

③ 최고분얼기가 유수분화기보다 선행하는 형은 최고분얼기를 지난 다음 유수가 분화하는 것으로 만생종의 경우이다.

3) 불임립 발생

① 수잉기와 출수기에 온대자포니카형은 17℃, 인디카형은 20℃ 이하로 기온이 수일간 지속될 때 불임립이 많아진다(장해형 냉해).

② 온대지역에서는 고위도 지역에서, 열대지역에서는 해발이 높은 지역에서 종종 발생한다.

3. 화분과 배낭형성

1) 화분 형성

① 화분원기에 있는 시원세포가 분열하여 포원세포를 만들고 이것이 발달하여 화분모세포가 된다.

② 화분모세포가 감수분열하여 4개의 사분자(tetrad)라 불리는 반수 염색체 세포가 생겨 화분세포가 된다.

③ 화분(꽃가루) 형태는 개화 전날에 완성되며 선황색을 띤다.

④ 수술의 약(꽃밥) 속에서 화분모세포가 감수분열을 계속하여 4개의 화분세포인 테트라드(tetrad)가 형성된다.

⑤ 화분세포는 2번의 분열로 화분으로 성숙하며 1개의 화분관 세포와 2개의 정세포(sperm cell)가 형성된다.

⑥ 화분관세포는 화분관으로 신장하여 정세포를 배낭까지 도달하도록 해준다.

2) 배낭 형성

① 자방원기가 분화하여 자방벽 원기가 되고 이것이 배주원기를 둘러싸는 모양으로 발달하여 자방이 형성된다.

② 배주원기의 정단 표피세포 안쪽에 위치하는 세포가 커져서 포원세포로 분화하며 후에 장방형으로 비대해져 배낭모세포로 분화한다.

③ 배주 속에서 발달한 배낭모세포는 3회의 세포분열을 하여 배낭을 형성한다.

④ 배낭은 개화 전날 완성되고 난세포는 개화 전날 생리적 수정능력을 지니게 된다.

⑤ 암술의 자방 속 배주 안에서 배낭모세포(2n) 1개가 감수분열을 하면 4개의 반수체인 배낭세포(n)를 형성한다.

⑥ 배낭세포(n) 중 3개는 퇴화하고 1개의 대포자만 살아남아 3번의 세포분열을 통하여 배낭으로 발달하게 된다.

⑦ 배낭 안에는 주공 쪽에 난세포 1개와 조세포 2개, 주공의 반대쪽에 반족세포 3개, 중앙에 극핵 2개가 위치하여 총 8개이며 이후에 조세포와 반족세포는 퇴화된다.

⑧ 주공은 배낭 아래쪽을 향해 있고 화분관이 배낭으로 이동해 들어가는 통로가 된다.

제8절 출수와 개화

1. 출수(heading)

① 지엽의 엽초에 들어있던 이삭이 나오는 것으로 출수전 1~2일이면 신장절간은 신장이 끝나고 유수 선단은 지엽의 엽초 상부에 도달해 있다가 수수절간의 신장이 완성되면 이삭은 지엽의 엽초로부터 밖으로 출수한다.

② 출수는 전날 밤이나 당일 이른 아침부터 시작되고 출수 직후 연한 이삭이 외기에 접하면 영화의 내영과 외영이 건조되면서 굳어지고 지경도 단단하게 직립한다.

③ 수수절간은 출수와 개화 후에도 1~2일간 신장을 계속하여 밖으로 10~20cm 추출되는데 이삭의 추출도는 일반적으로 저온일 때 추출 정도가 작아진다.

④ 출수순위는 벼 한 포기에서 보면 1차, 2차, 3차 얼자의 순서이고 최초 출수에서 마지막 출수까지는 약 7일이 소요되는데 처음 3일간에 70% 이상 대부분 출수된다.

⑤ 유효분얼경 수가 30개 정도로 많으면 10일, 적으면 4~5일 정도로 1주당 분얼수에 따라 출수기간은 변이를 보인다.

2. 개화(flowering)

1) 개화특징

① 소수, 즉 영화의 내영과 외영 선단부가 조금 열리면서 꽃밥이 나오는 것으로 벼는 자식성 작물이므로 개영 직전에 이미 수분이 완료된다.

② 벼는 이삭이 나오면서 그 선단부 영화가 개화하므로 출수와 개화가 동시에 이루어진다.

③ 한 이삭에서 개화순서는 상위지경의 영화가 하위지경보다 빠르고 점점 내려가면서 개화하고 성숙한다.

④ 동일 지경 내에서는 선단 영화가 먼저 개화하고 아래로부터 위로 개화한다. 즉 선단으로부터 두 번째 영화가 가장 늦게 개화한다.

⑤ 한 이삭에서 개화 순서는 이삭(영화)의 분화 발달 순서와 같고 한 이삭의 등숙 순서와도 일치한다.

⑥ 하루 중 개화는 해가 뜰때부터일찍(7시경) 시작되고 개화성기는 8시~11시경으로 이때 집중적으로 개화된다.

2) 개화와 환경조건

(1) 온도

① 개화의 최저온도 15℃, 최적온도 30~35℃, 최고온도 50℃까지이다(35℃ 이상에서 불임립이 발생한다).

② 고온 시에서는 9시~11시경 집중 개화하고 저온에서는 12시~17시경까지 개화한다.

(2) 광

① 온도가 30℃ 적온에서는 전날부터 조명을 하면 0시경부터 차례로 개화가 계속되며 암흑상태로 두어도 계속 개화한다.

② 낮을 암흑상태로 두고 밤에 조명을 하면 개화시간은 밤으로 옮겨간다.

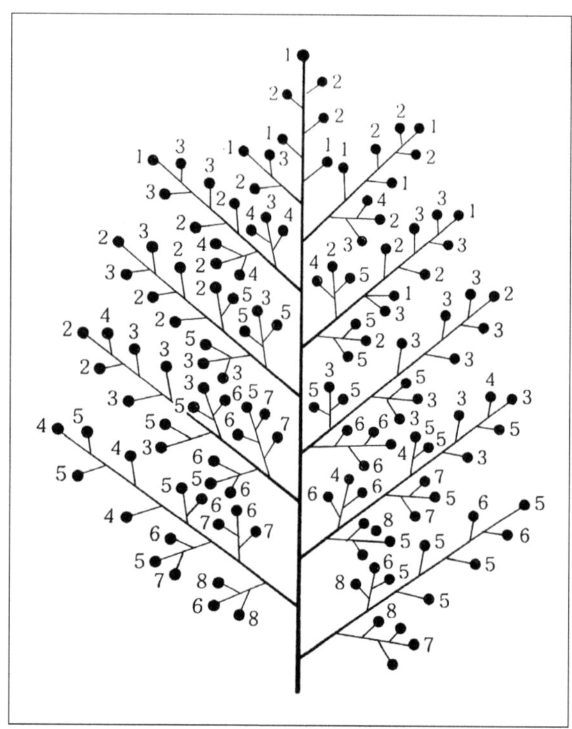

그림 3-19. 벼이삭의 개화(번호는 개화한 날짜임)

(3) 비와 바람

① 개화 시에 비가 오면 인피(lodicule)가 팽창하지 못해 개영하지 못하다가 비가 그치면 대부분 개영한다.

② 영 안에서 수술대가 신장하여 영 내벽에 닿으면 압력으로 양(꽃밥)이 터지고 화분(꽃가루)가 쏟아지므로 폐화수분(cleistogamy)이 된다.

3. 수분과 수정

1) 수분(pollination)

① 벼의 개화 시 이삭을 싸고 있는 껍질이 열리기 직전에 꽃밥이 터지면서 많은 화분이 자기 꽃의 암술머리에 쏟아져 자가수분을 하며 타가수분율은 1% 이하인 자식성 작물이다.

② 개영 1~2시간 전후로 인피가 건조되면 외영은 폐영된다. 시든 꽃밥은 닫힌 영밖에 남아서 없어진다.

③ 암술머리(주두)는 많은 화분세포를 수용하기 적합한 구조이며 이 주두는 개화기간이 지나면 곧 시든다.

④ 화분이 수분후 2~3분이 지나면 화분의 발아공으로부터 화분관이 나와 주두조직 속으로 신장한다. 화분의 발아와 동시에 화분관 세포가 화분관을 만든다. 주두에 붙은 화분은 5분 정도 지나면 발아력을 상실한다.

⑤ 화분 속에는 2개의 정핵과 1개의 영양핵(화분관핵)이 있고 화분관이 신장하면서 화분 내용물인 세포질은 화분관 속으로 이동한다.

⑥ 주두에 수분되는 꽃가루수는 수백~수천개 이상이나 최종적으로 수정되어 종자를 형성하는 꽃가루는 가장 빨리 발아하여 먼저 수공에 도착한 1개의 화분만이 배낭으로 들어간다. 그러나 암술머리에 부착된 꽃가루가 적으면 화분관의 발아나 신장이 늦어지는 경향이 있다.

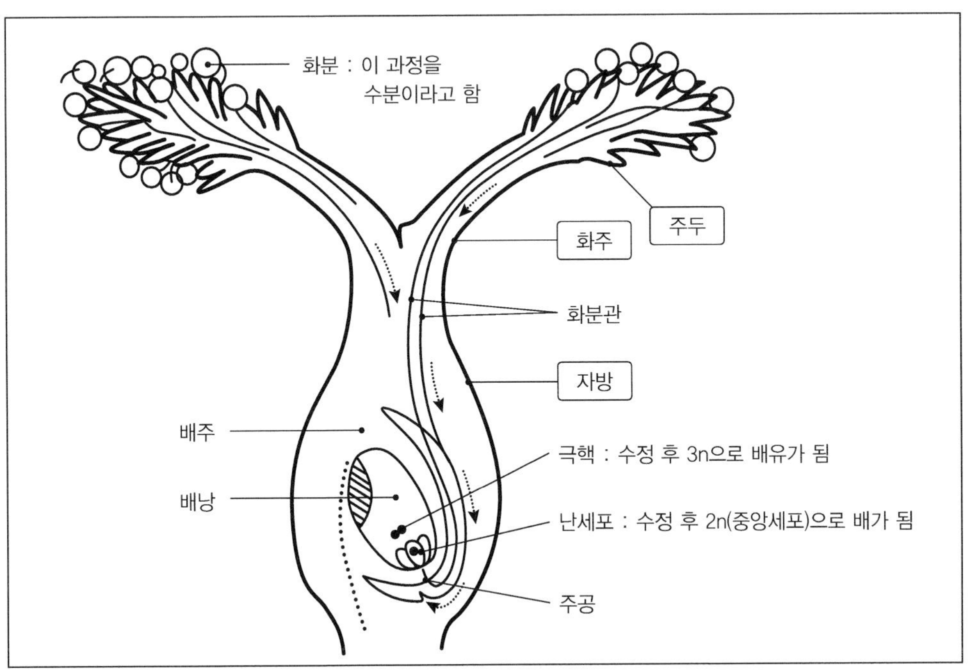

그림 3-20. 벼의 수분과 수정(Yusa Goto et al., 2013)

⑦ 화분 발아의 최적온도 30~35℃, 20℃ 이하의 저온과 40℃ 이상의 고온에서는 화분발아에 이상이 생긴다. 과습이나 건조는 발아를 억제한다. 화분의 발아와 수정은 광의 유무와 상관없이 이루어진다.

2) 수정(fertilization)

① 화분관이 암술대를 따라 하강하며 신장하다가 자방벽의 배주를 따라 내려가서 주공에 도달하고 주심을 거쳐 배낭 속으로 들어간다.
② 화분관이 배낭에 도달하는 시간은 빠른 경우 15분, 보통 30분, 저온에서 60분 정도이다.
③ 배낭에 도달한 화분관 선단은 조세포를 관통해서 난세포와 극핵 중간에서 파열되면서 2개의 정핵을 방출하여 수정이 이루어진다.
④ 1개의 정핵(n)과 난세포(n)가 결합하여 배(2n)가 되고 나머지 1개의 정핵(n)은 극핵(2n)과 결합해서 3배체(3n)의 배유를 형성한다.
⑤ 자방 속에서 배와 배유에서 2번의 수정이 이루어지는 것을 중복수정(double fertilization)이라고 하는데 한번은 정세포와 난세포가 결합하여 배를 형성하고 또 정세포와 2개의 극핵이 융합하여 배유을 만든다.
⑥ 수분이 된 이후부터 수정이 완료되는 데 소요되는 시간은 5~6시간(일평균 기온 28℃일 때) 정도이다.
⑦ 수정 최적온도는 30~32℃, 35℃ 이상의 고온에서는 수정장해가 발생한다. 온도가 적온보다 낮으면 수정 소요시간이 길어지고 20℃ 이하에서는 수정이 진행되지 않는다.

3) 배와 배유의 형태형성

① 중복수정이 끝난 배는 다음날 2개로 분열하고 4일 정도 지나면 생장점이 분화한다.
② 수정 후 9~10일이면 배유의 세포분열은 정지되고 배유세포가 결정된다.
③ 수정 후 11~12일이면 형태적인 배조직의 분화가 완료되고 이후에는 생리적으로 충실해져서 수정 후 25일경에는 배가 완성된다.

① 영화의 화기는 대부분의 품종에서 오전 9시경부터 열린다.

② 수술대가 신장하여 수술이 영에 닿으면 꽃가루를 떨어뜨리고 밖으로 나오면서 닫힌다.

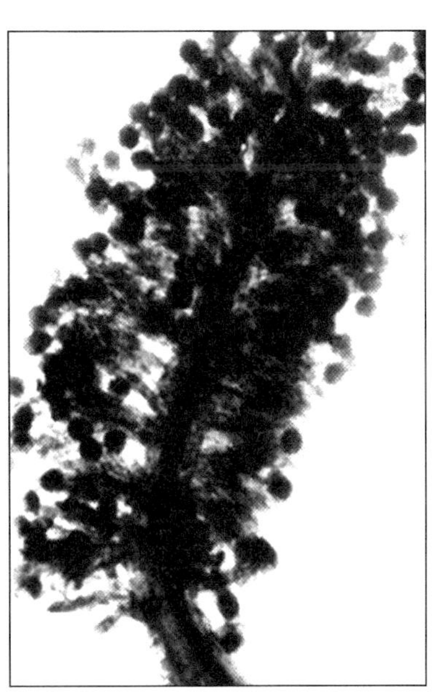

③ 깃털같은 암술의 주두에 많은 꽃가루가 수분되고 화분관을 따라 자낭으로 이동하여 수정이 이루어진다.

④ 개화하는 동안 꽃가루(화분)이 흘러내리고 있다.

⑤ 내영과 외영이 열리고 꽃가루받이(수분)을 한다.

그림 3-21. 벼의 개화와 수정모습

4. 저장물질의 축적

현미로 이전하는 저장물질은 소수경(작은 이삭가지)의 유관속(관다발)을 통해 자방의 배면(등쪽) 자방벽 내 통도조직으로 들어온다. 배유조직에는 통도조직이 없기 때문에 배유로 이전된 저장물질은 세포를 통과하여 배유 안쪽에 먼저 분열된 세포로 보내지며 그 곳에서 저장에 알맞은 형태로 변환되어 축적된다.

1) 전분(starch)

① 줄기와 엽초의 전분 함량은 출수할 때까지 높다가 등숙기 이후에는 감소한다.

② 배유조직으로 들어온 저장물질은 대부분 수용성 탄수화물(자당)이며 배유의 저장물질은 90% 이상이 전분립 형태로 저장된다.

③ 개화 4~5일 후부터 배유 중앙부 세포의 세포질 속에 미소한 과립체가 다수 형성되며 그 속에 전분소립이 전분으로 축적된다.

④ 수정 후 5~6일째는 중심부를 향해 배유조직이 발달한다. 배유의 녹말축적은 수정 후 배유 가장 안쪽 세포에서 시작되어 바깥쪽으로 옮겨 간다. 수정 후 15일 정도에 배유 내부의 녹말 축적이 끝나고 30~35일쯤 되면 호분층에 인접한 세포까지 이르게 된다.

⑤ 전분립(amyloplast)은 저장기관에 형성되는데 메벼는 아밀로스가 23% 내외로 존재하고 찰벼는 9% 내외로 아밀로펙틴이 대부분이다.

⑥ 수정 후 15일쯤에는 쌀알의 중앙부 세포에서 지름 30~40㎛ 정도의 큰 전분립을 볼 수 있다.

⑦ 쌀은 배(쌀눈)가 5%, 배유(흰쌀)가 65%, 껍질 부분인 호분층, 종피, 과피, 쌀겨가 30% 정도를 차지한다.

2) 호분층(aleurone layer)

① 배유조직 가장 바깥쪽 표층세포는 수정 후 10일경에 세포분열이 끝나고 호분층으로 분화한다.

② 호분층 세포에는 호분립이라고 총칭되는 단백질과 지질성의 각종 과립체가 축적된다.

3) 단백질(protein)

① 배유 중 저장 단백질 함량은 6~8%인데, 배유 세포질 속에 과립상으로 축적된다.

② 개화 후 6~7일경부터 단백과립을 볼 수 있고 개화 후 20일 정도에 최대에 달하며 단백과립의 크기는 1~3㎛이다.

③ 배유 중 단백과립은 논벼보다 밭벼에서 많고 같은 품종이라도 밭재배할 때에 함량이 높다.

④ 생식생장기인 출수 후에 질소비료를 추비하면 단백질 함량이 높아진다.

⑤ 저장 단백질의 대부분은 글루텔린(glutelin, 70~80%)이고 나머지는 프로라민(prolamin)이다.

⑥ 종자가 작아서 천립중이 낮으면 일반적으로 단백질 함량이 높다.

4) 지질(lipid)

쌀의 지질 함량은 2~3% 정도인데 그 중 약 30%는 배에 존재하고 배유에는 대부분 호분층 세포의 지질과립에 저장되어 있다.

5. 결실(등숙)

결실은 종실에 배와 배유조직 세포가 형성되고 출수 전부터 줄기와 엽초에 축적되었던 전분(20~30%)과 출수 후 동화된 전분(70~80%)이 이삭으로 이동하여 채워지는 과정이다. 현미의 발달초기에는 배유의 세포수가 증대하고, 후기에는 분화된 세포에 저장물질이 축적된다.

1) 영과의 발달

(1) 버알의 발달

① 발달순서는 영과인 쌀알의 길이→너비→두께 순으로 발달한다.

② 수정 후 5~6일이면 쌀알의 길이가 완성되고 15~16일이면 쌀알의 폭(너비)이 전장에 달한다.

③ 수정 후 20~25일에 쌀알의 두께가 완성되고 25일이면 현미의 전체 형태가 완성된다. 아직은 과피에 엽록소가 남아 녹색을 띠며 광합성을 한다. 내부 조직은 등숙이 계속된다.

④ 수정 후 30일 정도가 되면 벼알의 크기가 약간 줄어들며 과피의 엽록소도 소실되고 수정 후 45일 정도에 완숙기에 도달한다.

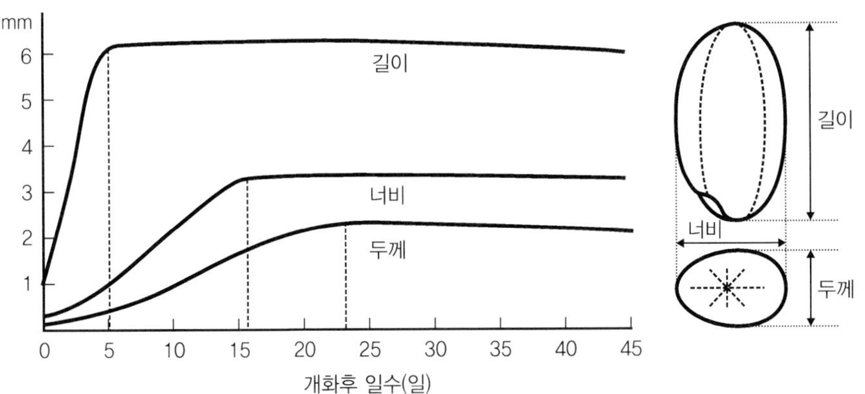

그림 3-22. 현미의 외형발달(Hoshikawa, 1975)

(2) 현미의 발달양상

① 생체중은 수정 후 20일까지 거의 직선적으로 증가하여 25일경에 최대에 달하고 35일 이후 약간 감소한다.

② 건물중은 개화 후 10~20일 사이에 현저하게 증대되고 35일까지 거의 증대가 끝난다.

③ 수분함량은 결실초기에 높다가 완숙기까지 계속 감소하여 35일경에는 20% 정도로 감소된다.

2) 이삭의 성숙

(1) 이삭 모양

① 출수와 개화를 할 때는 이삭축(수축)이나 소수경 모두 직립한다.

② 수정 후 4~5일째부터 전분이 축적되면서 이삭이 채워지기 시작한다.

③ 출수 후 30일경이 되면 이삭 끝이 수수절보다도 아래로 처져 고개를 숙이게 된다.

(2) 결실 기간

① 조생종을 조기 재배하여 고온기에 결실시키면 출수 후 30~35일에도 수확할 수 있으나 저온기에는 출수 후 60일이 소요되기도 한다.

② 보통기 재배에서는 조생종은 출수 후 40일, 중만생종은 출수 후 50일 정도 소요된다.

(3) 등숙 순서

① 한 이삭 내에 최초로 개화한 상위 지경의 영과가 가장 빠르게 등숙하고 늦게 개화하는 하위 지경일수록 늦다.

② 상위 지경의 영과는 충실한 영과가 많고 하위 지경일수록 약세 영과의 비율이 높다.

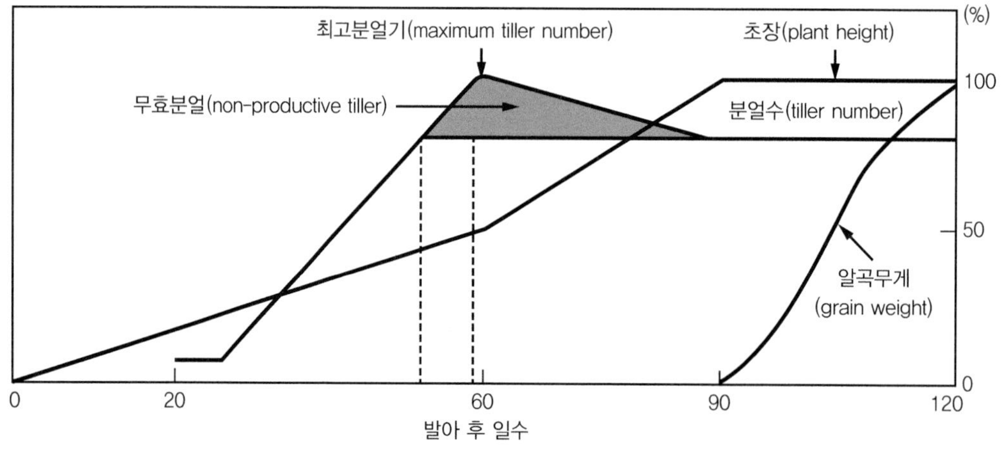

그림 3-23. 벼의 생육량 변화

③ 지경에서는 처음 개화한 최선단 영과가 가장 빨리 무거워져 결실하고 그 다음에는 하위에서 상위로 개화순서에 따라 성숙이 진행된다.
④ 지경 선단의 2번째 영과는 가장 늦게 발달하므로 입중이 가볍고 불완전립이 되기 쉬우며 특히 결실기의 불량한 기상상태에서는 불임이 되기 쉽다.

3) 결실과 환경조건

(1) 온도

① 등숙적온은 20~22℃로 기상 요인 중 동화물질이 이삭으로 전류하는 데 가장 큰 영향을 끼치는 것은 기온이다.
② 결실기에 30℃ 내외의 고온은 일반적으로 성숙기간을 단축시키고 품질을 저하시킨다.
③ 등숙 초기에는 배와 배유가 발달하고 잎에서 광합성이 왕성하게 이루어지므로 일조량이 많고 비교적 높은 온도가 유리하다.
④ 등숙 후기에는 고온보다는 다소 저온에서 저장물질의 전류와 축적이 양호하다.
⑤ 배유세포의 증식도 30℃ 내외의 고온에서 빠르고 20℃ 이하에서 늦어진다.
⑥ 이삭으로의 탄수화물 전류량은 17~29℃ 범위 온도에서는 고온일수록 많다. 그러나 17℃ 이하에서는 이삭으로의 전류량이 억제된다.
⑦ 주야간 온도교차가 비교적 큰 것이 벼의 결실에 유리하다. 밤에 온도가 높으면 광합성으로 생성된 탄수화물이 호흡으로 많이 소모되며 이삭으로 전류하는 양이 적기 때문이다.
⑧ 벼의 결실에 알맞은 온도는 출수 후 10일간은 주간 29℃~야간 19℃, 그 이후에는 주간 25℃~야간 15℃ 정도이다.

표 3-5. 벼의 생육단계에 알맞은 최저, 최적, 최고온도(Yoshida, 1977)

연번	생육단계	최저온도(℃)	최적온도(℃)	최고온도(℃)
①	발아기	10	20~35	45
②	출아기(입묘기)	12~13	25~30	35
③	발근기(활착기)	16	25~28	35
④	엽생장기	7~12	31	45
⑤	분얼기	9~16	25~31	33
⑥	유수분화형성기	15	–	–
⑦	유수분화기	15~20	–	38
⑧	개화기	22	30~33	35
⑨	성숙기	12~18	20~25	30

⑨ 온대지방보다 열대지방에서 벼의 수량이 낮은 원인은 등숙기의 지나친 고온과 밤낮의 일교차가 작기 때문이다.

⑩ 등숙기의 온도가 고온(23℃ 이상)일 때 등숙 초기의 천립중은 적온(20~22℃)에서보다 높지만 등숙 후기는 오히려 더 낮다. 이것은 고온으로 인해 노화가 일찍 시작되고 동화산물의 전류가 방해를 받기 때문이다.

(2) 일사량과 일조시수

① 일사량의 부족은 광합성의 감소로 인해 기본적으로 벼의 결실을 나쁘게 한다.

② 이삭에 축적되는 탄수화물의 20~30%는 출수 전 줄기와 엽초에 저장되어 있던 동화산물이고 나머지 70~80%는 출수 후 광합성에 의해 생성된 것이다.

③ 벼의 결실에서 일사량과 일조시수가 많으면 수량이 증가한다.

(3) 영양분

① 질소(N)는 등숙기에 광합성속도와 깊은 관련이 있는데 질소함량이 높은 잎은 광합성량도 많다.

② 유수분화기에 다량의 질소(N)를 시용하면 엽면적지수가 증가하여 과번무되고 개체군의 수광태세가 나빠져 광합성량이 감소한다. 따라서 이때는 체내 질소(N)를 줄이는 재배관리가 필요하다.

③ 벼의 등숙에는 질소(N)의 영향이 큰데 수비(이삭거름)로 주는 질소는 쭉정이(불임립)를 줄이고 출수 전 잎새의 광합성능력을 높여 이삭등숙에 기여한다. 특히 실비(알거름)로 주는 질소는 출수 후 생리적 활동중심엽의 엽록소 함량을 높여주어 광합성능력을 향상시켜 이삭의 등숙을 좋게 한다.

④ 질소(N)가 부족하면 광합성능력이 저하되어 천립중이 저하된다. 반대로 질소(N)가 과다하면 등숙초기에 잎의 당농도를 낮게하여 이삭으로의 동화산물 전류를 줄이므로 결실이 나빠진다.

⑤ 천립중을 증가시키기 위한 엽신의 한계질소함유 농도는 1.2% 정도이고 수확기에는 0.9% 정도이다.

⑥ 인산(P)은 임실기에 급속히 이삭으로 전이되는데 호분층 세포과립에 피트산으로 축적된다.

(4) 태풍

① 결실기에 수분(물)이 부족하면 종실이 충실하게 여물지 못해 불완전미 발생이 많아지는데 가벼운 태풍은 비를 뿌려 수분을 공급한다.

② 출수 후 3~5일 사이에 강풍이 불면 이삭이 건조하여 하얗게 백수가 되기도 하고 이삭도열병 등 병해충 발생으로 결실이 불량해진다.

③ 우리나라는 몬순기후로 결실기에 남부지방을 중심으로 2~3차례 크고 작은 태풍의 피해를 입는다.

제9절 광합성과 호흡

1. 광합성(photosynthesis)

1) 광합성의 특징

(1) 광합성은 녹색식물이 빛에너지를 이용해서 물(H_2O)과 이산화탄소(CO_2)로부터 탄수화물(CH_2O)을 합성하는 과정($6H_2O + 6CO_2 \rightarrow C_6H_{12}O_6 + 6O_2$)이다. 광합성으로 합성된 당은 탄수화물, 지방, 단백질 등을 합성하며 유기 에너지를 얻는 중요한 기본 생리작용이다.

표 3-6. 벼의 광합성 특성요소

연번	광합성 요인	측정값	실험조건
①	광보상점	0.4~1klux	25℃, 300ppm CO_2
②	광포화점	45~60klux	30℃, 300ppm CO_2
③	온도(최적온도)	20~33℃(자포니카)/25-35℃(인디카)	300ppm CO_2, 50klux
④	CO_2 보상점	55ppm	25℃, 10klux 이상
⑤	순광합성률	40~50mg $CO_2/dm^2/h$	최적온도, 광포화상태
⑥	생화학적 경로	C_3 경로	-
⑦	유관속초	없음	-
⑧	광호흡	있음	-

* 2022년 대기 중의 CO_2 농도는 423ppm이었음.

(2) 광합성은 엽록체 내의 엽록소가 함유된 잎, 줄기, 이삭이며 주로 엽신에서 이루어진다.

(3) 탄소고정은 공기 중의 CO_2의 탄소가 당으로 합쳐지는 과정으로 광합성에서 물분자(H_2O)는 분해되어 수소이온(H^+)과 함께 전자(e^-)를 잃고 산화되며, 이산화탄소(CO_2)는 수소이온과 전자가 붙어서 포도당($C_6H_{12}O_6$)으로 환원된다. 광합성의 부산물로 산소(O_2)가 발생한다.

(4) 광합성산물을 이용하여 작물은 당분자를 세포호흡의 에너지로 사용하거나 셀룰로스 등 다른 유기물을 만드는 재료로 사용한다. 대부분의 작물은 자신에게 필요한 양보다 더 많은 당을 합성하며 여분의 당은 전분으로 전환하여 종자나 괴근, 괴경, 과실 등에 저장한다. 작물이 생산한 유기물은 작물 자신의 생활은 물론 다른 생명체들의 식량이 되어 유기물과 에너지를 공급해준다.

표 3-7. C_3와 C_4 작물의 광합성 특성 비교

연번	항목	C_3 식물	C_4 식물	참고문헌
①	광합성 최적온도	15~30℃	30~45℃	Hatch(1973)
②	최적광도	전광량의 30-50%	전광량	Hatch(1973)
③	단위면적당 광합성률	50%	100%	Hatch(1973)
④	최대생장률	34~39g/㎡/day	50~54g/㎡/day	Monteith(1978)
⑤	수분이용효율	1.49mg/g	3.14mg/g	Downes(1969)
⑥	요수량(평균)	671.1(벼는 300)	318.5	Downes(1969)

(5) 엽록체는 잎의 엽육조직에 많이 들어있으며 광합성이 일어나는 세포소기관으로 다음의 특성을 갖는다.

① 내막과 외막의 2중막으로 둘러싸인 엽록체는 스트로마(stroma, 광합성효소 등을 포함하는 기질)와 틸라코이드(thylakoid, 이 막에 엽록소와 전자전달계가 있음)로 구성된다. 틸라코이드가 10~20개 겹쳐진 구조를 그라나(grana)라고 한다.

② 광합성 과정으로 명반응은 틸라코이드막의 엽록소에 흡수된 빛에너지는 틸라코이드에서 화학에너지(ATP, NADPH)로 전환된다.

③ 캘빈회로인 암반응은 스트로마에서 ATP와 NADPH의 화학에너지를 사용하여 CO_2를 당으로 고정한다.

(6) 미토콘드리아는 세포호흡을 통해 유기물의 화학에너지를 ATP로 전환하는 세포소기관이다.

① 미토콘드리아는 크리스타(crista)와 호흡효소 등을 포함하는 기질로 구성되는데 크리스타는 미토콘드리아의 내막을 형성하는 주름진 모양으로 전자전달계와 ATP 합성효소가 있다. 크리스타 이외의 액체 부분을 기질(matrix)이라고 한다.

② 세포호흡 과정으로 먼저 해당과정은 포도당을 2개의 피루브산으로 분해하며 미토콘드리아 밖의 세포질에서 일어난다. 해당과정의 다음 단계인 크렙스회로(krabs cycle)와 전자전달계는 미토콘드리아에서 진행된다.

③ 크렙스회로에서는 피루브산을 이산화탄소로 완전히 분해하고 수소전달체(NADH, $FADH_2$)를 형성한다.

④ 전자전달계는 NADH와 $FADH_2$로부터 전자를 받아 이동시키며 그 과정에서 ATP를 생성한다.

(7) 광합성에서 온도계수(Q10)는 특정 시기에 온도(℃)가 10℃가 높아질 때 생육활성이 2배정도 높아진다는 것이다. 온도계수(Q10)는 ((특정 시기 온도+10)/특정시기 온도)로 계산한다.

2) 광합성에 영향을 미치는 내적요인

① 벼의 단위면적당 광합성능력은 외부 환경조건이 같더라도 품종, 잎의 노화정도, 수분함량, 엽록소 함량, 무기성분, 광합성 효소함량과 변화 등에 따라 달라진다.

② 벼가 군락상태일 때 단위면적당 광합성능력이 같더라도 잎의 위치, 각도, 재식밀도 등이 다르면 수광량, 온도, 이산화탄소 농도 등이 다르므로 군락의 전체 광합성량은 달라진다.

③ 동화산물의 전류가 빠르면 광합성량이 증가한다.

④ 벼가 정상적인 광합성능력을 유지하려면 잎의 무기양분인 질소(N) 2.0%, 인산(P) 0.5%, 마그네슘(Mg) 0.3%, 석회(Ca) 2.0% 이상이 필요하다. 이 농도 이하에서는 광합성이 감소한다.

⑤ 질소(N) 비료의 시용량이 증가하면 일반적으로 엽면적의 증가와 함께 단위면적당 광합성능력이 증가하여 1주당 광합성량과 건물생산량도 증가한다.

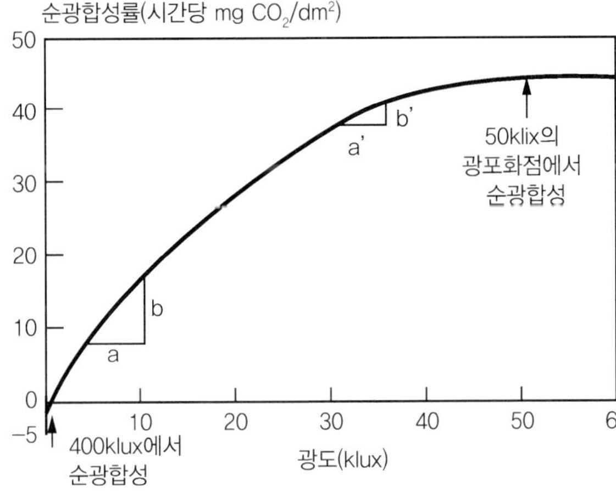

그림 3-24.
벼의 개화기에 광합성과 호흡과의 관계
(Cock and Yoshida, 1973)

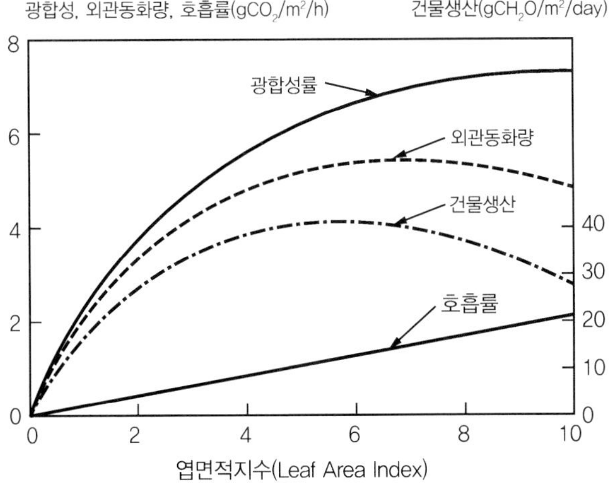

그림 3-25.
엽면적지수와 광합성, 호흡과의 관계
(Tanaka et al., 1966)

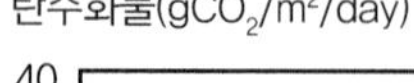

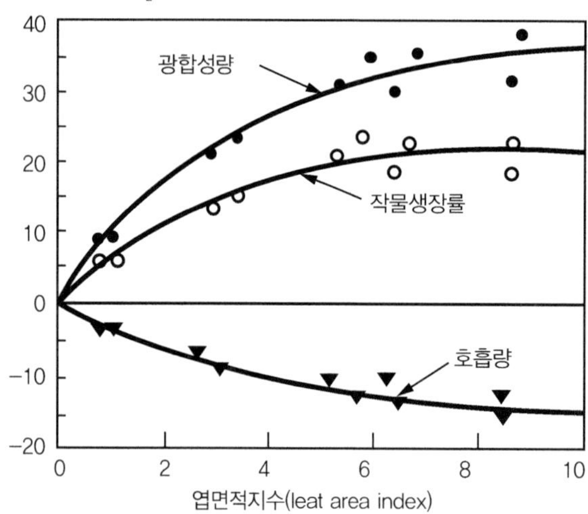

그림 3-26.
벼의 수잉기에 광합성, 작물생장률, 호흡과의 관계
(Cock and Yoshida, 1973)

3) 광합성에 영향을 미치는 외적요인

(1) 광도(개체 상태)

① 엽의 단위면적당 광합성능력은 50klux에서 광포화점에 도달한다. 고립상태일 경우 생육적온까지 온도가 높아질수록 광합성 속도는 높아지고 광포화점은 낮아진다.

② 분얼기에는 광의 세기가 최대일조량(120klux)의 30~40%(30~40klux) 이상이면 광의 세기에 관계없이 광합성량은 비교적 일정하다(광포화점).

③ 생육적온까지 온도가 높아질수록 광합성 속도는 높아지고 광포화점은 낮아진다.

④ 대기 중의 CO_2 함량이 높아지면 광합성 속도는 높아지고 광포화점도 높아진다.

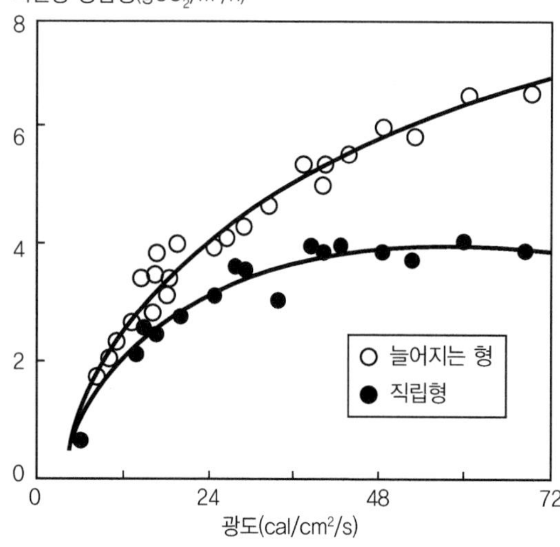

그림 3-27.
직립초형과 늘어지는 초형의 벼에서 광도에 따른
외견상 광합성량(Tanaka et al., 1969)

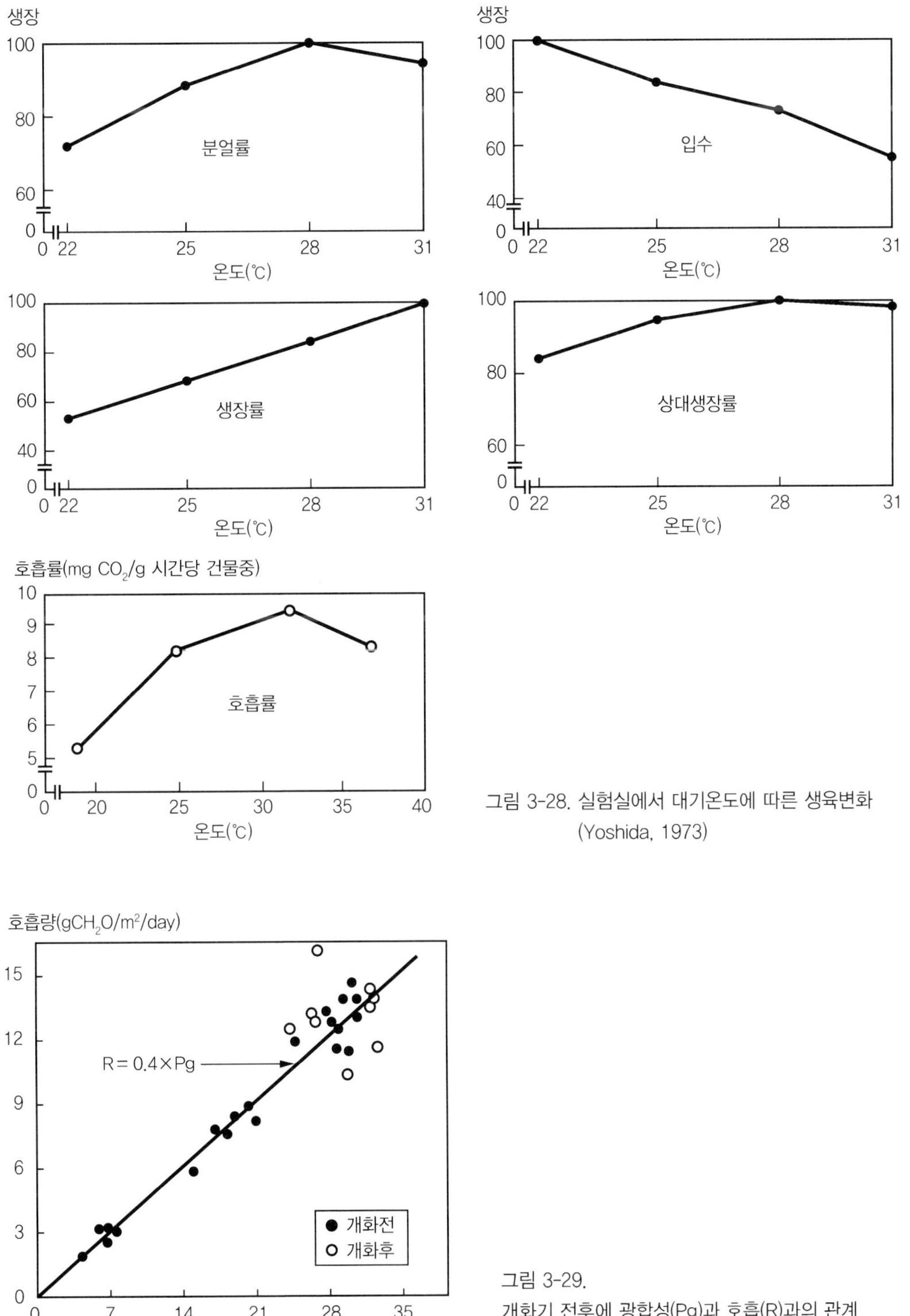

그림 3-28. 실험실에서 대기온도에 따른 생육변화 (Yoshida, 1973)

그림 3-29.
개화기 전후에 광합성(Pg)과 호흡(R)과의 관계
(Cock and Yoshida, 1973)

(2) 온도

① 벼는 대체로 18~34℃의 온도범위에서는 외견상 광합성량에 큰 차이가 없는데, 이는 온도가 높아질수록 진정광합성량은 증가하며 호흡량도 이에 따라 커지기 때문이다. 즉 재배가능한 온도 범위에서 기온이 높을수록 호흡량이 증가한다.

② 벼는 18℃ 이하 온도에서는 광합성이 현저히 떨어진다. 벼가 광합성을 하는 적온은 20~33℃ 정도이나 고온에 의해 호흡량도 증가하므로 건물생산량(외견상 광합성량)은 20~ 21℃의 비교적 저온일 경우가 더 높다.

③ 광도가 낮아지면 온도가 높은 쪽이 유리하고 35℃ 이상 고온에서는 광도가 낮은 쪽이 유리하다.

④ 벼 잎의 광포화점은 온난한 지대보다 온도가 다소 낮은 지대에서 더욱 강한 일사가 요구된다.

(3) 광도(군락 상태)

① 최고분열기가 되면 최대일조량의 60%(70klux) 이상이어야 한다.

② 군락상태에서 잎이 광을 충분히 받지 못해 광량이 80klux(우리나라는 한여름에 최고 광도는 120klux 정도임)까지 광합성이 증가한다.

③ 작물의 군락이 무성해지면 광포화점에 달하는 광의 강도가 높아진다. 작물의 엽면적이 증가할수록 호흡량이 비례해서 증가하기 때문에 순동화량은 오히려 감소한다.

④ 군락의 광포화점은 재식밀도, 생육시기, 엽면적지수 등에 따라 다른데 실제 포장에서는 엽면적이 많은 생육시기에는 광포화점에 도달하지 못하는 경우도 많다.

(4) CO_2 농도

① 이산화탄소 농도가 400ppm에서는 최대광합성의 50% 밖에 수행하지 못하지만 농도가 높아질수록 증가하다가 2,000ppm이 되면 광합성이 더 증가하지 않는 CO_2 포화점에 도달한다.

② 미풍과 같은 적절한 바람은 CO_2 공급을 원활하게 하여 광합성을 증가시킨다.

(5) 생육시기

① 벼는 하루 중 오전 9시경에 광합성이 최대가 되고 오후 4시경까지 유지되다 그 후에 급격히 낮아진다.

② 단위엽면적당 광합성능력(광합성 속도)은 분얼기에 최고로 높고 그 이후에는 저하한다.

③ 포장 상태에서 총광합성량은 엽면적이 많은 최고분얼기~수잉기 사이에 최대가 된다.

④ 출수기 이후에는 하위엽 고사, 엽면적 감소, 잎이 노화되어 포장 광합성량은 감소한다.

⑤ 개체 상태와 다름없는 이앙 직후에는 광합성능력이 최고값을 나타낸다.

⑥ 군락상태인 유수분화기에 총광합성량이 가장 많고 출수 직전에 엽면적지수는 최대가 된다.

⑦ 엽신 이외의 엽초와 줄기의 호흡량은 출수기에 최대가 된다.

4) 포장(군락) 광합성

(1) 벼의 수량 증대

광합성 증가에 의한 건물생산의 증대가 필요하다. 포장동화능력=엽면적(A)×수광능률(F)×단위동화능력(P)으로 건물생산을 최대로 유지하기 위해서는 이들 3요인(A×F×P)의 최적 조합을 만들어야 한다.

① 태양으로부터 오는 광에너지를 흡수할 엽면적(A)을 최대한 확보해야 한다.

② 벼의 잎이 광을 잘 받도록 수광능률(F)을 높여야 한다.

③ 태양으로부터 받은 광에너지를 최대한 동화하도록 단위엽면적당 광합성능력(P)을 증대시켜야 한다.

(2) 건물생산량

① 광합성량은 엽면적이 증가하면 처음에는 직선적으로 광합성량이 증가하지만 그 증가율은 점점 감소되다가 어느 한계에서는 더 이상 증가하지 않는다.

② 호흡량은 온도와 엽면적의 증가에 따라 직선적으로 증가한다.

③ 광합성량에서 호흡량을 빼면 건물생산량이 되는데 주야의 온도차가 클수록 야간의 호흡량이 줄어 건물생산량이 늘어난다.

(3) 수광률과 광투과율

① 벼 포기에서 수광률은 잎의 배열과 각도, 엽신의 길이와 너비의 영향을 받는다.

② 개체상태에서는 잎이 펼쳐져 있어야 많은 광을 받을 수 있다.

③ 군락상태에서는 상위엽이 너무 크고 늘어지면 하위엽이 광을 적게 받기 때문에 수광에 불리하다.

(4) 광합성에 유리한 이상초형(ideal type)

① 늘어진 초형보다 직립초형에서 광도가 강할수록 광합성량이 많다. 직립초형은 광이 개체군 내부까지 투과하기 때문에 벼 개체군의 수광태세를 좋게 하여 광합성량이 증가한다.

② 개체군의 수광태세는 잎의 경사각도가 큰 직립형 품종일수록 빛에너지의 이용효율이 높아 다수성을 나타낸다.

③ 상위엽의 크기가 작으며 두껍지 않고 직립되어 있으며 중첩되지 않고 균일하게 배치되어 있으면 하위엽까지도 광을 받을 수 있어 전체적으로 수광에 유리해진다.

표 3-8. 벼 재배에서 형질특성의 장단점

번호	식물체 부위	형질특성	장점	단점
①	잎 (엽, 葉)	두꺼움	곧추서기에 유리하고 단위면적당 광합성률이 더 높다.	
		얇음	엽면적지수(LAI)가 더 크게 된다.	
		짧고 작음	군락상태에서 잎의 분포가 균등하고 더 직립으로 곧추선다.	
		직립(erect)	엽면적이 많을 때, 엽면적당 간접광을 포함한 광이용효율이 높다.	
		처짐	–	광 이용효율이 낮다.
②	줄기 (간, 幹)	짧고 단단함	도복에 강하다.	
		키가 큼	잡초발생과 생육억제에 유리하다.	도복에 약하다.
③	분얼 (分蘖)	위로 서고 단단함	군락 내로 입사광 투과가 많다.	
		적음	직파에 유리하다.	초기 생육량이 적다.
		많음	재식거리를 넓게 할 수 있다.	
			결측구의 생산감소를 보완할 수 있다.	
			(이앙벼에서) 엽면적을 빠르게 증가시킨다.	초기 생육량이 너무 많다.
④	뿌리 (근, 根)	얕고 T/R률이 높음	지상부의 동화율이 높다.	
		깊고 T/R률이 낮음	토양질소를 더 잘 이용할 수 있다.	
⑤	이삭 (수, 穗)	고질소에도 낮은 불임률	더 많은 질소의 사용이 가능하다.	
		높은 수확지수	고수량이 가능하다.	
		소립	빠른 등숙이 가능하다.	
		대립	고수량일 가능성이 높다.	
⑥	생육기간 (生育期間)	조생종	재배기간 대비 생산성이 높다.	
			수분이용효율이 높다.	
			고수량을 위해 밀식이 필요하다.	
		만생종	–	낮은 지력이 문제될 수 있다.
⑦	감광성 (感光性)	높음	지역 적응성이 높다.	
		낮음	연중 재배와 다기작을 할 수 있다.	
⑧	생장속도 (生長速度)	빠름	잡초를 억제할 수 있다.	
			조생종에서 필요하고 유리하다.	
		늦음	생육 후반기에 과다생육이 적다.	

④ 질소비료를 과용하여 상위엽을 과번무하게 하는 것보다 규산(Si) 비료를 주어 엽신을 곧추세워야 엽면적이 크더라도 수광률이 높아져서 수량이 증가한다.
⑤ 통일형 벼 품종들은 자포니카형 벼 품종보다 일반적으로 수광태세가 양호하다.

5) 수용기관과 공급기관

(1) 공급기관인 소스(source)와 수용기관인 싱크(sink)

① 광합성을 하는 잎(공급기관, source)의 광합성능력은 광합성 산물을 받아들이고 사용하는 수요가 많으면 증대되며 광합성 산물을 받아들이는 곳(수용기관, sink)이 적으면 감퇴한다.
② 공급기관(source)에 관련된 형질로 초형, 엽면적, 엽록소함량, 잎 두께, 광합성능력, 엽기능의 유지, 뿌리활력 등이 있다.
③ 수용기관(sink)은 이삭, 영화, 엽과 뿌리 등이고 이들의 크기와 활력에 따라 광합성 능력은 달라진다.

(2) 상호관계

① 소스에 해당하는 잎의 광합성능력이 아무리 우수해도 싱크에 해당하는 이삭이 작으면 광합성을 많이 할 필요가 없어서 수량도 낮아진다.
② 싱크인 이삭을 많이 확보하면 잎의 광합성능력을 최대한 발휘하여 광합성 속도가 증가한다.
③ 싱크인 영화수가 너무 많이 확보되면 소스의 공급이 따라가지 못하여 등숙률이 낮아지고 쭉정이가 증가한다.

2. 호흡(respiration)

작물은 광합성으로 합성한 동화산물을 호흡작용에 의해 에너지를 만들어 생명 유지 및 2차 대사산물을 합성하며 호흡으로 소비하고 남는 동화산물은 저장한다. 작물은 생활에 필요한 에너지를 세포호흡을 통해 얻는다.

1) 호흡개요

① 호흡은 세포가 산소(O_2)를 이용해서 당을 산화시켜 저장된 에너지를 얻고 물(H_2O)로 환원시키며 부산물로 이산화탄소(CO_2)가 방출된다.
② 호흡에서 해당과정은 세포질에서 산소호흡은 미토콘드리아에서 이루어진다. 알코올과 젖산발효는 세포질에서 일어난다.

③ 세포는 호흡과정에서 미토콘드리아에서 나오는 에너지의 일부를 이용하여 ATP를 합성한다. 세포는 포도당 1분자에 저장된 에너지(686kcal) 중 약 38%를 ATP에 저장한다.

④ 벼 작물에서 ATP에 저장된 에너지는 새로운 기관형성과 양분흡수 및 광합성 산물의 전류에 사용된다.

2) 호흡량

① 벼의 호흡은 모내기 후 활착기부터 최고분얼기까지 높아지다가 그 이후 점차 감소한다.

② 벼 1주당 호흡량은 광합성과 건물중 증가에 비례하며 대체로 출수기경에 최고에 이른다.

③ 등숙기에는 이삭의 호흡량이 전 식물체 호흡량의 30%에 달한다.

3) 무기호흡

① 벼와같이 물에서 발아하는 종자나 뿌리는 혐기호흡(무기호흡)을 하는 경우가 많다.

② 수해로 잎이 물에 잠겨있는 현저한 산소(O_2) 부족 상태에서도 벼 뿌리는 무기호흡을 할 수 있다.

③ 유기호흡을 하면 포도당 1분자에서 38ATP(해당작용 2ATP, TCA회로 2ATP, 산화적 인산화 34ATP로 총 38ATP 생성)를 생산하지만 무기호흡(알코올과 젖산 발효)을 하면 2ATP밖에 생산하지 못하여 에너지 생성효율이 낮아져 누렇게 고사하게 된다.

표 3-9. 유기호흡과 무기호흡의 비교

연번	항목	유기호흡	무기호흡	기타
①	산소의 이용	이용함	이용이 적음	홍수나 침수 등에 발생
②	호흡기질의 분해	CO_2와 H_2O로 완전 분해	불완전 분해로 중간 산물 생성	중간산물이 알코올임
③	ATP 합성효율	38ATP	2ATP	에너지가 급격히 고갈됨
④	발생하는 장소	세포질, 미토콘드리아	세포질	발효가 됨

3. 광합성과 호흡과의 관계

1) 순생산량(광합성량-호흡량)

(1) 작물에서 최대수량을 얻으려면 광합성량에서 호흡량을 공제한 순생산량이 최대가 되어야 한다. 작물의 광합성량이 많고 호흡량이 적을 때 유기물 함량은 많아진다. 벼의 광합성은 호흡량의 5~10배에 달한다.

(2) 작물의 잎은 광합성을 수행하는 동화기관이면서 동시에 호흡으로 에너지를 소비하는 기관이다.

(3) 광합성량이 증가하려면 엽면적이 증가해야 하나 엽면적이 증가하면 호흡소모도 이에 따라 증가하므로 엽면적을 크게 확보한다고 모두 순생산량(수량)이 증가하지는 않는다.

2) 엽면적지수(leaf area index, LAI)

(1) 엽면적지수는 평균 엽의 면적(크기)×분얼당 엽수×주당 분얼수×단위면적당 주수(식물체수)로 계산한다.

(2) 최적엽면적(optimum leaf area)은 순생산량이 가장 커지는 엽면적을 말한다.

(3) 엽면적지수는 일정한 토지면적에서 자라는 벼의 모든 엽면적을 구한 후 그것을 토지면적으로 나눈 값이다.

(4) 최적엽면적지수는 생육시기, 기상조건, 품종, 지력 등에 따라 수량이 달라진다.

① 최고분얼기까지는 일사량에 관계없이 LAI 6~7까지 클수록 유리하다.

② 최적엽면적지수는 일사량이 많을수록 크다. 광도가 약해지면 최적엽면적지수도 낮아져 광합성량이 감소한다. 광도가 강할 때 벼는 엽면적지수 6~7까지는 광합성이 직선적으로 증가한다.

③ 최적엽면적지수, 즉 벼 군락의 최적엽면적지수가 커질수록 광합성량이 증가한다.

④ 일반형 벼품종인 온대 자포니카 벼는 최적엽면적지수가 5~6, 통일형은 7~8 정도이다.

⑤ 통일형 품종은 잎이 직립하여 수광태세가 좋으므로 일반적으로 최적엽면적지수가 크다.

제10절 증산작용과 요수량

1) 증산작용(transpiration)

① 벼를 비롯한 대부분의 작물은 증산량이 많을수록 수량도 증가한다.

② 벼는 흡수한 물의 약 1%만 광합성과 호흡 등 대사작용에 이용하고 나머지는 기공 등을 통해 대기 중으로 배출한다.

③ 증산을 통해 수분 균형을 유지하고 체온 조절, 양분흡수를 조장한다.

④ 벼의 증산작용(광합성도)은 주로 엽신에서 일어나지만 일부는 까락에서도 이루어진다.

2) 요수량(water requirement)

(1) 요수량의 특성

① 요수량은 건물 1g 생산하는 데 필요한 물의 양으로 논벼가 300 정도, 밭벼가 400 정도로 다른 작물에 비해 낮다.

② 모내기 직후에는 뿌리가 물을 잘 흡수하지 못하므로 물을 깊게 대어 증산작용을 감소시켜 활착을 돕는다.

③ 벼재배에서 물은 대부분 환경수이고 생리수는 유수분화기~출수기까지 생식생장이 왕성할 때 생리적으로 물을 많이 요구하고 엽면적도 많으므로 증산량이 많아진다.

④ 요수량은 수분이용효율의 역수이고 증산계수(transpiration coefficient)와 같은 뜻이다.

⑤ 수분이용효율과 요수량은 단위(g)가 약분되므로 단위가 없으며 벼의 경우는 300 내외로 C_3 작물 중에서는 상대적으로 수량이 높기 때문에 수분이용효율은 높고 요수량은 낮은 편이다.

표 3-10. 수도작에서 수분요구량(Kung, 1971)

분류	항목	수분손실량	조사방법
수분손실량	증산	1.5~9.8(mm/day)	한국, 일본. 중국, 태국, 베트남, 방글라데시 43개 지점의 평균이다.
	증발	1.0~6.2(mm/day)	
	용탈	0.2~15.6(mm/day)	
합계		6~10(mm/day)	
재배시기별 용수량	유묘기	40(mm/crop)	5개월간 평균값으로 매월 200mm가 되고 논 준비할 때 500~600mm가 추가되면 8.64mm/day로 대략 8.64㎥/10a이 된다.
	못자리기	200(mm/crop)	
	관개수량	1,000(mm/crop)	
합계		1,240(mm/crop)	

(2) 수분이용효율(water use efficiency, WUE)

① 작물이 생육기간 중에 축적된 건물량과 흡수한 수분량을 대비시켜 계산한 작물에 의해 흡수된 물의 이용성을 말한다.

② 작물의 수분이용효율은 건물생산량(g)/소비된 증발산량(g)으로 계산한다.

③ 수분이용효율은 작물과 군락에 대해 각각 다른데 전체 건물량뿐만 아니라 경제적 수량에 대해서도 이용된다.

④ 수분이용효율은 수량을 내는데 사용된 물에 대한 관계에서 수분의 효율성을 나타낸다.

⑤ 수분이용효율은 요수량과 증산계수와는 반비례하는 개념이다.

제11절 수량의 형성

1. 벼 수량의 형성과정

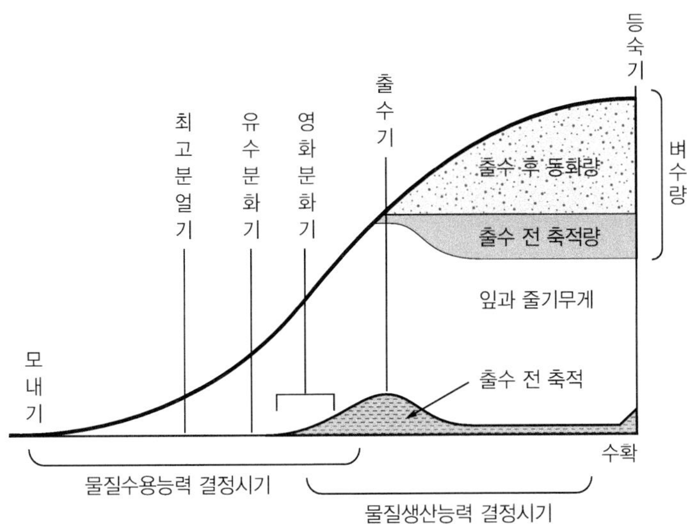

그림 3-30.
벼의 생육과정과 수량의 생산과정

1) 수량 수용능력

① 수량 수용능력은 단위면적당 이삭수×이삭당 영화수×영화의 크기 용적으로 계산한다.

② 수량 수용능력 요인들은 이앙 후 출수 전 1주전까지 약 80일 동안에 결정되고 기비(밑거름)와 수비(이삭거름)로 주는 질소(N) 시용량과 이 기간의 일조량이 가장 큰 영향을 미친다.

③ 성숙기에 일조량이 많으면 수량 수용능력이 클수록 수량은 증가하지만 일조량이 적으면 수량 수용능력이 클수록 등숙률이 낮아져 수량이 오히려 감소한다.

(2) 수량 생산능력

① 수량 생산능력은 물질생산체제, 물질생산량, 이삭전류량 등이 관련되어 결정된다.

② 수량 생산체제로 광합성이 이루어지는 잎면적과 광을 이용할 수 있는 수광태세, 품종선택이 가장 중요하다.

③ 광합성에 의한 수량 생산은 출수 전 축적량과 출수 후 동화량을 합한 것이 최종적인 벼 수량이 된다.

④ 출수 전 축적량은 엽초와 줄기에 저장된 탄수화물이 이삭으로 전류되는 30%와 출수 후 광합성에 의해 합성된 약 70%의 양을 말한다.

⑤ 출수 전후 축적량이 적으면 등숙률이 낮아지고 도복이 잘 되므로 출수 전후 축적량을 높이기 위해서는 일조량이 많고 과번무하지 않아야(호흡줄임) 한다.

⑥ 출수 후는 일사량의 영향이 가장 큰데 등숙동안 광합성능력과 잎면적지수를 높게 유지하는데 뿌리 활력이 중요하다.

⑦ 이삭전류량은 동화산물이 이삭으로 전류하는데 가장 중요한 요인은 기온인데, 벼의 물질전류에서 최적 평균기온은 20~22℃이며, 17℃ 이하는 이삭전류가 잘 안되고 지나친 고온은 호흡량이 높아 전류량이 적다.

⑧ 출수 전 축적은 출수 전 3주쯤부터 이루어지기 시작하여 출수기에 축적량이 최대로 되며 그 후로는 급격히 감소한다. 그 이유는 이삭으로 전류되기 때문이다.

⑨ 벼의 수량생산에는 일사량의 영향이 가장 큰데, 특히 수량생산시기라 할 수 있는 출수 전 3주와 출수 후 4주 등 7주 동안의 일조량이 제일 중요하다.

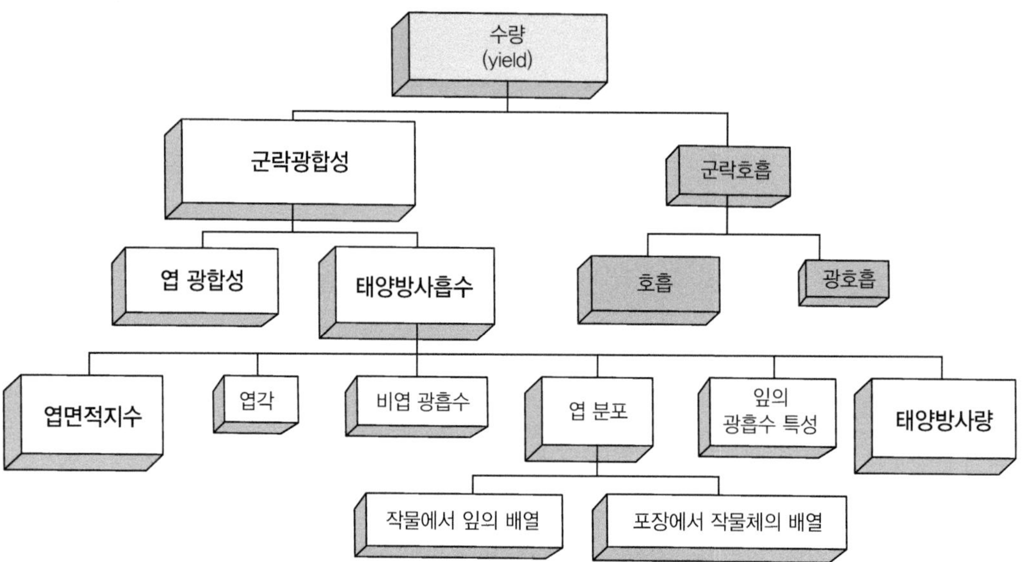

그림 3-31. 수량에 영향을 주는 요인들의 흐름도

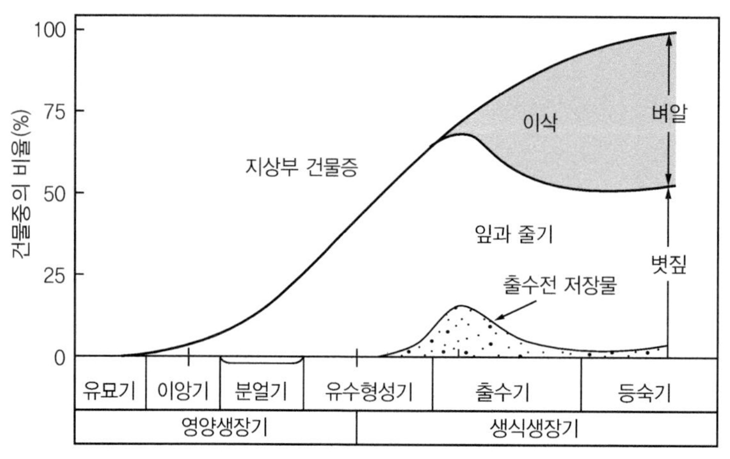

그림 3-32.
벼생육 단계별 수량의 축적
(Murata and Matsushima, 1975)

2. 수량의 형성과정

1) 이삭수(panicle number)

① 모내기 전부터 어느 정도 영향을 받지만 대부분은 모내기 후의 환경에 의해 지배된다.
② 분얼성기에 강한 영향을 받으며 영화분화기(최고분열기 이후 7~10일)가 지나면 거의 영향을 받지 않는다.
③ 이삭수는 1주마다 개수를 세는데 변이가 크므로 10~30주를 세거나 $1m^2$의 개수를 구한다.

2) 1수영화수(number of spikelets per panicle)

① 영화수는 세포가 분화된 영화수와 퇴화된 영화수와의 차이에 의해 결정된다.
② 1차 지경분화기부터 영화수가 영향을 받기 시작하고 2차 지경분화기에 가장 강하게 영향을 받는다.
③ 영화분화기 이후에는 거의 영향을 받지 않는다.
④ 영화는 감수분열기 전후에 가장 퇴화하기 쉽고 출수 전 5일(감수분열 종기)경에는 더 이상 퇴화하지 않아 영화수가 사실상 결정된다.

3) 등숙률(percentage of ripened grains)

(1) 등숙률의 개념

① 이삭에 달린 영화수 중에서 정상적으로 결실한 영화수의 비율이다.
② 결실하지 못하는 영화는 불수정립이거나 수정 후 발육이 정지된 영화이다.
③ 등숙률은 100%를 넘을 수 없으므로 수량을 적극적으로 증대할 수 없고 오직 퇴화방지만 가능하다.

(2) 등숙률의 생육시기별 영향

① 유수분화기로부터 영향을 받기 시작하고 감수분열기, 출수기, 등숙성기에 가장 저하되기 쉽다.
② 출수 후 35일 정도 경과하면 거의 영향을 받지 않는다.
③ 등숙률은 1.85mm체로 치거나 비중 1.06에서 염수선을 하여 계산한다.

(3) 임실률과 온도

① 임실률은 출수기가 고온에 가장 예민하고 그 다음이 출수전 9일경이다.
② 고온(40℃ 내외)은 개화 즉 개약(anthesis) 시에 1~2시간 노출에도 크게 영향을 받는다.
③ 감수분열기에 10일간 저온(17℃ 내외)에 노출되어도 임실률이 급감한다.
④ 질소질 비료의 시용은 저온 피해를 증가시키나 인산질 비료는 감소시킨다.

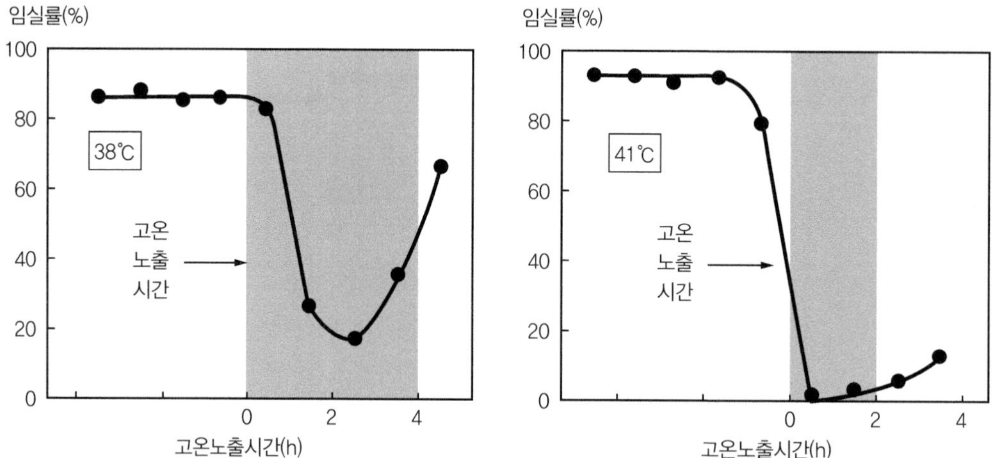

그림 3-33. 고온처리(38℃와 41℃)가 임실률에 미치는 영향(Satake and Yoshida, 1978)

4) 천립중(1,000grain weight)

① 천립중은 1차적으로 출수 전 영(왕겨)의 크기에 의해 제어된다. 영화의 크기가 작게 만들어지면 출수 후 환경이 좋아도 현미는 영화의 기계적 제약을 받는다.

② 천립중은 2차적으로 출수 후 영화 속에 어느 정도 충실하게 동화산물이 채워지는가에 따라 제어된다.

③ 적극적인 영화의 크기 증대 시기는 제2차 지경분화기부터 영화분화기, 감수분열기에 걸쳐 환경을 좋게 해준다. 그 후에는 결정된 영화의 크기 속에 어느 정도 내용물을 채우는 작용만 있고 적극적으로 수량을 증대시키는 것은 어렵다.

④ 천립중이 가장 감소되기 쉬운 시기는 감수분열성기와 등숙성기이다.

⑤ 천립중은 23g 전후로 무게를 달아 입자수를 헤아려 산출한다.

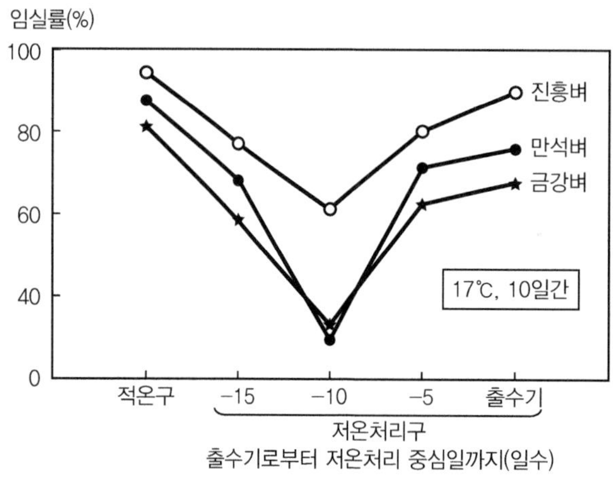

그림 3-34.
감수분열기의 저온(17℃, 10일간)과 임실률과의 관계(Lee et al., 1979)

5) 수량

수량은 수량구성 4요소를 곱한 것이다. 영화분화기까지는 목표수량을 낼 수 있도록 벼 생육량을 적극적으로 확보해야 하고 영화분화기 이후에는 확보된 수량형성능력이 감손되지 않도록 노력해야 한다.

(1) 수량구성요소와 수량증대

① 수량을 증대시키는 것은 주로 이삭수와 영화수 두 요인에 의해 크게 영향을 받는다.

② 수량을 결정하는 첫 번째 정점은 이앙 후 급속히 증대되어 분얼최성기에 나타나고 분얼수와 이삭수 증가에 의한 수량이 증가한다.

③ 수량을 결정하는 두 번째 정점은 제2차 지경분화기에 나타나고 1수영화수 증가에 의해 수량이 증가한다.

④ 영화분화기 이후에는 사실상 수량을 적극적으로 증대시킬 방법이 없어진다.

(2) 수량 증대와 감손 시기

① 적극적인 수량 증대가 가능한 시기는 영화분화기까지이므로 최대 수량은 영화분화기에 사실상 결정이 끝난다.

② 수량의 감손방지가 제어되는 시기는 영화분화기 이후부터 분화된 영화수의 퇴화, 영화의 등숙, 일정 크기의 영화(왕겨) 속에 어느 정도의 동화산물이 채워져서 현미가 얼마만큼 비대하는가의 여부에 의해서 결정된다.

표 3-11. 출수기 전후의 일정 한발처리가 벼의 수량구성요소에 미치는 영향(Matshushima, 1962)

번호	출수기 전후 한발처리일	수량(g/주)	수수(개/주)	불임률(%)	등숙률(%)	천립중(g)
①	대조구	22.7	10	15	75	21.9
②	출수전 35일	20.0	12	11	60	20.5
③	출수전 27일	17.0	11	12	54	20.2
④	출수전 19일	15.7	11	34	52	20.8
⑤	출수전 11일	6.5	10	62	29	21.6
⑥	출수전 3일	8.3	10	59	38	20.9
⑦	출수후 5일	16.5	11	10	59	21.9
⑧	출수후 13일	20.5	10	7	66	22.5

3. 수량구성요소

1) 이삭수

① ㎡당 이삭수(보통 400~500개)는 ㎡당 포기수×포기당 이삭수로 계산한다.

② ㎡당 포기수는 재식거리에 의해 결정되며, 대체로 ㎡당 20~25포기이다.

③ 포기당 이삭수는 20포기의 평균 이삭수이며 대체로 15~20개이다.

2) 1수영화수

① 1수영화수는 평균이삭수를 가진 3포기 전체 영화수를 세고 이것을 이삭수로 나눈 값이다.

② 온대자포니카 품종의 경우 대체로 80~100립이다.

3) 등숙률

① 등숙률은 주당 이삭수를 조사한 표본을 탈곡, 조제하여 그중 일부 종실(약 30g)을 무작위로 취하고 자포니카형은 비중 1.06, 통일형은 1.03의 소금물에 담가서 가라앉은 종실수를 헤아려 전체 영화수로 나눈 비율이다.

② 등숙률은 자포니카형에서는 85%, 통일형은 80% 정도이다.

4) 천립중

① 천립중은 종실 1,000개의 무게를 3회 세어 평균으로 나타낸다.

② 벼알 1개의 무게는 변이가 크기 때문에 천개의 벼알을 잰 후 1,000으로 나누어 계산한다.

③ 국내 장려품종의 천립중은 현미가 22g 내외이고 백미는 20g 정도이다.

5) 수량구성 4요소와 수량계산

① 수량구성요소는 이삭수, 1수영화수, 등숙률, 천립중/1,000으로 구성된다.

② 수량의 계산은 이삭수와 1수영화수를 합쳐서 단위면적당 영화수를 바로 계산한다. 즉 수량(Y)=단위면적당 이삭수(PN)×1수당 영화수(SN)×등숙률(F)×천립중(W)/1,000으로 계산한다.

③ 수량(kg/10a)은 이삭수/㎡×이삭당 입수×등숙률×천립중/1000를 다시 입수/㎡×등숙률×천립중/1000로 나타낼 수 있다.

④ 한국은 10a(1,000m^2, 1단보)당 kg, 국제적으로는 1ha(10,000m^2, 1정보) 단위로 측정한다.

⑤ 한국은 백미, 일본은 현미, 세계적으로는 벼(정조)로 중량을 나타낸다.

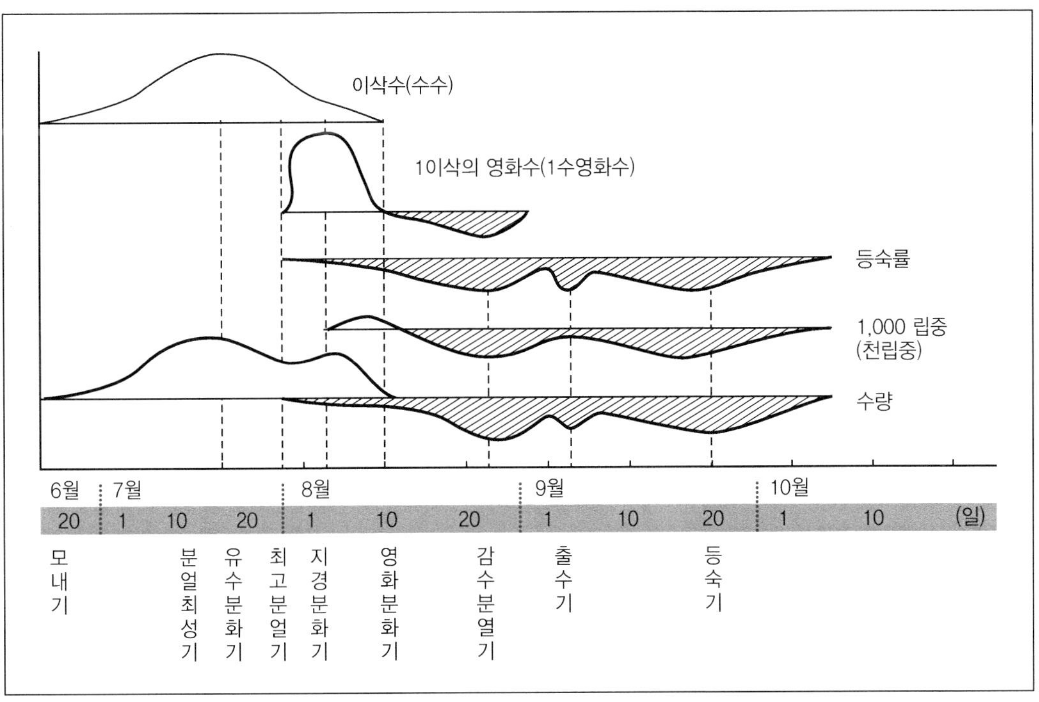

그림 3-35. 벼의 수량형성 모식도

⑥ 수량 계산에서 10a는 1,000m^2(300평)이고 등숙률은 퍼센트(%)이므로 1/100이며 천립중은 1,000개 무게이므로 1/1,000×단위가 g이므로 kg/1,000으로 다시 계산하면 입수/m^2×1,000×등숙률×1/100×천립중(g)×입수가 1,000개이므로 다시 1개는 1/1,000×kg으로 환산한다. 또 1/1,000이므로 최종적으로 입수×등숙률×천립중×1/100,000로 계산한다. 예로 m^{2}당 입수가 30,000개/m^2, 등숙률이 80%, 천립중이 20g/1,000개이면 30,000×80×20/100,000의 수량은 480kg/10a가 된다.

⑦ 수량 계산에서 1m^{2}에 재식밀도를 24포기로 하고 포기당 모 4개를 이앙하였을 때, 10a의 현미 수량과 정조 수량은? (단, 유묘당 분얼수 5개, 1수영화수는 100개, 등숙률은 80%, 현미 1,000립중은 22g, 현미에서 정조로의 환산계수는 1.25로 함)
여기서 m^{2}당 이삭수는 24포기×4유묘×5분얼로 480개이므로 m^{2}당 수량은 이삭수×1수영화수×등숙률×1립중이므로 480×100립×0.8×0.022=844.8g이 된다. 따라서 10a당 수량은 0.8448×1,000=844.8kg이고 10a당 정조 수량은 845×1.25(환산계수)에서 1056kg이 된다.

6) 수량구성요소들의 변이계수(coefficient of variation)

수량구성요소의 연차 변이계수가 큰 순서로 수량, 수수, 영화수, 등숙률, 천립중의 순이다. 일반적으로 수량은 14%, 수수(이삭수)는 12%, 1수영화수 10%, 등숙률은 7%, 현미의 천립중은 변이계수가 3%정도이다.

7) 수량의 상보성(complementarity)

① 수량에 강한 영향력을 미치는 구성요소의 순위는 이삭수, 1수영화수, 등숙률, 천립중의 순이다.
② 상보성은 수량구성 4요소간에 상호유기적 관련이 있어서 먼저 형성되는 요소가 과다하면 나중에 형성되는 요소는 작아지고, 먼저 형성하는 요소가 작으면 나중에 형성되는 요소가 커져 수량이 비교적 안정되는 원리이다.
③ 일반적으로 단위면적당 이삭수가 많으면 1수영화수가 적어진다.
④ 1수영화수가 증가하면 등숙률이 낮아진다.
⑤ 등숙률이 낮아지면 반대로 천립중은 증가한다.

8) 수량 증대 방안

(1) 이삭수 확보

① 수수형 품종 선택, 밀식, 조식, 천식, 기비와 분얼비 다량시용 등 재식밀도를 높인다.
② 분얼을 증가시키는 물관리나 시비관리 등의 재배관리가 필요하다. 일반적으로 물은 얕게 대고 기비를 늘리며 모도 깊게 이앙하지 않는 것이 좋다.

(2) 1수영화수 증대

통일형 벼와 같은 단간수중형 품종을 선택하거나 수비(이삭거름)를 시용한다.

(3) 등숙률 향상

① 이삭수와 1수영화수를 조절하여 단위면적당 영화수를 적절히 확보하고 안전등숙한계출수기 이전에 출수하도록 적기에 모내기를 한다.
② 무효분얼 발생을 억제하고 유효분얼은 발생이 지연되지 않도록 하며 실비(알거름)를 주어 입중을 증가시키는 것이 좋다.
③ 다수확을 위해서는 이삭수나 영화수를 많이 확보하는 경우라도 등숙률은 75~80%인 것이 바람직하다. 이보다 낮으면 영화수가 과다함을 뜻한다.

4. 수확 및 수량

1) 수확지수(harvest index, HI)

① 지상부 건물중에서 실제로 이용 가능한 부위가 차지하는 비율로 건조시킨 종실중을 전체건물중으로 나눈값이다.

② 전 건물중(생물적 수량)에 대한 종실수량(경제적 수량)의 비율로 경제적 수량의 비율을 말한다.

③ 수확지수는 재래 장간종 0.3, 온대자포니카형 단간종 0.5, 통일형 0.55 정도이다.

$$\text{수확지수} = \frac{\text{경제적 수량}}{\text{생물적 수량}} = \frac{\text{건조 종실중}}{\text{전체 건물중}}$$

2) 조고비율(grain straw ratio)

① 볏짚에 대한 정조의 무게비율로 정조를 볏짚 건물중으로 나눈 값이다.

② 재래 장간종은 0.4~0.5, 온대자포니카 단간종은 1.0, 단간수중형인 통일형은 1.2~1.3 정도이다.

3) 수량과 지표

① 포장에서 군락광합성의 지표인 전체 건물생산량을 증가시키거나 수확지수를 증가시킨다.

② 수확지수는 생물적 수량 중 경제적으로 유효한 부분의 지표이다.

③ 일반적인 벼의 전체 건물중은 1,000~1,500kg/10a이고 수량은 도복, 병충해, 기상재해 등 피해가 없으면 400~800kg/10a 정도이다.

4) 수량의 사정

(1) 벼 수량 조사

① 벼 수량을 정확히 조사하려면 논 전체의 벼를 모두 수확하여 무게를 측정하는 전수조사가 최선이나 실제로는 거의 불가능하므로 일부 면적의 표본을 선정하여 조사한다. 표본추출법은 통계적 방법에 따른다.

② 수량구성요소의 조사법은 달관법, 입수계산법, 평뜨기법 등에 의해 수량을 추정한다.

③ 다수확 기록은 우리나라에서는 삼강벼로 1,006kg/10a이며 세계적인 다수확 기록도 1,000~1,100kg/10a 정도이다. 그러나 사료용 벼의 수량은 볏짚을 포함하여 총체건물수량으로 산정하는 경우가 많지만 조곡으로도 1200kg/10a인 경우가 많다(표 4-4 참조).

(2) 광합성 효율

① 고등식물 잎의 이론적 광합성 효율은 지표면 입사 광에너지의 30% 정도이다.

② 이상적 조건에서의 식물체 광합성 효율은 지표면 입사 광에너지의 20% 정도이다.

③ 이 쌀 수량 1,000kg/10a 정도일 때 광합성에너지 전환효율은 3% 정도이다.

④ 일반농가에서 쌀 수량의 에너지전환효율 1.6~2.0% 수준이다.

⑤ 일반적으로 소주밀식을 하는 것이 광합성 효율을 높여 증수된다(표 3-12).

표 3-12. 재식 간격에 따른 수량의 변화(Mabbayad and Obordo, 1970)

번호	재식거리(cm)	수량(kg/10a)		
		소얼성 품종*	다얼성 품종	다얼성 재래품종
①	15×15	620	760	410
②	25×25	570	820	460
③	35×35	520	740	440
④	45×45	420	690	430
⑤	55×55	350	650	360

*소얼성은 분얼이 적은 품종이고 다얼성은 분얼이 많은 품종이다.

제4장
품종과 유전육종

통일형 벼품종들은 우리나라에서 쌀의 자급자족시대를 열었다. 통일형 품종은 전통육종의 이론을 잘 조합하고 국제미작연구소(IRRI) 등 국제적인 협력 속에서 가능했다. 그러나 저온에 약하고 밥맛의 만족도가 낮아 이제는 거의 사라지고 있다. 이는 수량에서 품질로 옮겨가는 시대적 변화에서 계속적인 육종의 필요성을 제시하고 있다. 그러나 이 통일형 벼는 아직도 중국을 비롯하여 전세계에 유전자원으로서 많이 이용(모본 등)되어 긍정적인 영향을 주고 있다. 물론 이런 육종의 성공 이면에는 그동안 축적된 유전유종학의 이론적 토대와 생리재배기술의 진보없이는 불가능했다. 한동안 생산성의 증대에 재배기술이냐 유전육종이냐는 기여도 논란은 아직도 계속되고 있지만 시대가 지날수록 육종의 중요성이 증가하고 있는 것을 인정하지 않을 수 없는 것이 현실이다. 이번 제4장에서는 몇몇 주요 벼품종을 살펴보고 이들의 특성과 개량의 방향을 알아본다.

제1절 벼의 품종 특성

1. 벼의 분류

1) 생태적 특성에 의한 분류

① 벼는 생태적 분화를 기초로 온대자포니카(temperate japonica), 열대자포니카(tropical javanica), 인디카(indica)로 구분한다.

② 온대자포니카는 종실이 단원형이며 탈립이 어렵다. 엽색은 농녹색이고 초장이 작고, 어린모의 내냉성은 강하나 내건성은 약한 편이다.

③ 인디카는 종실이 세장형이고 쉽게 탈립된다. 엽색이 담녹색이고 초장이 크며 어린모의 내냉성은 약하나 내건성은 강한 편이다.

④ 재배지에 따라 논벼(수도, paddy rice)는 물이 있는 무논에 심는 벼를 말하고 밭벼(육도, upland rice)는 물이 없는 밭에 심는 벼를 말한다.

⑤ 생육기간에 의한 분류로 파종부터 성숙까지의 생육일수에 따라 조생종, 중생종, 중만생종, 만생종으로 구분한다.

2) 형태에 의한 분류

① 초장은 주로 간장에 의존하는데 장간종이나 단간종으로 구분하고 작은 품종을 왜생종으로 부르기도 한다.
② 종실 길이와 모양에 따라 단원형(short grain), 중원형(medium grain), 세장형(long grain)으로 구분한다.
③ 우리나라 재배벼인 온대자포니카형의 현미 장폭비는 0.6~2.1 정도로 단원형이다.
④ 종실 크기에 따라 대립, 중립, 소립으로 구분하는데 밥쌀용 온대자포니카 품종의 현미는 천립중이 22g으로 대부분 소립종이다.
⑤ 가공용 온대자포니카 품종은 현미 천립중이 35g인 대립벼도 있다.
⑥ 까락(awn)의 유무에 따라 유망종(awned rice), 무망종(awnless rice)으로 구분한다.

표 4-1. 재배벼의 특성 비교

번호	특성분류	항목	인디카 (indica)	온대자포니카 (temperate japonica)	열대자포니카 (tropical javanica)
①	종자특성	까락형태	없음	있음(육성종은 없음)	다양함
		종자모양	세장형	단원형	세장형
		탈립성	높음	낮음	다양함
②	작물체특성	경도	높음	낮음	높음
		분얼	많음	중간	적음
		분얼개도	개장형	폐쇄형	폐쇄형
		엽색	연한녹색	진한녹색	연한녹색
		초장	큼	작음	큼
		초형	곧추섬	늘어짐	–
③	생리특성	내냉성	약함	강함	중간–강함
		한발저항성	강함	약함	약함–중간
④	취반특성	아밀로스함량	25%	17–20%	20%
		저작감	딱딱함	부드러움	–
		찰성	낮음	높음	중간
⑤	분포특성	분포지역	인도, 베트남, 태국	한국, 일본, 중국북부	인도네시아 자바섬

3) 구성성분에 의한 분류

(1) 전분 종류에 따른 분류

① 멥쌀은 저장전분의 아밀로스 함량이 20%와 아밀로펙틴 함량이 80% 정도로 구성되어 있다. 밥맛이 좋은 양질미는 아밀로스 함량이 더 낮은 15~18%이다.

② 찹쌀은 아밀로펙틴이 90% 이상으로 구성되어 찰기가 강하고 쌀알 내부까지 호화가 잘된다.

③ 아밀로스는 구조상 소화효소인 아밀라아제의 작용이 용이하기 때문에 찹쌀보다 소화가 빠르다.

④ 찹쌀은 전분구조 내에 미세공극이 있어 빛이 난반사하므로 유백색이고 불투명하게 보인다.

⑤ 찰벼 수량은 메벼보다 낮고 수매가격은 높은 것이 일반적이다.

⑥ 멥쌀과 찹쌀의 구분은 요오드염색법을 하면 멥쌀은 청남색, 찹쌀은 적갈색으로 염색된다.

⑦ 쌀의 아밀로스 함량은 벼 6번 염색체 상의 Waxy(Wx) 유전자의 유전자형에 의해서 조절되는데 찰벼(8%), 저아밀로스벼(반찰, 13%), 메벼(20%) 및 고아밀로스(27%)로 분류된다.

(2) 향기와 과피특성

① 향기의 정도에 따라 향미종(scented rice), 고향미종(highly scented rice)으로 분류한다.

② 과피색에 따라 백색미, 유색미로 구분하고 유색미는 자도라고도 하며 다시 흑미(black rice), 적미(red rice)로 구분한다.

③ 향미종과 유백미는 수량은 낮으나 고유한 특성으로 특정한 선호도가 있다.

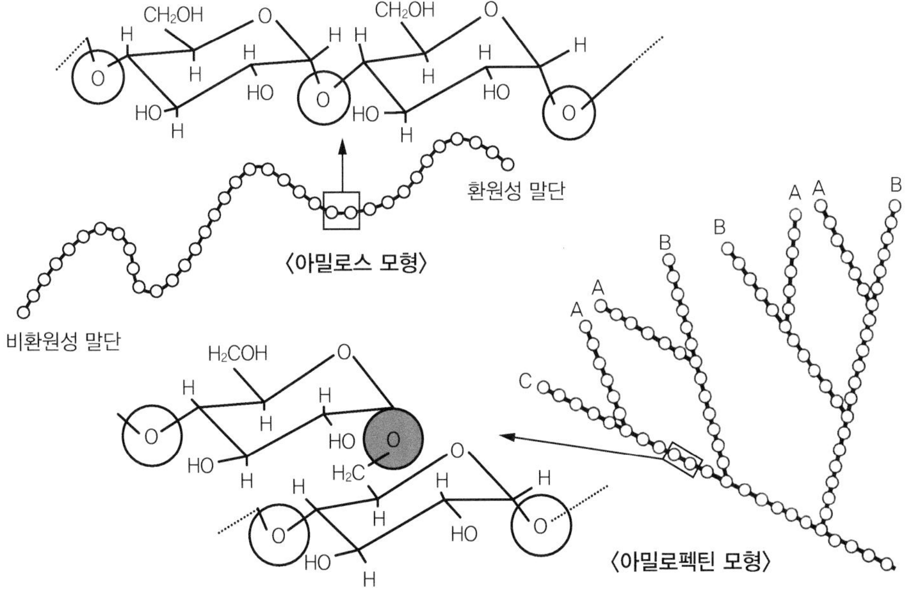

그림 4-1. 아밀로스와 아밀로펙틴의 모식도
(o: 글루코스(glucose), ⓞ: α-1, 4 결합, ● : α-1, 6 결합)

2. 벼 품종의 변천

1) 품종의 변천과정

(1) 재래종 시대(1915년 이전 시기)

① 우리나라 논의 100%가 재래종이 재배되던 시기를 말한다.

② 주요 재래종은 노인조, 다다조, 맥조, 조동지 등이 재배되었다.

③ 이들 품종은 수량이 낮고 도복이 심한 품종들이다.

(2) 도입종 시대(1916~1935)

① 재래종 대신 일본에서 도입된 품종이 급속히 증가하여 주류를 이루던 시기로 도입종 비율은 1912년 2%에서 1920년 60%. 1927년 74%, 1933년 이후에는 80%를 상회하였다.

② 주요 품종은 곡량도, 조신력, 다마금, 은방주 등이었다.

(3) 국내 육성종 보급시대(1936~1970)

① 우리나라에서 1914년 최초 인공교배 결과 1933년 최초 교배 육성품종인 남선13호, 풍옥 등이 보급되었다.

② 국내육성종과 도입종이 거의 같은 비율로 재배되던 시기로 주요 국내육성품종은 팔달, 팔굉 등이었고 주요 도입종은 은방주, 농림6호였다.

(4) 통일형 품종시대(1971~1980)

① 통일벼는 서울대 허문회, 방송통신대 박순직 교수 등이 농촌진흥청과 협력하여 개발하였고 1972년도에 최초 발행한 50원 주화에 들어간 품종이다.

② 통일벼는 1971년 장려품종으로 결정된 이후 급속히 재배가 확대되던 시기로 1976년도에 처음으로 쌀을 자급하게 되었다. 최초 발행 시에 영화수는 28개였으나 1983년도 부터 현재까지는 43개로 영화의 크기가 작아지고 실제화(보통 1수영화는 90개 정도임) 되었다.

③ 통일벼는 IR8 x(Yukara x Taichung Native 1(TN1))을 교배한 것으로 IR8과 TN1은 인디카형이고, Yukara는 자포니카형 벼이다.

④ 통일벼는 원연3원교배에 의한 최초의 품종으로 단간수중형 초형으로 다비성이고 내병충성이어서 수량이 높다.

⑤ 통일벼는 반왜성 유전자를 도입하여 내비성, 내도복성 품종이어서 수량이 많으나 저온에 약해 1980년도 냉해 피해가 극심하였다.

⑥ 통일벼는 목도열병(1978년도에 다시 저항성이 약화됨)과 줄무늬잎마름병에 강하나 흰빛잎마름병과 이화명나방에 약한 품종이다.

표 4-2. 품종 교배 양식

번호	구분	교배방법
①	단교배 (single cross)	A/B와 같이 특성이 다른 두 품종을 교배하는 것으로 우리나라 벼 육성품종은 단교배가 많음
②	3원교배 (3-way cross)	A/B//C나 혹은 C//A/B처럼 F_1(A/B)과 제3의 품종(C)을 교배한 것
③	다계교배 (multiple cross)	A/B//A, A/A//B 또는 A/B//B, B//A/B와 같이 F_1을 교배친 중 어느 하나와 교배한다. 기존 품종의 특성 중 하나만을 개량하려고 할 때 적용하며, 보통 4~6회 여교배한다. 여러 번 여교배할 때 처음 한 번만 교배하는 교배친(B)을 1회친(화분친, 비실용품종), 반복적으로 사용하는 교배친(A)을 반복친(자방친, 실용품종)임
④	여교배 (backcross)	A/B//C/D//E/F//G와 같이 여러 개의 품종을 사용하여 추가적인 교배를 한다. 작물학적 특성은 균등하면서 특정유전자만 다른 2개 이상의 계통을 혼합하여 육성한다. 이런 계통을 동질유전자 계통이라 한다. 복합저항성 품종을 육성할 때는 이 방법이 효과적임
교배방식에 따른 A유전자의 비율로 A/B//C는 25%, A/B//C/D는 25%, A/B//A///C는 37.5%가 된다.		

⑦ 통일벼는 탈립성이 큰 단점을 갖고 있었으나 이런 단점이 개선되어 재배면적이 1978년 76%로 확대되었으나 1980년도 냉해로 수량이 급감하였다.

⑧ 통일벼는 찰기가 적고 밥맛의 기호도가 낮아 요즘은 재배되지 않고 있으나 국내외적으로 육종의 모본이 되는 등 기여도가 높다.

⑨ 통일벼는 저온저항성이 약한 단점을 극복하기 위해 재배기술로 보온육묘법이 개발되었다.

⑩ 통일벼는 등숙률과 도정률이 낮다.

⑪ 주요 통일형 품종에는 통일, 유신, 밀양21호, 밀양23호(당시 세계 최고의 수량을 내었음) 등이 있다.

(5) 통일형 품종 쇠퇴시대(1980~1990)

① 경제발전에 따른 품질, 특히 밥맛에 대한 선호도가 낮아 1980년부터 통일벼 재배면적은 50%로 낮아졌고, 87년에는 19%로 낮아졌다.

② 주요 통일형 품종은 유신, 금강벼, 밀양21호, 밀양23호, 밀양30호 등이 있고 이 시기에 많이 재배된 온대자포니카형은 낙동벼, 아끼바레(추청) 등이었다.

(6) 고품질과 기능성 품종시대(1990~현재)

① 양질미 보급이 증가하고 다용도미가 개발, 보급된 시기로 통일벼는 1991년 4%로 급감하고 1992년 이후에는 농가재배가 거의 없어졌다.

② 주요 품종으로 양질미 조생종으로 오대벼, 진부벼, 진미벼가 있고 중생종으로 일품벼, 장안벼, 화성벼가 있으며 중만생종으로 동진벼, 새추청벼 등이 보급되고 있다.

③ 기능성쌀로 양조용은 양조벼, 직파용으로 대안벼, 거대배미인 오봉벼, 향미품종인 향미1호, 향남벼, 가공용 대립품종인 대립1호, 초다수성(다수성인 통일벼를 개량) 품종인 다산벼, 남천벼, 안다벼, 아름벼, 한마음 등이 있다.

④ 통일찰벼는 여교배육종을 통하여 육성한 품종이고 저아밀로스(9%) 품종인 백진주와 설갱벼는 일품벼의 수정란에 돌연변이원으로 방사선(NMU)를 처리하여 선발된 품종(2002)이다.

⑤ 2006 녹양벼를 효시로 사료용 벼 시대를 열었다. 이후 개발된 목우, 영우, 청우품종은 10a당 총체량으로 2,000kg 이상의 수량이 나온다.

⑥ 탑라이스는 집단재배 및 생산이력제 실시, 품종혼입 방지, 적기 이앙, 적정 포기수 확보, 친환경 재배로 병해충 방제최소화, 엄격한 품질검사기준에 따른 공급, 쌀 품질 유지를 위해 저온저장과 완전미 95% 이상, 토양과 수질을 분석하여 꼭 필요한 비료량만 시비, 단백질 함량을 낮게 하여 식미 향상 등의 조건을 충족한 친환경 고품질 쌀의 브랜드이다.

그림 4-2. 탑라이스 쌀포대 모습

표 4-3. 벼의 기능성 품종 및 가공적성(자료: 2021년 농촌진흥청 홈페이지)

번호	용도	품종수	주요 품종명	가공적성 및 주요 특성
①	다수성	20	남천, 다산, 다산1호, 다산2호, 아름, 안다, 큰섬, 한아름, 한아름 2, 세계진미, 남일, 드래찬, 보람찬, 한마음, 희망찬 한아름3호, 한아름4호, 금강1호	• 통일형 초다수(금강1호 817kg/10a) • 자포니카형 초다수(보람찬 733kg/10a)
②	고아밀로스	7	고아미, 새고아미, 미면, 팔방미, 도담쌀, 새미면, 새로미	• 고아밀로스, 쌀면용, 쌀겔용
③	저아밀로스(찰벼)	24	상주찰, 운백찰, 운일찰, 진부찰, 진설찰, 청백찰, 눈보라, 보람찰, 보석찰, 신선찰벼, 한강찰1호, 해평찰, 화선찰, 동진찰, 백설찰, 백옥찰, 백진주, 백진주1호, 만미, 월백, 설백, 한아름찰, 미호, 미르찰	• 찰벼: 아밀로스가 없어 찰기가 높은 품종 - 전통식품, 떡, 한과 등 • 중간찰벼:아밀로스(9~13%) - 김밥, 현미밥(당뇨식) • 통일형 찰벼: 다수성 찰벼
④	유색미	19	적진주, 홍진주, 건강홍미, 조생흑찰, 조은흑미, 흑진주, 선향흑미, 흑광, 흑설, 보석흑찰, 청향흑미, 흑남, 흑수정, 흑진미, 다홍미, 진흑찰	• 흑색 및 적색미 • 현미 혼반식 • 노화억제, 항산화작용 • 천연색소용(화장품, 과자 등)
⑤	향미	9	설향찰, 미향, 아량향찰, 향남, 향미벼1호, 향미벼2호, 아로미, 드래향, 향열	• 향에 의한 식미증진 • 혼반용, 떡 및 식혜 가공용 등
⑥	기능성	1	영안벼	• 어린이 성장, 리신(lysine) 함량(4%) 높음 • 영양식, 유아이유식
		1	고아미4호	• 빈혈예방, 철분, 아연 등 고함유(41~67%)
		2	고아미2호, 고아미3호	• 다이어트, 난소화성전분 고함유 • 밥쌀용으로는 부적당
		4	큰눈, 눈큰흑찰, 눈큰흑찰1호, 큰품	• 쌀눈 크기 3배, GABA 고함유 • 발아현미, 혼반용, 혈압강하
		2	건양미, 건양2호	• 신장병 환자식, 저글루테린
⑦	쌀가루	4	한가루, 신길, 미시루, 바로미	• 연질 특성의 쌀가루 품종 • 건식 및 습식 제분에 의한 쌀가루 생산
⑧	양조용	2	설갱, 양조	• 연질미, 쌀에 공극이 많음, 양조용
⑨	튀김, 양조용	1	대립벼1호	• 쌀알 크기 1.5배의 대립종, 대립미
⑩	당질미	1	단미	• 단맛이 나는 쌀, 쌀과자, 음료 등
⑪	현미용	1	보드라미	• 호화 잘 되고 부드러운 물성, 현미밥용
⑫	밭벼	2	농림나1호, 상남밭벼	• 밭재배 가능, 찰벼
⑬	사료용	10	녹양, 목우, 목양, 녹우, 영우, 조농, 청우, 미우, 조우, 고우	• 조사료용, 고바이오매스, 목우 품종의 수량은 총체량으로 2,059kg/10a이었다.

(7) 사료용 벼품종

① 최근에는 우리나라와 일본 등에서 사료용 쌀에 대한 수요가 증가하여 이에 대한 벼 품종 육성이 많이 이루어지고 있다.

② 사료용 벼는 사료용 쌀, 사료용 총체벼(whole crop silage, WCS), 볏짚 등으로 나눌 수 있다.

표 4-4. 우리나라 사료용 벼의 품종과 특성

번호	품종명	육성 년도	총체건물수량 (kg/10a)	주요 특성
①	녹양	2006	1,652	중만생, 후기녹체성, 내탈립, 내도복성, 흰잎마름병저항성
②	목우	2009	2,059	만생, 후기녹체성, 내도복성, 복합내병성
③	목양	2010	1,770	중만생, 내도복성, 바이러스병(줄무늬잎마름병, 오갈병)저항성
④	녹우	2014	1,646	중만생, 총체건물수량 양호, 저온발아성, 초기신장성 양호
⑤	영우	2015	2,000	중만생, 총체건물수량 높음, 복합내병충성, 저온발아성, 등숙비율 양호
⑥	조농	2016	1,476	조생, 곡실 및 총체사료용, 줄무늬잎마름병 저항성
⑦	청우	2016	2,057	만생, 총체건물수량 높음, 복합내병충성,내도복성, 저온발아성
⑧	미우	2017	1,988	중만생, 총체건물수량 높음, 사료가치우수, 저온발아성, 고아밀로스
⑨	조우	2018	1,817	준조생, 내냉성, 내도복성, 탈립성 중강, 줄무늬잎마름병 저항성
⑩	고우	2019	1,820	중만생, 강모가 없는 매끄러운 잎 및 종실, 내도복성

표 4-5. 일본의 사료용 벼 재배면적 추이

항목	1995	2000년	2006년	2010년	2016년	2022년
면적(ha)	23	502	5,182	15,939	91,000	142,000

2) 품종 육성현황

(1) 국립종자원 목록

① 우리나라 벼품종은 국가품종목록에 등재되어 국립종자원 홈페이지(www.seed.go.kr)에서 확인이 가능하다.

② 품종들은 숙기별로 다양하며 고품질, 특수지역 적응품종, 가공특수미, 초다수품종, 밭벼 등 용도별로 다양하다.

표 4-6. 주요품종의 특성표

순번	품종명	육성년도	용도	수량(kg/10a)	특성
①	낙동벼	1975	밥쌀용(양질)	498	내만식성, 줄무늬잎마름병에 강함
②	녹양벼	1991	사료용(총체)	1652	후기녹체, 내탈립, 내도복성, 흰잎마름병, 줄무늬잎마름병에 강하나 도열병에 약함
③	농안벼	1993	밥쌀용 (직파재배)	503(이앙재배) 476(건답직파)	소얼수중, 직립초형, 내도복성
④	다마금	1908	밥쌀용	135(추정치)	농가 선발
⑤	다산벼	1995	가공용(통일형)	677	도열병, 흰잎마름병, 줄무늬잎마름병에 강함
⑥	밀양23호	1976	밥쌀용 (통일형, 양질)	576	직립초형, 내도복성, 줄무늬잎마름병에 강함, 맑은쌀
⑦	삼광벼 (충남)	2003	밥쌀용 (최고품질)	569	중만생종으로 벼멸구, 오갈병에 약하나 도열병, 흰잎마름병, 줄무늬잎마름병에 강함
⑧	신동진벼 (전북)	1999	발쌀용	596	중만생종, 중대립종, 내냉성이 강하고 도열병과 벼멸구에 약하나 수량이 많음
⑨	오대벼 (강원)	1983	밥쌀용	460	극조생종, 병충해에는 약하나 저온발아성과 내냉성이 강함, 불시출시에 약함
⑩	일품벼 (경북)	1990	밥쌀용 (고품질)	535	중만생종으로 고품질, 고배아미쌀로 도열병, 오랄병, 벼멸구에 약함, 직립초형, 내도복성
⑪	조동지	재래종	밥쌀용	135(추정치)	1988년 여주농가에서 선발
⑫	중생은방주	1938	밥쌀용	200(추정치)	은방주에서 순계분리한 중생종
⑬	청품벼	2015	밥쌀용(최고품질)	536	도열병, 흰잎마름병, 줄무늬잎마름병에 강함
⑭	추청벼	1969	밥쌀용	547	중만생종으로 내도복성이나 도열병, 오갈병, 벼멸구에 약함, 외관품위, 밥맛우수(단백질 함량 6.6%), 도정수율 높음
⑮	통일벼	1971	밥쌀용	449	단간수중, 직립초형, 내비성, 내도복성
⑯	팔달벼	1944	밥쌀용	300	내냉성이 강함
⑰	하이아미벼	2008	밥쌀용	538	필수아미노산 8종 고함유(화성벼 대비 131%)
⑱	향미1호벼	1993	식미증진용	493	통일형, 줄무늬잎마름병에 강함
⑲	화성벼	1985	밥쌀용(양질)	493	반수체육종(약배양), 직립초형, 줄무늬잎마름병에 강함
⑳	흑진주벼	1998	식미증진용 (흑자색)	405	극조생종이나 저온발아성은 낮음, 반수체육종(배배양), 안토시아닌 함량이 높음

*품종명의 괄호는 주요 재배 지역으로 2022년 현재 신동진벼가 전북을 기반으로 전국에서 가장 많이 재배됨

3) 종자 보급

(1) 종자 보급체계

① 우리나라는 1997년 12월 31일 종자산업법이 발효되어 식물신품종 보호제도를 담고 있는 국제식물신품종보호동맹(UPOV, 2002년 가입, 육종가의 권리보호) 협약기준에 맞도록 종자관리를 하고 있다.

② 모든 농작물은 재배연수가 경과하면 종자가 퇴화되어 품종 고유 특성을 유지하기 어렵고, 또 병충해 등에 감염되어 생산성이 저하되므로 일정한 주기마다 종자를 갱신해야 한다(벼는 4년 1기).

③ 보급 현황(2021년 기준)을 보면 보급종 품종수 29품종(메벼 26품종, 찰벼 3품종), 보급종자 총량 1만5,063톤, 보급종의 종자는 2022년부터는 미소독 종자로 공급한다.

④ 종자갱신율은 한국 60%, 일본 70%, 미국 캘리포니아는 거의 100%이다.

⑤ 교배육종 과정을 보면 교배→F_1(잡종1세대) 양성→F_2(잡종2세대) 전개와 개체선발→계통육성과 특성검정→생산성 검정시험→지역적응성 검정시험→품종결정 및 등록→종자증식→농가보급의 단계를 거친다.

(2) 벼 종자 공급체계 증식단계 생산기관 특징

① 기본식물은 국립식량과학원, 각 대학이나 육종회사가 품종을 육성하고 생산한 것이다.

② 원원종은 각도 농업기술원에서 기본식물 종자를 기반으로 증식(생산사업비는 국립종자원에서 보조)하여 생산한다.

그림 4-3. 벼 유전자원 포장의 다양한 특성을 갖는 벼의 모습

③ 원종은 각도 원종장에서 원원종 종자를 증식(생산사업비는 국립종자원에서 보조)한 것이다.
④ 보급종은 국립종자원의 원종 종자를 증식하여 농가에 공급할 종자를 생산한 것이다.

(3) 채종기술

① 종자용 벼는 지력이 좋은 논에서 재배하되 원종을 종자로 1주1모로 심어 이형주를 제거하고 다른 품종의 혼입을 방지하여 생산한다.
② 질소질 비료를 적게 주어 등숙이 좋아지도록 하며 종자소독과 병충해 방제를 철저히 하고 보통재배보다 약간 일찍(황숙기) 수확한다.
③ 화력건조를 하는 대신 자연건조를 하며 탈곡기의 회전수는 분당 300회 이하로 하여 종자의 손상을 최소화한다.

제2절 벼의 육종과 생리생태적 특성

1. 벼의 주요 특성

1) 조만성(earliness)

① 벼 품종에서 숙기가 빨라지거나 늦어지는 특성을 말한다.
② 극조생-조생-중생-중만생-만생-극만생 등으로 구분된다.
③ 조만성은 재배지역이나 재배시기를 결정하는 데 매우 중요하며 육종목표 중의 하나이다.
④ 조만성의 차이는 생식생장기간은 품종 간 차이가 거의 없기 때문에 주로 영양생장기간의 장단에 좌우된다.
⑤ 영양생장기간은 주로 감광성이 크게 작용한다.

표 4-7. 숙기별 2022년 보급종 품종표

숙기 구분(개수)	품종명(주요 재배 지역)
조생종(6)	고시히카리, 오대(강원), 오륜, 운광, 조명1호, 해담쌀
중생종(4)	맛드림, 하이아미, 해품, 보람찰
중만생종(17)	대안, 미품, 삼광(충남), 새누리, 새일미, 새청무(전남), 신동진(전북), 영호진미(경남), 일미, 일품(경북), 참드림(경기), 추청, 친들, 현품, 영진, 동진찰, 백옥찰

*품종명의 괄호는 주요 재배 지역임.

(1) 기상생태형

① 기상생태형은 기상조건인 일장과 온도에 의해 생장(영양) 상이 발육(생식) 상으로 전환되는 것이므로 상적발육설이라고도 한다.

② 생육 시 온도 및 일장에 대한 출수 개화반응을 기초로 하여 작물의 품종군을 나누어 구분한 것이다.

③ 알파벳 문자가 대문자(BLT)이면 나타나는 것이고 소문자(blt)면 나타나지 않는 것이다.

표 4-8. 기상생태형 분류표

기상생태형 구성요소	관련내용	나타나는 지역	품종특성
기본영양생장성 (basic vegetative growth, B)	• 작물이 출수, 개화에 알맞은 온도와 일장에 놓이더라도 일정한 정도의 기본생장을 하지 않으면 출수 개화에 이르지 못하는 성질이다. • 기본영양생장성이 크고 작은 정도로 최소엽수는 기본영양생장성의 정도를 의미한다.	동남아와 같은 저위도 지역에서 크게 나타남 (Blt)	통일형 품종
감광성 (photosensitivity, L)	• 식물이 일장환경, 주로 단일식물이 단일 환경에 놓이면 출수 개화가 촉진되는 성질이다. • 감광성 정도는 단일 환경에서 출수 개화가 촉진되는 정로로 표시한다.	우리나라 남부 평야지역에서 크게 나타남(bLt)	만생종
감온성 (thermosensitivity, T)	• 생육적온에 이르기까지는 저온보다 고온에 의하여 작물의 출수 개화가 촉진되는 성질이다. • 감온성 정도는 온도가 높아짐에 따라 출수 개화가 촉진되는 정도로 표시한다. 감온성은 생육온도와 관련된 성질로서 버널리제이션과는 직접적인 관련이 없다.	우리나라 중위도 산간 지역에서 크게 나타남 (blT)	조생종
감광성과 감온성 혼재형	• 식일장과 온도가 상호적으로 영향을 끼치는 경우이다.	우리나라 고위도 지역에서는 감온성과 감광성이 모두 낮게 나타남(blt)	극조생종

(2) 화아분화와 생태형

① 벼 품종은 기본영양생장형, 감광형, 감온성을 모두 지니고 있으나 그 비율은 품종마다 다르다.

② 조생종은 감광성보다 감온성이 상대적으로 크고, 만생종은 감온성보다 감광성이 크다.

③ 열대지방인 동남아시아 저위도 지역은 기본영양생장성이 크고 감광성이 매우 둔한 품종이 분포한다.

④ 고위도 지방이나 한랭지에는 수량은 적지만 생육기간이 짧은 조생종이 알맞다.

(3) 기상생태형의 적용

① 적도지역에 적응하는 기본영양생장형 품종을 우리나라 남부평야지역에 재배하면 출수가 지연되어 등숙 장해가 발생할 수 있다.

② 우리나라의 남부평야지역에 적응하는 만생종 벼를 북부산간지역에 재배하면 저온에 의한 피해가 발생한다.

③ 우리나라의 북부산간지역(blt)에 적응하는 기상생태형의 벼를 남부평야지역에 재배하면 고온에 반응하여 조기 출수개화하게 된다.

④ 우리나라의 남부평야지역에 적응하는 기상생태형의 벼를 적도지역에 재배하면 고온과 단일에 반응하여 일찍 출수개화를 하게 된다.

2) 수량성(yield potential)

① 벼의 수량은 환경과 재배기술의 영향을 받지만 품종 고유의 유전적 특성도 크게 영향을 미치는데 광합성의 유전력이 그다지 높지 않으나 광합성능력이 높고 이삭으로의 전이효율이 늦으며 호흡소모가 적어야 수량이 높아진다.

② 수량과 품질은 부의 상관관계가 있어서 수량이 높은 품종은 대체로 품질이 낮은 경향을 갖는다.

③ 초다수성 품종(670~740kg/10a)에는 인다벼, 다산벼, 남천벼, 아름벼, 남일벼 등이 있다.

④ 높은 수량성 갖는 또다른 이유는 등숙기의 야간온도가 열대지역보다 온대지역에서 낮기 때문에 호흡으로 인한 탄수화물 소모가 적으며 열대지역에 비하여 온대지역에서 대체로 등숙기간이 길다.

3) 초형(plant type)

벼의 키, 분얼수와 분얼경의 개도, 엽각, 잎의 직립성, 이삭수 및 이삭의 대소 등을 종합적으로 나타내는 성질도 초형이 달라지면 광합성을 위한 수광능률, 재식밀도, 비배관리 조건이 달라지게 된다.

표 4-9. 수중형과 수수형의 품종비교

번호	구분	수수형 품종	수중형 품종
①	초세	줄기가 가늘며, 뿌리는 천근성이고 뿌리 수가 많다.	초세가 장대하고, 뿌리는 심근성이다.
②	분얼	분얼이 많아서 이삭수가 많지만 이삭이 작고 가벼우며 종실 크기도 작다.	키와 이삭크기가 크고 무거우나 이삭수는 적다.
③	재배	이삭수를 많이 확보해야 다수확이 가능하므로 난지 비옥답 또는 다비재배에 알맞고 분얼비의 효과가 크다.	키가 커서 도복에 약한 편이므로 비옥지나 다비재배에는 적합하지 않다.
④	적용 지역	척박지에서는 이삭수를 확보하기 어려워 수량을 많이 내기 어렵다.	이삭수를 확보하기 어려운 척박지나 소비 재배, 만식재배, 밀식재배에 알맞다

4) 품질(quality)

① 벼의 품질도 품종 고유의 유전적 특성으로 품질에는 다수유전자가 관여하며 환경 영향이 커서 육종효율은 상대적으로 높지 않다.

② 종실의 품질유전은 주동인자와 미동인자가 관여하는 연속변이의 양적형질이고 정도와 작용방향이 일정하지 않고 환경과 상호작용이 강하다.

③ 심복백미의 유전은 투명립이 우성이나 환경 영향이 크고 입형과 밀접한 관련이 있다.

④ 전분의 유전성은 찰성(wx)이 메성(Wx)에 대해 단순열성이고 고아밀로스는 저아밀로스에 대해 불완전우성이다.

⑤ 단백질 함량은 우성효과와 상가적 효과가 모두 나타나고 유전력은 매우 낮아 선발효율이 낮다.

⑥ 벼의 향기 관련 유전자수는 다수이고 품종과 환경에 따른 차이가 크며 크세니아현상(화분의 형질이 바로 나타나는 것) 등이 관여하여 유전양상이 복잡하다.

5) 식미(palatability)

① 고품질 쌀 품종의 특성은 내도복성, 내병성, 내비성을 갖춘 다수확 품종을 다비재배하면 수량은 증가하지만 식미는 나빠진다.

② 식미가 좋은 품종은 유전적으로 키가 크고 줄기가 약하여 도복되기 쉽고 병해에 약한 특징이 있다.

③ 망상구조가 발달하지 않고 전분세포막에 단백질 과립이 많이 축적되면 밥맛이 떨어지게 된다.

④ 단백질 과립이 많으면 밥을 지을 때 전분이 잘 팽창되지 않고 찰기가 적어 밥맛이 떨어진다.

6) 초장(plant height)

① 초장은 영양생장기에 지면으로부터 최상위엽(지엽) 끝까지의 길이이다.

② 간장은 성숙기에 지면으로부터 수수절까지의 벼 줄기 길이이다.

③ 간장은 줄기의 절(마디)과 절간으로 이루어지고 이들의 개수, 길이, 굵기 등은 품종과 시비등 재배조건에 따라 달라진다.

④ 간장과 초장은 도복과 밀접한 관련이 있고 광합성과 호흡기관인 잎과 줄기의 양과도 관계가 크다.

⑤ 이삭의 길이는 수장이라고 하며 보통 20cm 내외이다.

7) 저온발아성(low temperature germinability)

① 벼의 발아최저온도는 8~10℃이나 일반적으로 12~13℃가 한계이다.
② 우리나라처럼 고위도지역 품종이 저위도지역인 필리핀 품종보다 저온발아성이 높다.
③ 벼 생태형 간 차이는 온대자포니카 품종이 인디카품종보다 저온발아성이 양호하다.
④ 통일형 품종은 온대자포니카 품종보다 저온발아온도가 2~3℃ 높다.
⑤ 고위도 지역에서 고랭지 재배, 온대지방에서 조기육묘 시 저온발아성이 높은 품종이 유리하다.

8) 탈립성(shattering habit)

① 탈립성은 성숙기에 결실되면서 이삭줄기에서 종실이 떨어지기 쉬운 성질을 말한다.
② 품종 간 차이를 보면 인디카 품종이 온대자포니카 품종보다 탈립성이 강하다.
③ 통일형 품종이 온대자포니카 품종보다 탈립성이 강하다.
④ 이삭 내에서는 선단부 종실이 밑부분보다 탈립되기 쉽다.
⑤ 수확 시의 탈립성 높은 것은 콤바인과 같은 기계수확에는 알맞은 특성이다.
⑥ 성숙기에 우박, 폭풍우를 맞으면 수확 손실이 크고 인력으로 수확하면 수확, 건조, 운반 과정에서 손실이 많다.

9) 수발아성(premature sprouting)

① 수발아성은 결실기에 종실이 이삭에 달린 채로 싹이 트는 성질을 말한다.
② 발생조건은 출수 후 25일 이상 된 벼가 태풍 등으로 도복되었을 때 고온다습 조건에서 발생한다.
③ 일반적으로 20℃ 이상, 5일간 강우가 지속되면 수발아 가능성이 높아지고 도복으로 침수될 경우에도 수발아를 하기 쉽다.
④ 배수가 불량하고 통풍이 안 되는 산간곡답에서 특히 발생이 심하다.
⑤ 최근 기상이변으로 가을 강우가 빈번해지면서 수발아 발생이 증가하고 있다.
⑥ 수발아성과 종실 휴면의 관계는 대체로 성숙이 빠른 품종이 늦은 품종보다 수발아성이 강하고 조생종이 만생종보다 수발아성이 강한 경향이 있다.

10) 직파적응성(direct seeding adaptability)

① 직파적응성은 이앙하지 않고 볍씨를 직접 논에 파종하여 재배하는 데 알맞은 특성이다.
② 깊은 물속에서도 발아와 출아가 양호하고 내도복성, 강한 저온발아력, 빠른 초기생장력이 요구된다.

11) 묘대일수감응성(sensitivity to nursery period)

① 묘대일수감응성은 못자리일수가 길어지거나 고온에서 육묘한 모를 이앙하면 활착 후 곧 왕성하게 분얼하면서 분얼이 몇개 되지 않은 채 주간만 출수하는 성질로 묘대일수감응성은 감온형이 크고 기본영양생장형은 작다(BIt<bLt<blT).

② 불시출수 현상은 조생종을 늦게 이앙할 때 발생하기 쉽다. 이럴 경우 이상생육을 하게 되므로 출수가 고르지 못하고 수량과 품질이 저하된다.

12) 내도복성(lodging tolerance)

① 내도복성은 줄기가 부러지거나 굽어지는 도복에 잘 견디는 성질이다.

② 성숙기에 이삭이 무거워져 강우나 태풍에 쓰러지기 쉬우므로 내도복성은 다수확을 위해서 필요한 특성이다.

③ 도복은 품종, 환경, 재배조건의 영향을 받는데 일반적으로 단간품종이 도복에 강하다.

그림 4-4. 심하게 도복이 된 중생은방주의 사진(서울대 육종포장, 2021)

13) 내비성(adaptability for heavy fertilizer)

① 내비성 품종은 질소와 같은 비료를 증시해도 질소동화작용이 잘 이루어지고 생육이 저해되거나 수량이 낮아지지 않는 특성이다.

② 좁은 의미의 내비성은 생리적인 질소동화능력만 의미한다. 넓은 의미의 내비성은 질소(N)의 다비조건에서 병충해에 걸리지 않으며 도복되지 않는 특성도 포함된다.

③ 근년에 육성된 다수확 품종은 대부분 질소(N) 비료를 주는 조건에서 수량이 증가하는 내비성 품종이다.
④ 내비성 품종은 대체로 초장이 짧고 잎은 직립하며 수광태세가 좋은 초형이다.

14) 내병성(disease resistance)

① 내병성은 병균의 침입에 저항하는 작물체의 성질이다.
② 침입저항성은 병원균이 작물에 침입을 저지하는 것이고 확산저항성은 일단 침입되어도 조직 내에서 확산을 저지하는 성질이다.
③ 잠복감염으로 병원균이 침입해 들어와 있어도 병징이 나타나지 않는 경우이다.
④ 내성(tolerance)은 병징이 나타나도 실제로는 피해가 경미한 경우이다.

15) 내충성(insect resistance)

① 해충저항성은 해충의 침입에 저항하는 작물체의 성질이다.
② 내충성 품종 간 차이는 형태, 화학물질, 색깔 등에 의하는데 이는 해충에 대한 비선호성, 내성 등이다.
③ 저항성 품종이 보급되어도 곧 새로운 이병성 개체가 출현하는 것을 저항성 상실이라고 한다.

16) 내냉성(cold tolerance)

① 내냉성은 벼 생육기인 여름철에 저온(냉해)에 대한 저항성 정도이다.
② 벼의 냉해 발생은 전 생육기간에 걸쳐 저온에 의해 피해를 입는다.
③ 벼의 내냉성은 생육단계별로 달라서 품종육성이 쉽지 않다.
④ 벼의 내냉성은 산간고랭지, 한랭지, 고위도 지역, 조기재배, 만기재배에서 중요한 특성이다.

17) 내건성(drought tolerance)

① 내건성(내한성)은 가뭄, 즉 건조에 견디는 성질이다.
② 내건성은 벼의 형태적, 조직학적, 생리적 특성에 의하여 나타난다.
③ 한발이 빈번히 나타나는 수리불안전답에서 중요시해야 할 품종특성이다.

18) 내염성(salt tolerance)

① 내염성은 염분에 대한 저항성이다.
② 간척지나 장기간동안 염류가 축적된 염류토양에서는 내염성이 높은 품종을 선택해야 한다.

2. 품종개량의 방향

1) 육종방향

① 우리나라는 고품질성으로 찰기가 있고 저작감이 좋으며 윤기가 흐르고 구수한 향기가 나는 쌀밥을 선호하므로 고식미 방향으로 개량돼야 한다.

② 초다수성으로 벼의 수광태세를 개선하고 잎의 동화능력을 증대하는 등 광합성 효율을 개선한 품종이 바람직하다.

③ 복합내병충성으로 농약사용을 최소화하려면 병해와 충해에 두루 저항성인 복합내병충성을 지닌 품종 개발이 필요하다.

④ 환경 내성에 강한 품종으로 이상기후와 환경오염과 같은 환경스트레스에 복합적으로 저항성을 갖추도록 해야 한다.

⑤ 기능성으로 다양한 용도에 맞게 활용할 수 있는 품종이 개발되어야 한다.

⑥ 건강을 증진하는 항산화성분을 함유한 쌀, 특정 아미노산이나 무기성분을 보강한 특수성분 함유 쌀, 특별한 색과 향을 지닌 유색미 및 향미, 특별히 길거나 작은 쌀, 거대배아미 등으로 다양성이 증대되어야 한다.

2) 품종 선택 시 유의사항

① 고수량, 고품질로 각 지역의 환경에서 적정 수량성과 고품질을 나타내는 품종을 선택한다. 품종별 재배특성에 대한 정보를 국립종자원이나 농촌진흥청에서 활용한다.

② 직파재배 시 저온발아성, 담수발아성, 초기신장성이 크며 뿌리가 깊게 뻗고 키가 작아 도복에 강한 품종을 선택한다.

③ 답리작 시 단기성 품종 또는 만식적응성이 강한 품종을 선택한다.

④ 기능성 및 가공용 특수미 품종을 선택 시 판로확보에 유의하여 사전에 수요조사를 하고난 이후에 가공업체와 계약재배로 생산하는 것이 좋다.

⑤ 가뭄 상습발생지는 적파만식 적응성이 강한 품종을 선택한다.

⑥ 신품종 선택 시는 적응지역, 추천시비량, 병해충 등 재배특성을 면밀히 검토한다.

⑦ 도시 근교, 도로변, 공장 주변 등 야간 점등지역은 출수지연 등의 피해를 예방하기 위해 중만생종을 피하고 조생종을 선택하여 재배한다.

⑧ 해당 지역의 장려품종 중에서 출수기가 다른 2~3개 품종을 시차를 두고 재배하여 농기계 이용효율을 높이고 적기수확을 하며 각종 재해를 분산시킨다.

제5장
벼의 재배환경

앞 장에서 품종을 공부하였지만 결국은 그 지역과 국가의 자연환경이 중요하다. 환경의 극복은 어느 정도는 가능하지만, 지속성과 효율성이라는 측면에서 결국 육종도 환경적응성을 증대하는 쪽으로 가는 것이 필요하다. 물론 재배기술로도 자연환경을 극복할 수 있지만, 이 또한 자연환경에 순응해야 한다. 우리나라는 전통적인 벼 재배국가이다. 이는 수자원이 풍부하고 고온다습한 기후 조건은 벼를 주 작물로 재배하기에 적절했다. 많은 작물이 있지만 벼와 보리, 콩보다 더 우리나라 재배환경에 잘 맞는 것이 거의 없다. 상호보완적이기도 하면서 기후 조건에 잘 맞았기에 오랜 시간 동안 다양한 농사기술을 발전시켜 왔다. 이번 제5장에서는 기상과 토양환경에 대해 살펴본다.

제1절 기상 환경

1. 기상 환경과 벼재배

1) 온도

① 우리나라는 상대적으로 고위도지역이고 산지가 많아 저온이 벼의 안정적 재배에 큰 제약요인이 된다.

② 벼의 생육은 생리화학적 과정의 결과로 나타나는 것이고 이때 효소의 역할이 중요한데 이는 온도의 지배를 크게 받는다.

③ 벼 생육은 품종, 온도, 광도, 연령, 영양상태 등에 따라 달라진다.

④ 벼의 최저온도는 10℃, 최적온도는 25~35℃, 최고온도는 40℃로 이보다 높거나 낮은 온도에서는 생육이 악화된다.

⑤ 적산온도는 생육기간 중 일일 평균기온의 합으로 지역과 품종에 따라 다르나 일반적으로 벼는 2,500~4,500℃ 정도이다.

⑥ 일교차는 최저기온이 한계온도 이하로 내려가지 않는 한 일교차가 클수록 분얼발생이나 등숙에 유리하다.

⑦ 분얼기에는 벼의 생장점이 아직 수중에 있으므로 초기생육은 기온보다 수온의 영향을 더 크게 받는다.

⑧ 유수형성기~수잉기는 절간신장으로 생장점의 위치가 수면 근처로 올라오므로 기온과 수온의 수량에 대한 영향은 비슷한 수준이 된다.

⑨ 등숙기에는 벼의 주요 부위가 대부분 지상에 존재하므로 수온보다 기온의 영향을 더 크게 받는다.

2) 광도

① 일사가 강할수록 군락의 내부의 잎에까지 광이 도달하여 광합성이 잘되고 건물축적이 많아 수량이 증가한다.

② 벼는 최고분얼기 이후에 질소비료를 많이 주면 지상부가 과번무되어 군락광합성이 오히려 저하되어 수량이 낮아진다.

③ 군락광합성은 일사량의 단독 작용보다 온도와 상호작용의 영향이 크게 나타난다.

④ 군락상태에서 생육적온 범위에서는 온도가 높고 광도가 높을수록 광합성이 증가한다.

⑤ 온도가 생육적온보다 높으면 광도가 높을수록 오히려 광호흡 등으로 광합성이 저하된다.

⑥ 일장(밤낮의 길이)은 감광성에 영향을 미쳐 출수를 결정하는데 벼는 단일조건에서 출수가 빨라진다.

3) 수분

① 벼는 환경수로서 물이 충분해야 이앙 후 활착이 잘되고 생육이 양호하며 병충해에 강해지고 잡초발생도 적어진다.

② 벼논은 물이 충분히 있어야 써레질, 경운, 정지, 이앙작업이 용이하다.

③ 자연강우에 의존하던 천수답 시대는 봄철 강우가 최대 제한요인이었지만 관개시설이 잘되어 있는 지금은 관개수만 충분히 공급되면 강우가 없는 편이 오히려 일사량이 많고 기온이 높아지며 습도는 낮아져 증산작용에 유리하여 수량이 증가한다.

④ 강우가 지나치게 잦고 많으면 광합성이 잘되지 못하여 벼가 연약해져서 병충해에 약해지고 도복하기 쉬우며 등숙기에는 수발아 위험도 있어 수량이 낮아지기 쉽다.

4) 대기

① 최고분얼기~등숙초기까지 과번무한 군락내부는 통풍이 잘되지 않아 이산화탄소(CO_2) 부족으로 광합성이 제한된다.

② 벼는 CO_2를 다량 흡수하므로 생육이 왕성할 때는 군락내부에 일시적으로 CO_2가 부족하기 쉽다.

③ 약한 바람(미풍)은 신선한 공기 중의 이산화탄소(CO_2)가 군락내부로 잘 공급되어 주변효과(border effect)로 광합성이 촉진된다.

④ 미풍은 공기 중 습도를 낮추어 증산작용을 조장함으로써 양분의 흡수를 증가시키며 병충해를 감소시켜 생육에 유리하다.

⑤ 강풍은 식물체에 스트레스를 주어 기공을 닫게 하고 기계적 손상을 주어 병균침입을 쉽게 한다.

⑥ 지나치게 강한 바람은 개화와 수분을 방해하고 심하면 도복 피해를 입힌다.

⑦ 출수기 전후에 고온건조한 바람이나 강풍이 불면 이삭이 하얗게 말라죽는 백수현상이 발생한다.

5) 계절별 기상과 벼농사

(1) 봄

① 일사량은 충분하나 강우량이 부족하여 가뭄이 발생하기 쉽다

② 천수답이나 수리불안전답에서는 물이 모자라 적기에 이앙이 어렵다.

③ 한랭지에서는 발아기와 못자리기(묘대기)에 물을 댈 수 없어 간혹 저온피해가 우려된다.

(2) 여름

① 고온이고 비가 많이 내리는 장마철에는 일사량이 부족하기 쉽다.

② 고온과 일사량 부족으로 호흡이 많아지면 벼가 연약해지기 쉽고 순광합성량의 감소로 건물축적에 불리하다.

③ 건물생산량의 감소는 약세분얼, 영화의 퇴화로 이어져 수량이 감소한다.

(3) 가을

① 우리나라의 가을철에는 일사량은 충분한 편이나 비교적 저온이다.

② 기온의 일교차가 커서 야간에는 호흡이 감소하여 등숙에 유리하다.

③ 산간고랭지나 모내기가 늦어 출수가 지연된 곳은 가을에 기온이 일찍 낮아지면 저온피해가 나타나기도 한다.

(4) 지구온난화의 영향

① 지구온난화(grobal warming)로 벼의 초기 생육은 물론 결실기인 가을 평균기온이 약 2~3℃ 높아져 유리할 수 있다.

② 우리나라는 1995년 이후 국지적인 이상기상이 자주 나타나 기상변이가 커지고 있다.

③ 기존의 기후조건과 차이가 발생하여 벼 생산에 불안정성이 증가하고 있다.

④ 고온으로 병충해의 발생빈도가 증가하고 심해진다.

6) 우리나라의 벼농사에 영향을 미치는 기단

① 고위도 해양인 오호츠크해에서 발생한 오호츠크해 기단은 냉량하고 습윤한 기단으로 늦봄과 초여름 사이에 태백산맥을 넘으면서 영서 지방에 높새바람(푄현상)을 일으키며 북태평양 기단과 만나 장마 전선을 형성한다. 높새바람은 고온 건조하여 모내기 시기에 가뭄으로 벼농사에 피해를 준다.

② 저위도 해양인 북태평양 해상에서 형성된 북태평양 기단은 고온 다습한 기단으로 무더운 여름철 기후에 영향을 주고 한랭 습윤한 기단인 오호츠크해 기단과 함께 장마 전선을 형성한다. 북태평양 기단의 영향을 강하게 받으면 우리나라에는 무더위가 지속되어 벼의 재배에 유리한 기후 조건을 제공하여 준다.

③ 적도 해양에서 발생하는 적도 기단은 고온 다습한 기단으로 여름에 확장되는데 이 기단의 영향을 받게 되면 더위가 더욱 심하고 태풍(열대성 저기압으로 강한 바람과 비를 내림)을 동반하여 많은 피해를 주고 있다.

④ 양쯔강 기단은 저위도 대륙인 중국 남부 내륙에서 발생하여 우리나라로 이동하는 온난 건조한 기단으로 시베리아 고기압의 일부가 변형된 것이다. 즉 시베리아 기단이 약화되는 봄과 가을에 3~4일의 간격을 두고 이동성 고기압으로 우리나라에 발생하면 따뜻하고 건조한 날씨가 계속되어 가을철 벼의 수확에 유리하다.

7) 기상조건과 벼 품질

(1) 고품질 쌀 생산지역의 기상조건

① 벼 생육기간 특히, 결실기에 평균기온이 너무 높지 않고 주야간 일교차가 커야 한다.

② 일조시수가 길고 상일사량이 많으며 대습도가 낮은 지역이 유리하다.

(2) 고품질 쌀 생산과 이앙시기

① 우리나라에서 이앙 적기는 5월 20일 전후로 이는 일찍 이앙하여 안전출수한계기 이내에 출수시켜 안전하게 등숙시키는 것이 다수확에 유리하다.

② 지구온난화로 고품질 쌀 생산에는 다소 저온이 유리한 점이 있으므로 지나친 조기이앙은 품질을 저하시킬 수 있다.

③ 고품질 쌀을 생산하려면 벼의 생육 적온에서 벼가 등숙되도록 이앙기를 결정하여야 한다.

(3) 등숙적산온도

① 벼 주요 품종의 적산온도는 3,500℃ 내외이고 등숙적산온도(출수후 적산온도)는 1,000~1,100℃ 정도이다.

② 수량은 등숙적산온도가 높을 때 유리하고 식미는 등숙적산온도가 너무 높지 않은 조건이 유리하다.

8) 온실효과와 벼재배

① 온실효과(green house effect)는 자연적, 인위적으로 발생한 이산화탄소(CO_2), 메탄가스(CH_4), 아산화질소(N_2O) 등에 의한 열흡수 때문이다.

② 벼는 온실효과로 기온이 상승하면 안전출수기 한계기가 지금보다 늦어져 재배 가능지역이 확대된다.

③ 지구온난화로 벼 생육기간이 연장되어 조생종은 중생종으로, 중생종은 만생종으로 표고 700m 이상 산간지에도 일부 조생종 재배가 가능할 것으로 예측된다.

④ 벼 수량은 등숙기의 고온으로 감수가 예상되나 등숙온도에 알맞게 재배시기를 조정하면 증수도 가능하다.

⑤ 환원상태인 논벼는 밭벼보다 수량은 2배 정도 높으나 메탄가스와 이산화탄소 발생량이 많아 이들의 발생량을 줄이는 저탄소 재배기술이 필요하다.

제2절 토양 환경

1. 우리나라 논토양의 일반특성

① 우리나라는 보통답이 32% 정도이고 저위생산답과 사질답(32%), 미숙답(23%), 습답(9%), 염해답(4%) 등으로 약 2/3가 생육이 불량한 논토양이다.

② 등급별 분포로 벼농사에 적합한 면적은 43%이고 나머지는 개량이 필요하다.

③ 토양화학성은 토심이 얕고 pH가 다소 낮으며, 치환성 석회(Ca)와 마그네슘(Mg) 함량도 낮은 편이다.

④ 담수된 논토양은 토양관리가 적절하지 못하면 시비효과가 나타나지 않거나 뿌리 기능이 저하하여 생육과 수량이 감소된다.

⑤ 논토양은 담수로 인해 미생물 호흡으로 산소(O_2)가 소진되면 혐기성 미생물이 번성하여 환원조건이 된다.

⑥ 논토양은 가스교환이 주로 확산으로 이루어지는데 담수 중의 산소(O_2) 이동속도는 공기 중에서 보다 매우 느려 산소부족 상태가 된다.

⑦ 산소(O_2)가 부족하면 토양미생물은 전자수용체를 철(Fe^{3+}) 등 다른 화합물에서 구함으로 산화환원전위(Eh)가 저하(0.6V→0.3V)된다.

⑧ 논토양의 질산태 질소는 암모니아태 질소로 환원되거나 질산환원세균의 작용을 받아 질소가스로 탈질된다.

⑨ 환원조건이나 낮은 토양산도(pH)에서는 황화수소(H_2S), 철(Fe^{2+}) 및 망간이온(Mn^{2+})이 증가하여 벼 뿌리에 해로우며 특히 유기물 시용 시 이러한 경향이 심해진다.

⑩ 논토양이 환원상태가 되면 철의 용해도는 증가하나 인산(P)과 규소(Si)의 유효도는 감소한다.

2. 논에서 무기양분의 동태

1) 담수토양에서의 질소

① 질소는 유기태와 무기태로 존재하는데 논토양에서는 유기태 질소가 주류를 이룬다.

② 유기태 질소는 무기태로 전환이 되어야 흡수가 가능하나 무기태 질소는 식물체가 바로 흡수할 수 있다.

표 5-1. 무논의 특성

번호	항목	내용
①	연작장해가 없음	논은 매년 계속해서 벼농사를 지어도 생산성이 떨어지지 않는다. 이는 담수로 인해 연작장해를 일으키는 병원균이나 해충이 살 수 없고, 작물에 해로운 독성물질이 논물을 따라 흘러가며, 관개수로부터 상당한 양의 양분을 관개수로 공급받기 때문이다.
②	토양이 환원되어 메탄가스 발생	벼 재배 시 담수가 되어 있고, 재배되지 않는 겨울에도 습하여 산소공급이 제한되므로 토양이 환원된다. 이렇게 유기물 분해가 산화적으로 진행되지 못하면 메탄가스(CH_4)를 발생시켜 지구온난화 및 오존층 파괴에 일정부분 책임이 있다.
③	염류집적 방지와 자연생태계 보존	물을 담아두는 무논은 벼농사를 위한 지력보존 시스템을 갖추고 있다. 무논에서 벼농사로 염분이 쌓이지 않아 염류집적을 막아준다. 야생 담수어와 곤충 및 조류의 보호, 자연경관 유지, 보건과 휴양 등의 효과도 있다.

2) 논토양에서 유기태 질소의 변환

① 암모늄화(ammonification)로 유기태 질소는 암모니아화 작용에 의해 암모니아로 변하는 작용이 논토양에서 일어난다.

② 질산화(nitrification)로 암모늄태 질소는 토양 표면의 산화층에서 산화되어 질산태 질소로 바뀌는 작용이 일어난다.

③ 질산태 질소는 음이온이어서 토양교질에 흡착되지 않으므로 토양 속으로 용탈(leaching)된다.

④ 탈질작용(denitrification)은 용탈된 질산태 질소가 환원상태인 심토에서 탈질세균의 작용으로 질소가스로 되어 휘산되는 것을 말한다.

(3) 논토양에서의 질소시비

① 논토양에서는 심층시비(deep placement of fertilizer)를 해야 탈질이 방지되지만 현실적으로 시행하기가 어렵기 때문에 혼층시비를 한다.

② 심층시비가 이상적이나 현실적으로 어려우므로 질소비료를 시비한 후 심경을 하여 비료가 산화층이나 환원층인 토양 속에 고루 섞이도록 하는 전층시비(혼층시비)를 한다.

③ 전층시비나 혼층시비를 하더라도 산화층(표토)은 얇고 환원층(심토)은 두터우므로 질소비료의 손실량은 크지 않다.

④ 논토양에서는 질산태 비료보다 암모니아태 비료를 시용해야 탈질작용을 줄이는데 유리하다.

⑤ 암모니아태 질소를 처음부터 토양 속 환원층에 주면 토양에 잘 흡착되어 비효가 높아진다.

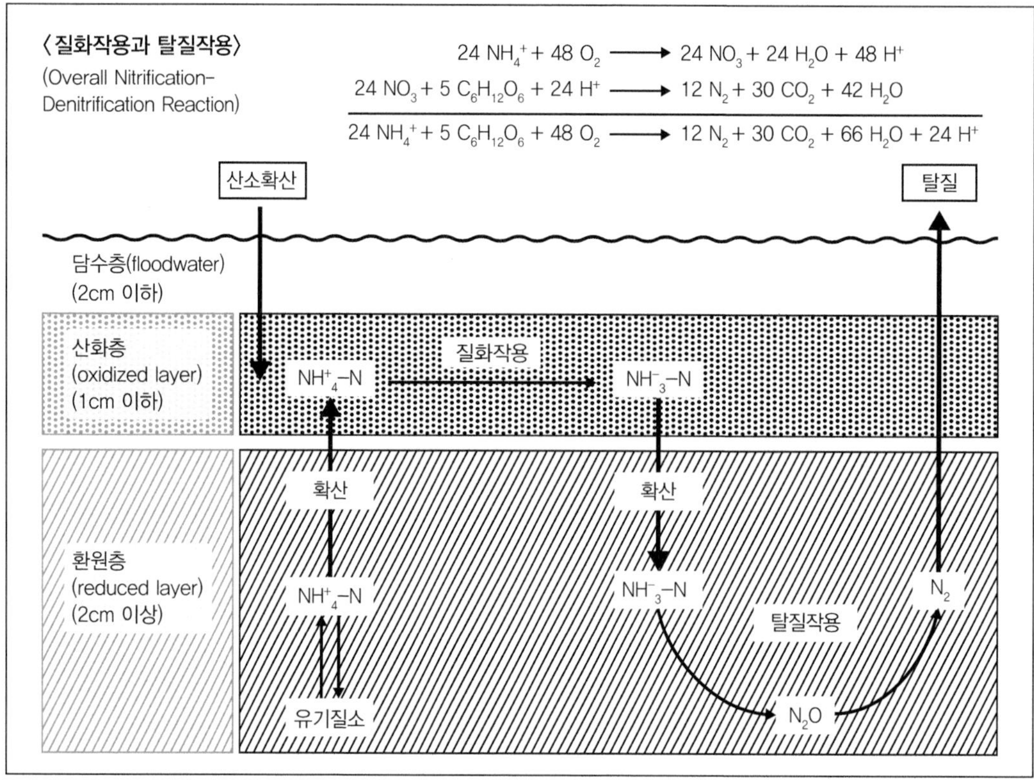

그림 5-1. 질화작용과 탈질작용 모식도

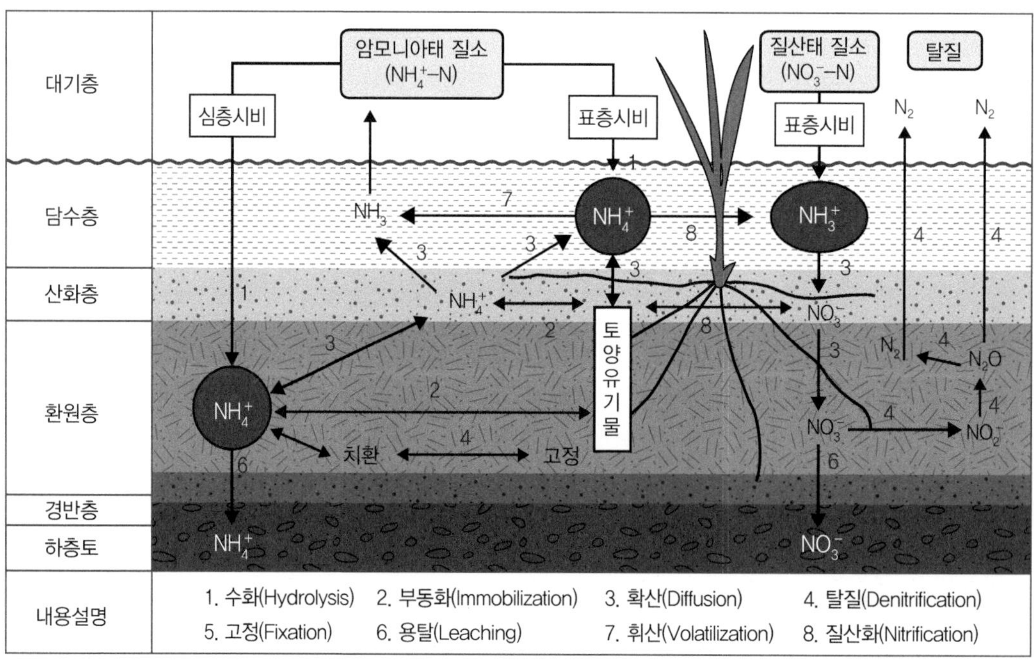

내용설명	
	1. 수화(Hydrolysis) 2. 부동화(Immobilization) 3. 확산(Diffusion) 4. 탈질(Denitrification) 5. 고정(Fixation) 6. 용탈(Leaching) 7. 휘산(Volatilization) 8. 질산화(Nitrification)

그림 5-2. 논토양 질소 순환과 변환

3. 논토양의 종류와 특성

1) 논토양의 종류

(1) 건답(dry paddy field)

① 건답은 관개를 하면 논이 되고 배수하면 밭으로 이용할 수 있는 논을 말한다.

② 우리나라 논의 1/3은 건답 즉, 보통논이며 여기서 생산된 쌀의 식미가 가장 좋다.

③ 건답은 생산력이 높으며 답리작, 답전작, 답전윤환재배가 가능한 논이다.

④ 건답은 유기물 분해속도가 빨라서 잠재지력이 낮아지기 쉬우므로 유기질을 다량 시용하고 무기염류가 풍부한 토양개량제를 시용하며 심경을 해야 증수가 된다.

(2) 사질답(sandy paddy field)

① 모래함량이 많아서 물이 잘 빠지는 투수(percolation) 많은 논을 말한다.

② 사질답은 누수가 심해 양분의 보유력이 약하고 용수량이 많이 필요하다.

③ 사질답의 토양 개량은 점토함량이 많은 토양으로 객토한다.

④ 비료는 분시하며 완효성 비료를 주는 것이 비효를 높이는 방법이다.

(3) 미숙답(immature paddy field)

① 개간한 지 얼마되지 않은 논으로 유기물 함량이 낮은 식양질 또는 식질토양으로 배수가 불량한 논이다.

② 논의 토양조직이 치밀하고 양분함량이 낮으며 투수성이 낮다.

③ 개량은 잘 부숙시킨 퇴비를 다량 시용하고 심경(깊이갈이)을 하여 토양물리성을 개량한다.

(4) 습답(poorly drained paddy field)

① 배수가 불량하여 항상 포화상태 이상의 토양수분을 가지고 있는 논으로 고논이라고도 한다.

② 수분이 많으므로 지온이 낮고 환원상태이며 토양이 진한 청색을 띤다.

③ 온도가 낮아 유기물 분해속도가 느리고 부식이 축적되며 토양의 이화학적 성질이 나쁘다.

④ 습답에서는 벼 뿌리의 발달이 나쁘고 여름에 기온이 높아지면 유기물이 급격히 분해되면서 환원이 조장되며 황화수소(H_2S)와 같은 유해가스로 인해 뿌리의 기능이 저하되어 추락의 원인이 되기 쉽다.

⑤ 습답의 개량은 암거배수 등으로 지하수위를 낮추고 미숙 유기물의 시용을 줄이거나 피한다.

(5) 추락답(autumn declining paddy field)

① 추락답은 논토양의 노후화가 원인이 되어 추락현상이 나타나는 논으로 노후화답이라고도 한다.

② 추락현상은 철분(Fe)이 적고 벼 뿌리가 회백색을 보일 때는 황화수소(H_2S)가 뿌리를 상하게 하여 영양생장기까지는 잘 자라지만 생식생장기, 특히 출수기 이후에 아랫잎이 일찍 고사하고 뿌리의 활력이 저하되며 깨씨무늬병이 발생하여 가을에 수량이 떨어지는 현상이다.

③ 추락현상은 노후답, 누수가 심해 양분의 보유력이 적은 사질답이나 역질답(자갈이 많은 논), 유기물이 과다하게 집적되는 습답에서 주로 나타난다.

④ 담수조건에서 작토 환원층에서는 황산염이 환원되어 황화수소(H2S)가 생성되는데, 철분(Fe)이 많을 때는 벼 뿌리가 적갈색의 산화철이 두꺼운 피막을 형성하여 피해가 줄이는데 이는 황화수소(H_2S)가 철분(Fe)과 반응하여 황화철(FeS)로 침전되기 때문이다.

⑤ 추락답의 대책으로 작토층이 얕고 담수에 의한 환원으로 활성철(Fe), 가용성 인산(P), 망간(Mn), 석회(Ca) 등이 논토양의 하층으로 용탈되어 영양분이 부족한 경우나 속효성 비료를 조기 또는 다량 시용 시 잘 나타나므로 개량은 무기영양성분을 풍부하게 함유한 흙을 객토하거나 토양개량제와 유기물을 시용하고 깊게 경운한다.

(6) 염해답(salty paddy field)

① 간척지로 염분농도가 높아 벼 생육이 정상적이지 못한 논을 말한다.

② 토양입자가 미세하여 통기가 불량하고 환원성 토양으로 유해가스 발생에 의한 뿌리썩음이 심하며 제염과정에서 무기염류의 용탈이 많아진다.

③ 염류농도로 0.1% 이하는 벼 재배에 큰 지장이 없고 0.1~0.3%에서는 벼 재배가 가능하나 염해 우려가 있고 0.3% 이상은 염해로 정상적인 벼재배가 어렵다.

④ 토양개량은 관개수를 자주 공급하여 제염하는 것이 가장 좋은 방법이며 생짚이나 석회를 시용하면 제염을 촉진하는 효과가 있다.

⑤ 염해답의 시비는 질소는 황산암모늄, 인산은 과석, 칼리는 황산가리를 주면 효과적이다.

(7) 특수성분 과부족 토양

① 우리나라의 모재 특성상 논토양은 본래부터 특수성분이 결핍되는 경우가 있으며 광산 등 오염원으로 특정 성분이 결핍되거나 과잉될 수 있다.

② 아연(Zn) 결핍논은 석회암 지대, 염해지에서 발생하기 쉽다. 이 논을 개량하기 위해서는 황산아연 3kg/10a을 시용한다.

③ 중금속 오염논은 광산이나 공장폐수가 유입되는 곳으로 카드뮴(Cd), 구리(Cu), 비소(As), 납(Pb), 아연(Zn) 등 중금속 피해가 나타난다.

④ 중금속 토양에 대한 대책으로 건전한 토양을 가지고 객토를 하거나 석회나 유기물을 증시하여 중금속이 벼에 흡수되지 않도록 한다.

4. 논토양의 개량

1) 심경(deep plowing)

① 심경은 작토 깊이가 18cm 이상 되도록 깊게 경운하는 것을 말한다.

② 보통답, 미숙답과 같이 토층이 얕아 비료효과가 일찍 떨어지거나 추락이 일어나기 쉬운 논에서 실시한다.

③ 심경과 함께 유기물을 증시하고 비료를 20~30% 증시해야 증수로 이어진다.

④ 사질답은 심경의 효과가 거의 없으며 누수답, 사질답, 습답의 경우에는 심경이 오히려 불리하다.

2) 객토(soil dressing)

① 객토는 토양을 개량하기 위하여 성질이 다른 흙을 가져다 넣어 주는 것을 말한다.

② 배수속도가 지나치게 빠른 사질토는 점토함량이 15% 이상 되도록 객토한다.

③ 사질토를 개량하기 위한 객토용 흙은 점토함량 25% 이상이 바람직하나 없으면 20% 이상도 무방하다.

④ 배수가 극히 불량한 중점토에는 모래를 객토하여 점토함량이 15% 정도 되도록 객토한다.

⑤) 객토한 논은 18cm 이상 깊이 갈고 유기물을 증비하며 시비량도 다소 늘려주어야 증수한다.

3) 유기물 시용

① 유기물은 논토양의 물리성을 개선하며 분해되면서 양분공급과 토양 중 효소활성을 높여준다.

② 비료와 농약성분의 흡착원으로 작용하여 비효를 높이고 제초제 등의 약해를 감소시킨다.

③ 유기물 토양은 색깔이 검어서 토양온도를 높이고 벼의 품질향상에도 기여한다.

④ 유기물 함량이 2.5%에 미달하는 논은 볏짚이나 퇴비 등을 잘게 절단하여 넣고 심경한다.

⑤ 퇴비나 구비는 만들기가 어려우므로 수확 시에 볏짚을 유기질원으로 논토양에 환원시키는 것이 바람직하다.

⑥ 유기물을 과다하게 시용 시 벼 생육 후기에 지나치게 많은 질소가 공급되어 도복되거나 식미가 떨어지기 쉽다.

⑦ 우리나라 토양의 대부분은 유기물을 다년간 논에 시용해도 유기물 함량이 3%를 넘지 못한다.

⑧ 유기물을 시용하면 도복이 발생할 수 있으므로 화학비료는 기비의 비율을 줄이고 추비 비율을 높인다.

⑨ 가축분뇨를 생구비로 줄 수도 있는데 이 경우는 4월 중에 바로 살포하고 바로 경운한다.

4) 녹비작물 재배

① 고품질 쌀을 생산하기 위해서는 기본조건이 유기질 비료의 시용과 녹비작물의 재배에 의한 지력을 증진해야 한다.
② 지력증진의 목적으로 녹비작물(호밀, 헤어리베치, 자운영 등)을 재배한다.
③ 이앙기에 담수 후 로터리로 경운을 하여 모내기 전에 분해를 촉진시켜야 한다.
④ 녹비작물의 부숙을 촉진하기 위해 규산질 비료 또는 석회질 비료를 주면 도움이 된다.
⑤ 화본과 녹비작물에는 질소질 비료를 3~4kg/10a 추가로 주면 생육에 도움이 된다.

5) 규산질 비료의 시용

① 규산질(SiO_2) 비료는 화본과 작물의 줄기와 잎을 단단하게 하여 도복을 억제한다.
② 벼에서 규산은 수광태세를 개선하여 광합성 효율을 높임으로써 수량과 품질향상에 기여한다.
③ 규산질 비료를 시비하면 등숙률이 높아져 수량이 증가하면서도 쌀의 품질도 향상된다.
④ 우리나라 논은 천연공급량만으로는 규산이 부족한 경우가 많으므로 규산함량 130ppm 미만인 논에는 규산질 비료를 시용해야 한다.
⑤ 병충해, 냉해, 도복 상습발생지와 규산 시용 후 4년이 경과한 논에 추가로 규산질 비료를 시용한다.
⑥ 시용시기는 가을갈이(추경) 또는 봄갈이(춘경) 전으로 최소한 밑거름 시용 2주 전까지는 마쳐야 한다.

5. 영양조건과 벼 품질

① 고품질 쌀을 생산하기 위한 토양조건으로 유기질 비료를 많이 주어 지력을 배양해야 한다.
② 습답은 건답보다 비옥도는 높으나 질소 흡수가 후기에 집중되어 수량과 식미가 떨어지기 쉽다.
③ 산지에 따라 미질 차이가 나는 것은 토질뿐만 아니라 작기나 시비법 등 재배법의 차이가 크기 때문이다.
④ 질소비료에 대한 의존도를 줄일수록 균형된 생장으로 전반적 쌀의 풍미와 식미 품질이 높아진다.
⑤ 벼가 건전하게 생육하여 맛과 향을 가지기 위해서는 다량원소 외에 미량원소도 고르게 흡수되도록 하여야 한다.
⑥ 유기질 비료를 주면 이러한 미량원소가 공급되는데 없으면 볏짚은 논에 환원해야 좋다.
⑦ 객토나 규산질 비료를 시용하면 고품질 쌀 생산에 유리하다.

제6장
벼의 재배기술

좋은 품종과 알맞은 기후조건에서는 다양한 농사기술이 필요하다. 아무리 좋은 품종과 환경이 적절하더라도 농자재, 재배기술, 계절이라는 요소를 잘 조합시키지 않으면 쭉정이만 생산할 수도 있다. 철을 따라 재배를 잘 한다는 뜻이다. 너무 빨라도 늦어도 안되는 것이다. 24절기는 농사월력으로 손색이 없다. 음력을 사용하던 시대에 태양에너지를 이용할 수 있도록 절묘하게 잘 만든 태양력에 맞는 농사력이기 때문이다. 탄수화물은 벼의 궁극적인 생산물이다. 이산화탄소 즉, 비료와 물이 태양에너지인 광합성으로 합쳐진 것이다. 이때 영양공급과 물관리가 중요하다. 물을 환경수로 요구하는 벼는 더 그렇다. 그동안의 농사기술에 농기계를 결합시키는 기술도 필요해졌다. 벼는 기계화율이 98%에 이르는데 이것은 재배의 선호도를 결정하는 시대가 된 것이다. 비료와 농약은 줄여야 하지만 필수적인 요소임은 부인하기 어렵다. 여기에 세세한 제반기술들을 잘 결합시켜 농사기술을 발전시켜 가야한다.

제1절 벼의 재배양식

1. 재배양식

1) 재배양식의 종류

(1) 이앙재배(transplanting cultivation)

① 조선시대 이후로 못자리에서 모를 키워 이식하는 재배양식이다.

② 손이앙(hand transplanting)은 1970년대까지 손으로 모내기를 하는 것을 말한다.

③ 기계이앙(machine transplanting)은 1977년에 이앙기가 처음 보급되었고 지금은 거의 대부분 기계이앙을 한다.

(2) 직파재배(direct seeding cultivation)

① 볍씨종자를 바로 논이나 밭에 파종하는 재배양식이다.

② 건답직파(direct seeding on dry paddy)는 마른 논에 파종하고 출아 후에 담수를 하는 재배방식이다.

③ 담수직파(direct seeding on flooded paddy)는 논에 물을 담수하고 종자를 파종하는 것이다.

④ 처음 직파재배가 시작될 때는 작업편의성 때문에 건답직파가 선호되었으나 1990년대 중반부터 봄철 파종기의 이상강우로 담수직파가 증가하는 추세이다. 일본에서도 감소하던 직파재배가 소규모 기능성 벼의 재배로 다시 증가하고 있다.

2) 재배법의 변천

① 조선시대 이후 1970년대까지 주로 대부분 손이앙재배를 하였다.

② 1980년대부터 노동력 절감 차원에서 어린모의 기계이앙재배가 보급되었고 직파재배 시작되었다.

③ 2000년대에는 손이앙은 거의 없고 중모기계이앙 76%, 어린모기계이앙 15%, 직파재배 8%, 밭벼재배 1%이었다.

④ 2010년대에는 손이앙은 사실상 없고 직파재배도 거의 하지 않으며 기계이앙이 대부분이다.

2. 종자 준비

1) 파종과정(pretreatment)

취종(품종선택) → 선종(우량종자 선별) → 소독 → 침종→ 최아 → 파종 → 출아 → 녹화 → 경화의 단계를 거친다.

2) 품종 선택

① 품종은 재배지역의 기후 특성과 용도에 맞는 우량한 품종을 선택하되 가급적 전년도에 생산된 오래되지 않은 것으로 발아율이 98% 이상인 것이 좋다.

② 병해가 없는 종자를 국립종자원이나 농업기술센터에서 보급종 종자를 신청하여 재배한다.

③ 벼는 자가수분작물이지만 자연교잡률이 1% 이하이고, 간혹 돌연변이도 일어나며 부주의로 혼종되는 경우도 있으므로 4년 주기로 종자를 갱신하고 있다.

④ 각종 병충해나 재해방지에는 저항성 품종을 선택하여 재배하는 것이 최선이다.

3) 선종(seed selection)

① 볍씨는 발아하여 3~4엽이 자랄 때까지는 배유에 저장된 양분에 의존하여 자라므로 튼튼한

모를 얻으려면 충실하게 등숙한 무거운 볍씨를 골라 심어야 한다.

② 염수선은 충실한 종자(무거운 종자)를 가려내기 위해 소금물로 선종하는 것이다.

③ 염수선의 비중은 메벼는 1.13, 까락있는 벼는 비중 1.10, 그리고 찰벼와 밭벼는 비중 1.08 정도로 한다.

④ 소금물이나 유안(황산암모늄)을 녹인 물에서 달걀이 뜨는 모습으로 비중을 추정하여 선종하기도 한다.

⑤ 요즘은 비중계를 사용하여 편리하고 정확하게 선종을 할 수 있다.

4) 종자소독

① 볍씨소독은 종자로 전염하는 병해(키다리병, 도열병, 모썩음병, 깨씨무늬병 등)를 예방하기 위함이다.

② 소독 시기는 침종 전후 어느 때나 가능하나 발아 시 약해 위험을 피하기 위해 침종 전 실시하는 것이 좋다.

③ 소독액 온도는 10~30℃이면 문제가 없으며 키다리병 종자소독은 30℃가 알맞다.

④ 벼이삭선충(벼잎선충)이 발생하는 지역은 살선충제로 소독을 병행한다.

⑤ 현재 국가에서 보급하는 보급종 종자는 2022년부터는 종자소독을 하지 않은(미소독) 상태로 공급한다.

5) 침종(seed soaking)

① 침종은 볍씨를 물에 담가서 발아에 필요한 수분을 흡수시키는 과정을 말한다.

② 종자소독 후 물에 침종하여 발아에 필요한 수분을 흡수시키고 종피에 존재하는 발아억제물질을 제거하기 위해 실시한다.

③ 침종을 하면 발아 시까지 시일을 단축하여 각종 발아장해를 줄일 수 있고 초기생육을 균일하게 하며 생육을 촉진시킨다.

④ 물못자리의 경우 볍씨가 뜨거나 이동되는 것을 방지할 수 있다.

(1) 침종시간

① 발아에 필요한 침종시간은 최소 1일 정도인데 수분흡수 속도는 수온이 높을수록 빠르다.

② 침종의 적산온도는 100℃로 농가에서 대량으로 침종, 최아시킬 경우 침종 적산온도를 활용한다.

③ 수온이 10℃에서는 10일, 15℃에서 5일, 20℃에서 3~4일, 25℃에서 3일 정도 소요되는데 30℃ 물에 2일간 침종을 하면 95%가 발아하지만 높은 온도는 발아품질을 저하시킨다.

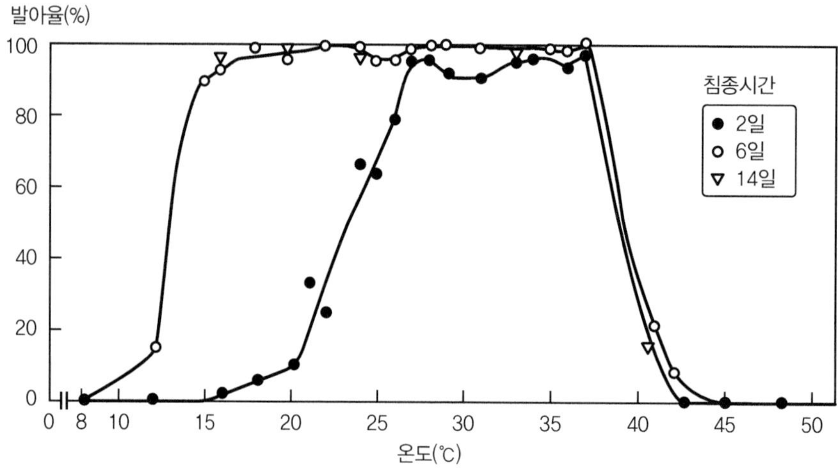

그림 6-1. 침종시간과 온도에 따른 발아율의 변화(Livingston and Haasis's, 1933)

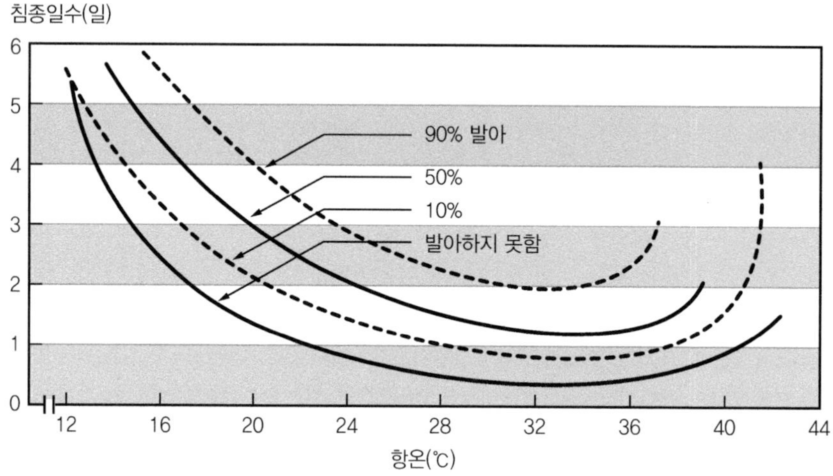

그림 6-2. 항온조건에서 일정 발아율을 얻기 위한 침종일수 곡선(Livingston and Haasis, 1933)

(2) 침종방법

① 볍씨의 침종은 수온이 높은 조건에서 단시일에 끝내는 것보다 비교적 낮은 온도인 10~13℃에서 시간을 두고 침종하면 물을 충분히 흡수해도 저온으로 인해 발아가 빨라지지 않아서 좋다.

② 침종기간이 너무 길어지면 산소부족으로 싹이 길게 신장하고 발근은 나쁘므로 배유의 저장양분이 침출되어 생육이 불량해진다.

③ 볍씨중량의 15% 정도 물을 흡수하면 배가 발아할 수 있는 수분함량이 되는데 대체로 볍씨가 포화상태로 흡수하는 경우의 수분함량은 25% 정도로서 발아에 필요한 최소량보다 높은 포화상태가 되도록 침종한다.

6) 최아(hastening of germination)

① 볍씨를 침종하여 발아에 필요한 수분을 흡수시키면 빠르고 균일하게 발아하도록 발아 최적 조건에서 싹을 틔우는 것을 말한다.

② 물에서 침종 중인 종자를 건져내어 젖은 천으로 감싸서 포화수분을 유지하면서 30℃ 온도에 놓아두면 2일 정도면 싹이 튼다. 통일형 품종의 최아기간은 자포니카형보다 1~2일 늦다.

③ 최아정도는 유아의 길이가 1mm 자란 것이 알맞고 이보다 크면 유아가 부러지기 쉽고 다루기도 어렵다.

④ 일반적으로 파종 4~5일 전에 소독과 침종을 하고 파종 2~3일 전에 최아에 들어간다.

3. 육묘

1) 육묘양식 및 특징

(1) 육묘(seed raising)

① 못자리는 모를 재배하는 장소이고 육묘양식으로 못자리육묘는 손이앙을 위한 육묘방법이며 상자육묘는 기계이앙을 위한 육묘방법이다.

② 물못자리는 담수상태에서 밭못자리는 밭상태에서 절충못자리 필요에 따라 밭과 담수 상태를 번갈아가며 육묘하는 방법이고 보온절충못자리는 비닐 등으로 보온하며 육묘하는 재배양식이다.

③ 못자리육묘는 일반적으로 실외에서 행해지고 상자육묘는 다단식으로 쌓아 실내에서 육묘한다.

④ 육묘의 건실화와 효율화를 위해 공동육묘를 하고 구입하여 사용한다.

(2) 상자육묘

① 소형 플라스틱 상자에 상토를 담고 밀파하여 기계로 이앙하는 데 적합하도록 뿌리 매트를 형성하는 육묘법이다.

② 상자육묘는 못자리 모에 비해 밀파하는데 이앙기계에 맞도록 육묘할 수만 있으면 상자재료에 구애받지 않는다.

③ 상자당 200g을 파종하면 약 7,000개, 220g을 파종하면 약 8,000개의 모가 생산된다.

표 6-1. 모의 종류별 특성

번호	항목	기계이앙모		손이앙모	
		유묘	치묘	중묘	성묘
①	모의 배유 양분 소모량	50	80	100	100
②	묘령(엽수)	2	3.3	4.8	6.6
③	분얼발생 절위(마디)	2	2	5	5
④	분얼수(개)	36	32	27	10
⑤	육묘상자수(개/10a)	15	20	30	해당없음
⑥	육묘일수(일)	10	20	30	40
⑦	저온활착력	좋음	좋음	보통	낮음
⑧	초장(cm)	7	12	17	22
⑨	출수지연(일)	4	2	0	0
⑩	파종량(g/상자)	200	150	100	300

3) 기계이앙 유묘의 장단점

(1) 장점

① 종자에 배유가 30~50% 남아 있으므로 모내기 후 식상이 적고 착근이 빠르다.

② 내냉성이 크고 환경적응성이 강하며 관수저항성이 커서 물속에 잠겨 있어도 잘 생육한다.

③ 모의 크기가 작으면서 얕게 심어져 분얼이 많아진다.

④ 육묘기간이 단축되고 육묘노력이 절감된다.

⑤ 육묘면적이 적고 농자재가 절감된다.

⑥ 이앙기를 사용하므로 이앙 시에 노동력이 절감된다.

(2) 단점

① 출수가 중모에 비해 3~5일 지연되므로 조기에 모내기를 해야 한다.

② 기계이앙묘는 이앙적기의 폭이 좁아 이앙시기를 잘 맞추어야 한다.

③ 모의 키가 작으므로 논을 균일하게 잘 정지해야 한다.

④ 어린모는 제초제에 대한 내성이 약하므로 주의하여 살포해야 한다.

(3) 기계이앙 유묘의 품종선택

① 관수저항성이 강하고 내도복성 품종을 선택해야 한다.

② 맥류와 이모작을 할 때 유묘재배는 조식보다는 만식적응성이 높은 품종을 선택한다.

③ 만생종보다는 조생종을 선택한다.

4) 물못자리 육묘의 장단점

(1) 장점

① 온도가 낮을 때 물에 의한 보온효과를 기대할 수 있다.
② 집중적인 관리로 볍씨의 발아와 생육이 균일하다.
③ 잡초의 발생과 쥐나 새 및 병충해의 피해가 적다.

(2) 단점

① 밭못자리에 비해 산소(O_2) 부족으로 뿌리의 생장이 나쁘다.
② 전반적으로 모가 연약해지기 쉬우며 모내기 후 식상이 크고 만식적응성이 낮다.

5) 밭못자리 육묘의 장단점

(1) 장점

① 물못자리에 비해 키가 작으나 모가 튼튼하며 식물체 내의 질소 및 전분함량이 높아 발근력이 크고 내건성도 강하다.
② 본답에 이앙하면 식상이 적고 초기생육이 빠르다.
③ 한랭지나 비옥지 등에서 벼의 생육이 늦어지는 조건에 유리하다.

(2) 단점

① 밭모는 규산 흡수량이 적어 세포의 규질화가 잘 되지 못하므로 초형이 늘어지고 도열병에 약해진다.
② 잡초의 발생이 많고 쥐나 새 등의 피해를 받기 쉽다.
③ 물못자리에 비해 발아와 생육이 불균일하다.

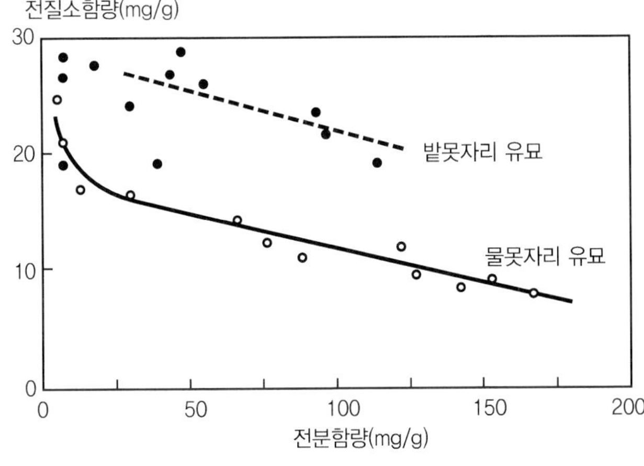

그림 6-3.
질소함량과 전분함량과의 상관관계
(Yamada and Ota, 1957)

6) 절충못자리 육묘

① 물못자리와 밭못자리의 장점을 절충한 못자리 양식을 말한다.

② 육묘전반기에는 물못자리로 재배하고 육묘 후반기에는 밭못자리 양식을 취하는 경우도 있고 그 반대의 경우도 가능하다.

7) 보온절충못자리 육묘

① 절충못자리에 비닐을 덮어 보온하는 못자리재배 양식이다.

② 저온에 약한 통일벼가 보급된 1972년부터 급속히 보급되어 1978년에는 전체의 90%에 달하였으며 최근까지도 가장 흔하게 사용되는 못자리 양식이다.

③ 이모작을 하거나 다수확을 위한 조기재배나 조식재배 시 한랭지에서 효용성이 높다.

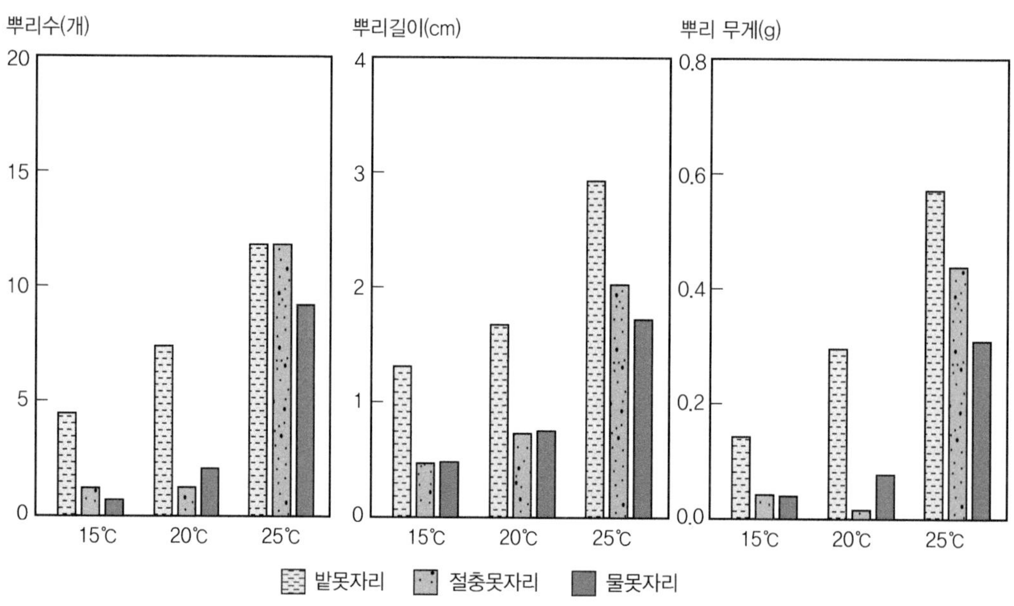

그림 6-4. 온도와 못자리 종류에 따른 유묘의 생장차이(Yatsuyanagi, 1960)

8) 부직포못자리 육묘

① 중모로 기계이앙 육묘 시 보온을 위하여 비닐피복을 하지 않고 부직포만 씌워 간이보온하여 육묘하는 것이다.

② 이용하는 부직포로 30~40g/㎡, 차광률 30% 정도의 재료가 알맞다.

③ 장점은 비닐터널을 위한 플라스틱이나 나무졸대(wooden lath)와 비닐을 이용하는데 비해 육묘노력이 절약되며 고온피해를 예방될 수 있다.

④ 단점은 보온효과가 낮으므로 강우가 많은 지역이나 조기재배에는 적합하지 않고 육묘상자 위에 평면으로 설치하므로 비가 많이 오면 침관수되어 발아가 불량해질 우려가 높다.
⑤ 북부지방보다는 남부 평야지대에 국한하여 적용하는 것이 안전하다.

9) 마른못자리 육묘

① 모 기계이앙 육묘 시 마른 상태에서 경운하고 육묘상자를 치상한다. 파종과 복토를 한 후 비닐을 씌운 다음 물을 대주는 못자리 양식이다.
② 장점은 마른논 위에서 작업하므로 농작업이 편하다.
③ 육묘상자를 사람이 운반하지 않고 기계로 운반하므로 육묘노력이 크게 감소되는 등 관수, 최아, 못자리의 치상 등 육묘의 노력을 절약할 수 있다.
④ 단점으로는 출아가 불균일해질 수 있고 성묘율이 낮아지기 쉽다.

2. 육묘 방법

1) 상자육묘

① 육묘상자의 크기는 이앙기의 규격에 맞는 60×30×3cm 크기의 상자를 사용한다.
② 상자 깊이는 뿌리가 매트처럼 엉켜 자라도록 최소한의 토양을 담도록 되어 있다.
③ 상자 밑면의 작은 구멍으로 벼 뿌리가 토양으로 내려가 양수분을 흡수한다. 이때 구멍을 크게 하면 이앙 시 상자를 토양에서 분리하기 어렵고 너무 작고 적으면 토양의 양수분 흡수나 배수가 어렵다.

2) 상토(bed soil)

① 육묘용 상토는 자가 제조하거나 시판 중인 상토를 구입하여 사용한다.
② 상토는 점토질이며 배수가 양호하고 뿌리 형성이 잘되는 토양이어야 한다. 부식함량이 적절하고 보수력을 지니며 병원균이나 해충, 잡초 종자가 없어야 한다.
③ 상토의 산도는 pH 5 정도가 모의 생장에 적당하고 4.5~5.5를 넘지 않아야 한다. pH가 높으면 모잘록병이 발생하기 쉬운데 이런 경우 황가루를 처리하여 pH를 조정해야 모마름병균의 발생억제가 가능하다.
④ 상토에 모잘록병(입고병) 및 뜸모 예방약제를 살포한다. 모잘록병을 방제하기 위하여 다찌가렌이나 잘록엔, 올크린 등을 처리한다.
⑤ 모잘록병은 발아로부터 2주 이내에 많이 발생하는데 저온이 주원인이다.

⑥ 뜸모는 모판온도의 급변에 의해 모가 수분의 균형을 잃어 발생하는 일종의 생리장해이다.

⑦ 뜸모의 원인은 본엽 3엽기에 자주 저온에 처하거나 저온이 계속된 후 갑자기 온도가 높아지는 경우 잎이 말리면서 나타난다.

⑧ 뜸모대책으로는 뿌리 발달을 촉진하고 수분이나 기온이 급격히 변화되지 않도록 관리한다.

⑨ 벼에서 뜸모와 모잘록병은 토양산도가 pH 6 이상으로 알칼리성에 가까워지면 발생하기 쉬우므로 석회나 알칼리성 비료 시용에 주의한다.

3. 파종방법

1) 종자소독

① 무병종자를 사용하고 종자소독과 염수선을 철저히 한다.

② 종자로 전염하는 도열병, 깨씨무늬병, 키다리병 등 진균성 병과 세균성인 벼알마름병 등의 종자소독에 유의해야 한다.

③ 모마름병(입고병)이나 뜸모 발생 시 적절한 약제를 살포하고 백화묘가 발생하지 않도록 한다.

④ 모가 뜨는 것은 과습, 과건, 미세한 흙으로 복토를 할 때 많이 발생하므로 관수에 유의한다.

⑤ 밀파한 육묘상자는 발병하기 좋은 환경이 되고 발병되면 전파속도도 빠르다.

2) 파종

① 파종기는 이앙일로부터 역산하여 25~30일 되는 날이 적당하다.

② 파종량은 일반적으로 상자당 100~130g(4,000립)이 적당하나 벼 입중에 따라 다르다.

③ 산파 시 파종량은 소립종(천립중 20~22g)은 100~120g, 중립종(천립중 23~25g)은 120~130g, 대립종(천립중 26~28g)은 140~150g을 파종한다. 조파 시에는 파종량을 줄인다.

④ 어린모는 뿌리의 매트형성을 위해 밀파하며 상자당 220g 정도가 되도록(8,000립) 파종하는 것이 적당하다.

⑤ 최근에는 실내에서 다단식 선반으로 육묘하는 하는 경우가 많은데 이는 환경조절이 용이하고 최적화된 모를 생산하며 노동력 절감할 수 있기 때문이다.

4. 육묘관리

1) 못자리 육묘

① 전통적인 모판 규격(물못자리, 밭못자리, 절충못자리, 보온절충못자리)은 너비가 120cm, 통로를 30~40cm로 만드는데 손이앙용 육묘는 주로 보온절충못자리 형태이다.

② 파종량은 80g/㎡(3,600립 정도) 정도로 한다.

③ 시비량은 3.3m^2당 질소 40g, 인산 30g, 칼륨 50g 정도를 준다.

④ 못자리면적(10a당)은 파종면 40m^2(12평), 통로를 포함하여 66m^2(20평)로 본답 면적의 약 1/15이 필요하다.

2) 출아(emergence)

① 모의 초장 신장을 위해서는 암상태로 유지하여 싹이 5~10mm 정도 자라도록 한다.

② 출아적온은 주간과 야간을 각각 32℃와 30℃로 하면 2일 정도에 출아한다.

③ 출아 시 초장이 지나치게 길거나 직사광선에 노출되면 엽록소가 형성되지 않는 백화묘가 되기 쉽다.

3) 녹화(greening)

① 출아한 모에 엽록소가 형성되도록 광을 쪼여주면서 서서히 순화시키는 과정이다.

② 광도는 20~30klux의 약광에서 1~2일간 녹화하는 것이 좋다.

③ 광도가 40klux 이상이고 온도 10℃ 이하의 저온에서는 스트레스로 백화묘가 발생하기 쉽다.

④ 주간과 야간 온도가 각각 25℃와 20℃에서 실시하며 초엽과 제1엽, 제2엽에 녹색잎이 나오도록 한다.

4) 경화(hardening)

① 경화는 노지상태에서 이루어지는데 처음 8일 동안에는 주간과 야간온도를 각각 25℃와 15℃로 한다.

② 경화 후기(10~25일간)에는 주간과 야간 온도를 각각 20℃와 15℃ 정도로 조정해 준다.

③ 습도와 토양산도가 높고 온도변화가 심하면 입고병과 뜸모가 발생하기 쉽다.

5) 치상(setting)

① 육묘상자를 논의 못자리에 옮겨 놓는 것을 말한다.
② 치상할 때는 비닐터널과 10cm 이상의 거리를 두며 상자 밑면 구멍이 상토와 밀착되어 모세관수의 상승이 용이하도록 한다.
③ 관개는 고랑에만 물을 대되 수위가 모판의 바닥밑 2~3cm 정도가 되도록 한다.
④ 모내기 5~7일 전에 완전 물떼기를 실시한다.

6) 육묘 중 시비량

① 기비(밑거름)로 질소비료(요소)를 상자당 1~2g 준다.
② 모의 생육을 보아가며 3엽이 출현할 때(모내기 전 5~7일) 추비로 상자당 질소비료 1~2g을 100배로 희석해서 준다.

5. 본답 준비

본답준비는 논을 갈고 관개수를 공급하며 잡초를 제거하고 지면을 편평하게 써리고 퇴비와 비료를 주며 토양을 부드럽게 하여 이앙작업을 쉽게 하는 과정이다.

1) 경운(tillage)

경운은 벼가 잘 자라도록 토양을 갈아주며 동시에 잡초를 제거하는 작업이다.

표 6-2. 춘경과 추경의 특성비교

춘경(봄갈이)	추경(가을갈이)
① 추경한 논은 봄에 다시 춘경을 해야 한다. ② 사질답, 2모작답, 습답에서는 봄갈이 한 번으로 그치는 것이 좋다. ③ 모래논, 보통논, 고논(습답) 등에서 실시한다.	① 건답이고 유기물 함량이 많은 논은 추경을 하는 것이 좋다. ② 추경을 하면 토양의 이화학적 성질이 좋아지는 건토효과가 나타나고 월동해충을 죽이는 효과도 있다. ③ 미숙논, 염해논, 볏짚 시용논 등(모래논이라도 생짚을 주었을 때는 추경을 한다).

2) 경운 심도(plowing depth)

① 일반적으로 식토나 식양토에서는 깊게 갈고 사질토 및 습답에서는 얕게 갈아야 좋다.

② 권장하는 경운깊이는 18cm 정도로 심경할수록 유기물을 다량 시용하고 비료를 많이 주어야 수량이 늘어난다.

③ 심경을 하면 벼의 초기생육은 다소 떨어지나 영양분이 생육후기까지 공급되므로 유효경이 증가하고 출수는 다소 지연되어도 도복이 적고 임실이 좋아져서 증수한다.

3) 정지(soil preparation)

① 관개수가 새는 것을 막기 위해 논두렁을 잘 다듬고 지면을 편평하게 하여 물을 대고 정지를 한다.

② 정지는 흙을 부수어 부드럽게 하고 비료가 골고루 섞이게 하는 효과가 있다.

③ 흙탕물을 만들어 광을 차단하게 되므로 잡초가 고사하거나 생육이 억제된다.

④ 물이 잘 빠지는 논에서는 곱게 써레질하면 토양의 공극을 막아 누수를 방지한다.

⑤ 배수가 불량한 논에서 거칠게 써레질하면 배수를 촉진하는 효과가 있다.

⑥ 균평작업에서 레이저 균평기를 이용하면 논바닥을 편평하게 고를 수 있으므로 이앙 후 결주나 뜸모 발생이 적고 제초제의 약해가 적어지며 전체적으로 약효가 증대되는 등 정밀한 재배관리를 할 수 있다.

⑦ 지면을 편평하게 해야 모내기 후 활착이 양호하게 된다.

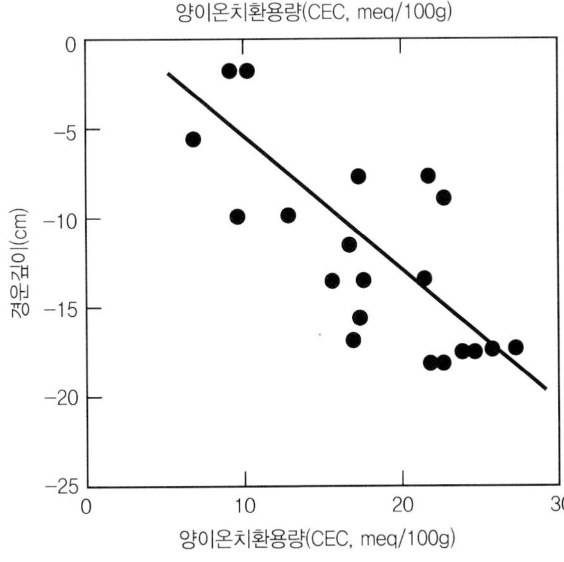

그림 6-5.
경운깊이와 양이온치환용량(CEC)와의 관계
(Aomine, 1955)

6. 모내기

1) 이앙기

① 모내기(이앙)는 상자나 못자리에서 재배한 모를 본답에 옮겨 심는 것이다.

② 일찍 모내기를 하면 저온이어서 생육이 좋지 않고 본답에서 영양생장기간이 길어지므로 비료나 물 소모량이 많고 잡초발생도 많아진다.

③ 너무 일찍 이앙하면 과번무하여 무효분얼이 많아지고 통풍이 안되어 병충해가 증가하며 도복될 위험도 커진다. 특히 지나친 조기이앙은 벼의 등숙기가 고온기이어서 품질도 저하되고 동할미가 발생하기 쉽다.

④ 모내기를 너무 늦게 하면 충분한 영양생장을 못하여 수량이 적어지고 심복백미가 증가하여 쌀의 품위가 떨어진다.

2) 이앙적기

① 출수한계기 내에 출수할 수 있는 이앙기, 즉 가을에 기온이 낮아지기 전에 안전하게 등숙을 할 수 있는 출수기에 맞춘 이앙기가 적기이다.

② 모의 뿌리내림 한계온도를 고려한 이앙적기로 기계이앙 어린모는 11℃, 기계이앙 중간 모는 13℃, 손이앙모인 성모는 15℃ 이상일 때이다.

③ 중부지방, 중만생종, 중모를 기준으로 할 때 이앙적기는 5월 20일경이다.

④ 어린모 이앙은 중모 이앙보다 출수기가 3~5일 정도 늦어지므로 그만큼 조기이앙을 한다.

3) 안전출수한계기

① 출수 후 40일간의 등숙온도가 평균 20~22℃ 이상 유지될 수 있는 출수기이다.

② 최적 이앙기는 안전출수한계기의 출수기로부터 역산하여 지역별, 지대별로 결정한다.

③ 최근에는 수량뿐만 아니라 품질을 높일 수 있도록 이앙기를 고려해야 한다.

4) 이앙방법

(1) 재식밀도 및 거리

① 손이앙을 할 때 표준 재식밀도는 30×15cm 간격으로 1주에 3~4개의 모를 심는 것으로 이렇게 심으면 3.3m^2당 72주를 심게 된다.

② 기계이앙을 할 때 재식밀도로 평야지는 1모작 기준으로 3.3m^2당 80주(주당 3모)를 심는다.

③ 답리작 지대는 3.3m^2당 85주(주당 4모)를 심고 산간 고랭지나 만식 시 3.3m^2당 120주(주당 6모)를 심는다.

(2) 이앙심도(planting depth)

① 이앙깊이는 2~3cm로 쓰러지지 않는 한 얕게 심는 것이 좋다.

② 모를 깊게 심으면 활착이 늦고 분얼이 감소한다.

③ 모를 얕게 심으면 물 위에 뜨고 쓰러져서 결주가 발생하기 쉽다.

(3) 모내기 직후 관리

① 식상(transplanting injury)은 모를 이앙하면 먼저 있던 뿌리는 뿌리털이 손상되어 흡수기능을 잃기 때문에 새 뿌리가 나와 흡수기능이 회복될 때까지 식물체가 시드는 현상이다.

② 식상을 줄이려면 물을 깊게 대 주어야 하는데 모내기 직후 물을 대면 모가 뜨므로 모내기 후 24시간 정도에 물을 대주는 것이 좋다.

표 6-3. 기계이앙 재배와 손이앙 재배의 비교

번호	항목	기계이앙재배	손이앙재배
①	결주	많음	적음, 이앙 시 건전한 모로 조절이 가능함
②	등숙률	낮음	높음
③	분얼수	많음 분얼기가 1주일 늦어 영양생장기간이 김	적음
④	생력효과	큼 손이앙재배보다 75% 이상 생력효과가 있음	적음 육묘와 이앙 등 노력이 더 많이 듦
⑤	영화수	많음	적음
⑥	유효수수	많음, 얕게 심어져 분얼절위가 낮기 때문임	적음
⑦	이앙적기	빠름, 1주일 정도 빨리 이앙함	늦음
⑧	재배관리	다소 어려움	다소 쉬움
⑨	재식묘	30일묘	40일묘
⑩	천립중	낮음	큼
⑪	출수기	늦음, 조기이앙을 함 남부 1모작지대에서 재배하는 것이 안전함	빠름
⑫	토지이용도	낮음	높음
⑬	활착온도	낮음, 그러나 지나친 조식은 냉해를 받기 쉬움	높음

제2절 영양분과 시비

1) 무기양분 흡수

(1) 벼의 필수원소

① 다량원소로 C, H, O, N, P, K, Ca, Mg, S으로 9가지가 있고 건물(dry matter)에 다량으로 함유되어 있는 원소이다.

② 미량원소는 Fe, Cu, Zn, Mn, Mo, B, Cl으로 7가지가 있다.

③ 필수원소는 대기 중에서 공급되는 이산화탄소(CO_2)를 제외한 나머지 15개 원소는 토양에서 물에 녹아 공급된다.

④ 필수원소는 아니지만 규소(Si), 요오드(I), 코발트(Co) 등이 벼의 생육에 관여되고 있다. 특히 규소는 벼의 도열병을 방지하고 잎의 직립성 등 이상초형을 유지하는 데 중요한 역할을 하므로 벼의 비료 중 가장 많은 양을 공급할 필요가 있다.

(2) 무기양분 흡수부위와 시기

① 뿌리의 흡수부위로 양분흡수는 뿌리 끝 2~3cm 부위에서 주로 이루어진다. 양분흡수력은 새로 나온 뿌리일수록, 영양상태가 좋은 뿌리일수록 강하다. 뿌리의 양수분 흡수력을 나타낼 때는 뿌리 전체의 무게보다 뿌리 선단의 수나 무게를 사용한다.

② 세포의 흡수로 산소(O_2), 이산화탄소(CO_2), 물(H_2O) 등은 세포막의 인지질층을 통한 확산에 의해 세포 안으로 흡수된다.

③ 무기양분은 인지질을 통과할 수 없으므로 세포막에 있는 수송단백질(운반단백질)의 도움을 받아 선택적으로 흡수된다.

④ 벼 뿌리에서 흡수하는 무기양분은 생육시기에 따라 다른데 일반적으로 질소와 칼륨은 빨리 흡수되는 무기양분이며 인산은 이보다 늦게 흡수된다.

(3) 무기양분 흡수조건

① 양호한 양분 흡수조건으로 토양용액에 유효태의 양분이 충분하게 들어 있어야 한다.

② 뿌리조직 내에 호흡기질이 충분하여 에너지를 적절히 공급해야 한다.

③ 흡수에 필요한 에너지 생성을 위해 산소가 충분히 공급되어야 한다.

④ 세포 내의 생리반응에 적합한 온도 조건이 충족되어야 한다.

(4) 양분흡수 저해

① 토양이 환원되어 황화수소(H_2S) 가스가 발생하거나 아세트산(acetic acid) 등의 유기산이 생성되면 호흡효소가 영향을 받아 물과 양분흡수가 저해된다.

② 뿌리가 양분을 흡수하는 최적 수온은 30~32℃이다. 이보다 수온이 높거나(고온에서는 유기물 등의 소모가 커지기 때문) 낮을 때(저온 조건)에는 규소, 인산, 칼륨, 질소 등의 흡수가 크게 떨어진다. 그러나 칼슘(Ca)과 마그네슘(Mg)은 크게 영향을 받지 않는다.

③ 여름에 온도가 높아지면 논토양에 O_2가 부족하여 SO_4가 H_2S(황화수소)로 환원되어 무기양분의 흡수장해가 일어나는데, P〉K〉Si〉NH_4〉Mn〉H_2O〉Mg〉Ca 순서로 흡수가 억제된다.

④ 황화수소(H_2S) 가스는 0.1ppm의 매우 낮은 농도에서도 뿌리를 썩게하여 양분흡수를 저해한다.

⑤ 산소가 부족하면 칼륨(K), 망간(Mn), 규소(Si) 등의 흡수가 증가하는데 불용성인 산화상태의 원소들이 토양환원에 의해 가용태로 되기 때문이다.

(5) 무기양분의 흡수량과 시기

① 질소, 인산, 칼륨의 흡수량은 출수 전 20~30일쯤 최대이고 이때 새 뿌리수가 가장 많다.

② 질소, 인산, 칼륨은 주로 영양생장기 동안 새뿌리에 의해 흡수되며 인산, 칼륨은 생식생장기 때 오래된 뿌리에서도 흡수된다.

③ 철분과 마그네슘의 흡수량은 출수 전 10~20일쯤에 최대가 된다.

④ 규소와 망간의 흡수량은 출수 직전에 최대가 된다.

⑤ 철분과 마그네슘, 규소와 망간의 최대 흡수시기는 새뿌리가 많은 시기보다 10~20일 늦지만 전체 뿌리무게가 제일 많을 때와 일치한다.

2) 무기양분과 벼 생장

(1) 무기양분의 흡수와 체내 이동

① 벼에서 무기양분의 흡수량은 Si〉N〉K〉P〉Ca〉Mg 순으로 많고 양분의 체내 이동률 P〉N〉S〉Mg〉K〉Ca 순으로 높다.

② 이동성이 낮은 칼슘과 규소는 생육과정의 각각 필요한 시기에 필요한 양을 흡수시켜야 한다.

③ 수온이 낮을 경우 흡수 억제는 Si, P, K, N 순으로 줄어든다.

④ 황화수소(H_2S)에 의한 뿌리손상으로 나타나는 흡수 장해는 P, K, Si, NH_4^+, Mn, H_2O, Mg, Ca 순으로 줄어든다.

(2) 벼 생육과정에 따른 무기양분의 흡수

① 무기양분 흡수에서 질소와 인산은 단백질합성이 활발한 생육 초기에 다량 흡수되고 광합성과 광합성산물의 전류에 관여하는 칼리(K)는 완숙기까지 흡수되며, 칼슘(Ca)은 탄수화물이 집적될 때 흡수량이 많은데 황숙기까지 계속 흡수된다.

② 생식생장기에는 질소와 인산 흡수량이 적어지며 칼슘, 마그네슘, 규소의 농도가 높아진다.

③ 영양생장기에는 질소, 인산, 칼리 등을 많이 흡수하고 단백질을 만들어 줄기와 잎을 생성시킨다.

④ 일반적으로 질소, 인산, 황 등의 단백질 구성성분은 생육초기부터 출수기까지 상당부분 흡수되며, 출수 후에는 잎과 줄기에 축적되어 있던 것이 이삭으로 이동되어 등숙하며 동화산물의 대부분은 종실에 집적된다.

⑤ 질소와 인산은 생육 초기에 충분히 흡수시켜 체내에 저장해 두는 것이 유리하다. 칼리와 칼슘은 생육초기부터 생육중기까지 계속 흡수된다.

⑥ 마그네슘(Mg)은 유수발육기에 많은 양이 필요하여 이 시기에 많이 흡수된다.

⑦ 생육 초기에는 질소와 칼리의 농도가 높아야 하고 생육 후기에는 규소(Si)의 농도가 높아야 한다.

⑧ 양분의 흡수는 유수형성기까지 증가하나 유수형성기~출수기 사이에는 감소하며 출수기 이후에는 급감한다.

3) 무기양분별 생리적 기능과 과부족문제

(1) 질소(N)

① 질소는 공기중 79%로 가장 많이 분포하고 DNA, RNA, 엽록소, 아미노산(단백질) 등 원형질의 구성성분이 되며 엽면적과 분얼형성에 관여하므로 질소가 부족하면 생육과 수량이 크게 저하된다.

② 질소함량은 단백질 무게의 약 16%이다. 따라서 식물체의 질소함량을 분석하여 6.25(100/16)를 곱하면 조단백질 함량을 계산할 수 있다.

③ 질소비료는 물에 녹아 암모늄(NH_4^+)이나 질산이온(NO_3^-)이 된다. 논에서 벼는 주로 암모늄(NH_4^+) 이온을 흡수하여 아미노산 합성에 이용한다. 제일 먼저 합성되는 아미노산은 글루타민(glutamine)으로 암모늄(NH_4^+)과 글루탐산이 결합되어 형성된다. 이 글루타민으로부터 여러 가지 다른 아미노산들이 합성되어 단백질합성에 이용되는데 글루타민은 핵산을 비롯한 유기질소화합물을 합성하는 출발물질이 된다.

④ 질소가 과다하면 과번무되어 수광능률이 나빠지고 건물생산효율도 떨어지며 연약하게 자란다.

⑤ 비가 자주 오거나 광이 약하면 질소의 흡수로 단백질 합성이 많아 잎과 줄기의 생장은 왕성하나 광합성이 적어져서 셀룰로스(cellulose), 리그닌(lignin) 등 세포벽을 구성하는 물질이 적게 만들어져 식물체가 약해진다.

⑥ 질소비료를 다량 시용하거나 질소시비량이 적당하더라도 일조부족 등으로 탄소동화작용이 정상적으로 이루어지지 못하면 상대적으로 많아진 체내 질소가 암모늄이나 아미노기로 존재하게 되어 도열병 등에 취약해진다.

⑦ 벼를 재배할 때 질소비료가 적정량보다 많으면 벼 잎이 늘어지고 엽면적이 지나치게 커져 수광태세가 나빠지므로 광합성이 저하되고 호흡량은 늘어나게 된다.

⑧ 질소비료의 시비는 성숙을 지연시키며 벼알의 볏짚에 대한 비율인 조고비가 낮아져 도복이 일어나기 쉽다.

⑨ 키가 작고 직립하는 단간직립형인 통일형 벼는 질소비료에 대한 내비성이 크고 도열병 저항성이 강한 편이다.

⑩ 질소비료의 시용은 단백질 함량을 높여 식미(밥맛)를 떨어뜨린다.

(2) 인산(P)

① 인산은 토양에 소량 존재하고 농도도 낮다. DNA, RNA, 인지질, ATP, NADP, 피틴산 등 유전과 에너지 물질을 구성하는 필수성분이다.

② 작물체 내 인산 함량은 질소나 칼륨의 20% 수준으로 적으나 중요성은 높다.

③ 인산은 H_2PO_4 형태로 흡수되어 생장이 왕성한 생장점, 마디 부위, 이삭 등으로 빠르게 이동하여 액포에 저장되며 유기물과 결합하여 대사에 이용된다. 벼 종자에 있는 피틴(phytin)으로 저장되고 발아 시에 이용된다.

④ 담수 논토양에서는 인산의 유효도가 증가하여 결핍이 적으나 인산의 공급은 질소의 흡수를 촉진하고 생리대사에 필수적이다.

⑤ 한랭지에서는 저온으로 인해 인산의 흡수가 더 나빠지므로 인산질 비료를 충분히 시용할 필요가 있다.

⑥ 인산이 부족하면 잎이 좁아지고 짙은 녹색(농녹색)을 띠며 출수와 등숙이 지연된다. 초장이 짧아지고 분얼이 적어 유효한 수수의 확보가 어렵다. 광합성이나 호흡을 저하시키면 단백질 합성도 적어진다.

⑦ 논토양에 인산이 많으면 벼는 질소를 과다흡수하게 되고 규소(Si)의 흡수가 저해되어 도열병에 걸리기 쉽다.

⑧ 인산은 조류의 생육을 촉진하여 논에 이끼가 많아지고 녹조나 적조현상의 원인물질이 되어 환경문제를 일으킨다.

(3) 칼륨(K)

① 식물이 가장 많이 흡수하는 성분 중 하나로 지각에 2.3% 1차광물로 존재한다.다른 필수원소처럼 세포를 구성하는 구성성분은 아니고 생리대사에 관여하여 조절하는 중요한 역할을 한다.

② 작물체 내에서 칼륨은 이온화되기 쉬운 유기산염으로 존재하며 효소활성, 단백질합성, 광합성과 광합성 산물의 수송이나 삼투압조절 등에 관여한다.

③ 논토양에서는 관개수에 의한 칼륨공급이 많아 밑거름으로만 주어도 결핍증이 나타나는 일은 거의 없다.
④ 칼륨은 과다흡수를 하는 특성이 있어 다량 시용하면 흡수가 많아져 칼슘과 마그네슘 등 길항작용으로 다른 이온의 흡수를 방해할 수 있다.
⑤ 칼륨이 결핍되면 단백질합성이 저해되고 탄소동화작용이 줄어드는 데 호흡은 늘어나 순건물 생산량이 감소된다.
⑥ 칼륨이 부족하면 체내 암모늄태 및 질산태 질소의 함량이 증가되어 질소를 과잉 흡수한 것과 같은 상태로 되어 병충해에 약해지고 섬유소, 리그닌 합성이 감소하며 줄기도 약해져 도복이 일어나기 쉽다.
⑦ 칼륨 결핍 시 잎의 끝이나 둘레가 황화하며 하엽이 고사하고 결실이 잘 이루어지지 않는다.
⑧ 액포보다 세포질에 많고 기공개폐, 호흡 활성화에도 관여한다.

(4) 칼슘(Ca)

① 칼슘은 지각에 3.6% 존재하며 세포막 구성성분으로 세포분열과 생장에 큰 영향을 미치며 칼슘은 펙틴(pectin)과 함께 세포벽을 구성한다.
② 벼의 수량을 높이려면 주기적인 석회의 시용이 필요하다.
③ 칼슘은 양이온이므로 칼륨, 마그네슘과 길항작용을 나타낸다.
④ 칼슘은 체내 이동이 어려워 결핍 시 뿌리나 새순, 눈의 생장점이 붉게 변하며 고사한다.
⑤ 벼의 유수형성기와 등숙기에 광합성산물의 체내 전류를 원활하게 하며 토양산도를 교정한다.

(5) 마그네슘(Mg)

① 마그네슘은 엽록소의 구성성분으로 약 15~20%를 차지하고 광합성에 직접 관여하며 ATP, CO_2, 글루타민의 합성효소 등 여러 가지 효소의 활성물질로 작용한다.
② 마그네슘이 결핍되면 줄기나 뿌리의 생장점 발육이 나빠지고 오래된 잎에 있던 마그네슘이 생장점이나 어린잎으로 이동하기 때문에 오래된 잎은 엽록소가 파괴되어 엽맥 사이에 황백화현상(chlorosis)이 일어난다.
③ 마그네슘은 칼륨과(같은 양이온이므로) 길항작용을 하는데 상대적으로 마그네슘 함량이 높은 쌀(Mg/K비)은 밥맛이 좋다.
④ 철(Fe)과 함께 광합성효소 등 여러 가지 효소작용을 촉진시키며 비타민의 생성이나 질소대사에 관여한다.
⑤ 벼는 유수형성기부터 출수기까지 마그네슘이 결핍되면 불임립이 증가하여 수량이 감소한다.

(6) 철(Fe)

① 논토양에서 철은 담수환원 조건에서 가용성이 증가되므로 결핍증이 잘 나타나지 않으나 노후화된 논토양은 철분의 용탈로 인해 결핍증이 나타난다. 특히 석회암 지대의 배수 불량지에서 결핍증이 나타나는 경우가 있는데 이는 칼슘(Ca)이 많은 알칼리성 토양에서는 철과 망간의 용해도가 감소하기 때문이다.

② 철(Fe)이 부족하면 황화가스(H_2S)와 같은 유해가스 발생으로 뿌리썩음 현상이 잘 나타난다.

③ 철분도 같은 양이온인 칼륨과 망간(Mn) 등과 길항작용이 있다.

④ 철은 산화환원효소를 형성하는 헤모프로테인(hemoprotein), 시토크롬(cytochrome), 페레독신(ferredoxin) 등의 구성성분이며 약 80%가 엽록체에 존재한다.

⑤ 철은 뿌리에서 흡수되어 물관을 통해 잎으로 수송되지만 식물체 내에서 이동이 잘 안되므로 철이 부족하면 어린잎부터 엽록소 함량이 낮아져 황백화하고 엽맥사이에 무늬가 생긴다.

(7) 규소(Si)

① 규소는 벼의 필수원소는 아니지만 질소의 10배에 달하는 규소를 흡수하고 이용한다. 벼는 건물당 10~15%가 규소이나 콩은 0.5% 이하로 적게 축적된다. 그래서 벼를 규산식물이라고도 부르는데 벼에서 규소는 잎과 줄기 및 왕겨의 표피조직에 많다.

② 토양용액에서 규소는 $Si(OH)_4$ 형태로 벼뿌리의 세포막을 쉽게 통과하여 물과 함께 식물체의 각 부위에 수송되며 잎에 침적한 규소는 잎을 단단하게 만든다.

③ 잎에서 규소는 잎몸의 표피세포인 큐티쿨라(cuticula)층 안쪽에 침적하여 단단한 실리콘층을 만들며 세포막 부근에는 실리카-셀룰로스(silica-cellulose) 혼합층을 형성한다.

④ 벼에서 규소가 표피세포에 축적되면 벼 잎을 곧추서게 만들어(이상초형) 수광태세를 좋게 하며 표피증산을 줄여 수분스트레스가 발생하는 것을 방지함으로 광합성이 촉진된다.

⑤ 규소는 도열병균과 같은 진균의 침입을 어렵게 해서 병충해의 저항성을 높인다.

⑥ 줄기에 침적한 규소는 증산으로 인해 물관이 받는 압력을 견디게 하여 강건해지고 통기조직을 발달시며 내도복성을 높인다.

⑦ 규소는 질소를 보완하므로 규소/질소 비율이 높으면 벼는 건실하게 자란다. 질소비료가 과다할 때도 규소를 많이 흡수한 벼는 건실해지는데 질소비료를 많이 주는 다비재배에서는 규소가 결핍되기 쉽다.

⑧ 토양 중에는 규소의 산화물인 규산의 함량이 높고 많지만 가용성 유효규산은 부족하므로 규산질 비료의 별도 시용이 필요하다.

⑨ 규산질 비료를 시비하면 인산염의 유효도가 증가하고 부족하면 잎이 처지고 시들며 괴사반점과 철, 망간 독성이 생기기도 한다.

2. 영양 장해

1) 벼에서 영양장해의 일반적 증상

(1) 무기양분의 과부족

① 무기양분이 과부족하면 초장이 비정상적인 이상신장을 하고 분얼수가 감소한다.

② 잎의 녹색이 변하여 황백색, 갈색, 오렌지색 등이 된다. 칼륨과 마그네슘이 결핍 시 잎맥 사이가 황백화되고 질소와 황이 결핍될 때는 잎 전면에 황백화현상이 나타난다.

(2) 무기양분의 이동성

① 체내에서 이동이 잘되는 질소(N), 인산(P), 칼륨(K), 황(S) 등의 결핍증상은 하위엽에 먼저 나타난다. 이는 하위엽의 양분이 쉽게 상위엽으로 이동하기 때문이다.

② 체내에서 이동이 잘되지 않는 철(Fe), 붕소(B), 칼슘(Ca) 등이 부족하면 결핍증상이 상위엽에서 나타난다. 이는 하위엽의 양분이 상위엽으로 이동하기 어렵기 때문이다.

③ 무기양분이 과잉흡수되면 하위엽에 많이 집적되므로 과잉증상은 보통 하위엽에서 나타난다.

④ 논토양이 환원상태가 심하면 벼뿌리가 흑색이 되고 악취가 나며 황화가스(H_2S) 장해가 나타난다. 일반적으로 건실한 상태의 새 뿌리는 유백색이고 오래된 뿌리는 갈색이다.

2) 원소별 결핍 증상

① 질소의 결핍은 분얼의 정지와 생육억제로 잎이 대부분 좁으며 짧고 곧추서면서 연한 청록색으로 변하고 아랫잎은 말라 죽는다.

② 인산과 칼륨의 겹핍은 벼가 잘 자라지 못하며 잎이 암녹색을 띠고 오래된 잎은 말라 죽고 분얼이 줄어든다.

③ 마그네슘이 결핍되면 잎이 아래로 처지고 잎맥 사이에서 시작하여 잎 전체가 누렇게 변한다.

④ 아연(Zn)이 결핍되면 어린잎의 중륵이 희게 되며 아랫잎은 갈색 얼룩과 줄무늬가 나타난다. 분얼은 계속되나 키가 작아지고 생육이 불균일하며 성숙이 늦어진다.

⑤ 철분(Fe)이 부족하면 뿌리썩음현상이 많이 나타나고 잎이 희게 변하는데 철분을 공급하면 증상이 사라진다.

3) 벼의 영양상태의 진단

(1) 엽색에 의한 영양진단법

① 엽초의 요드반응에 의한 영양진단으로 요드반응 값이 클수록 체내 전분함유율이 높다.

② 요드반응 값이 작을수록 체내 질소가 많고 도열병, 잎무늬마름병에 발생하기 쉽다.

③ 엽신이 길지만 폭이 좁으면 질소과다에 의한 규산 부족증상이다.

④ 엽신이 짧고 폭도 좁으며 단단하고 연한 녹색이면 질소부족이고 엽신이 짧고 폭이 넓으며 진한 녹색이면 칼륨부족이다.

표 6-4. 벼의 영양결핍 증상

비료 분류	비료 종류	발생 부위	초장	엽색	엽형	뿌리	분얼	성숙 속도	병 발생	기타
다량 원소	N	오래된 잎	생장 저해	연녹색	좁고 짧음	–	저해됨	빨라짐	많아짐	전 포장이 황화
	P		생장 저해	진녹색	좁고 곧추섬	–	저해됨	느려짐	–	노엽이 암갈색화
	K		초장 왜소	진녹색, 황색띠	녹슨 갈색 반점, 잎말림	약해짐	–	조기 성숙	많아짐	조기 위조 생육후기에 결핍증상
	Mg		–	간헐녹색, 엽맥 황화	전체가 탈색	약해짐	–	–	–	체관에서 이동이 잘 됨
	S		생장 감소	상위엽부터 황화, 연녹색, 탈색	–	–	분얼 감소	늦어짐	–	–
	Ca	어린 잎	–	잎끝이 황화	괴사나 찢어짐	약해짐	–	–	–	논벼에서 드묾
미량 원소	Fe		–	신엽의 엽맥이 황화	엽록소 감소	–	–	–	–	밭벼에서 발생, 논벼는 드묾
	Mn		초장 왜소	신엽끝이 회록색, 황화, 탈색	괴사 반점	–	–	–	–	밭벼에서 발생, 논벼는 드묾
	Cu		–	잎이 황화된 줄무늬와 청록색	신엽 위조	–	분얼 감소	–	–	불임율 증가
	B		초장 왜소	신엽끝이 백색	잎이 말림	–	–	–	–	이삭 생장 불량, 논벼에서 드묾
	Zn		생장 저해	–	약하고 늘어짐	–	분얼 저해	–	–	듬성듬성 불균일하게 생장
특수 원소	Si	잎 전체	–	–	연하고 처짐	–	–	–	많아짐	도복이 많아짐

표 6-5. 유수분화기 벼의 상위엽 조직에서 무기영양 과부족 농도

비료 분류	비료명	적정농도	결핍농도	과잉장해 농도
다량원소	질소(N)	2.9~4.2%	0.25%	0.45%
	칼륨(K)	1.8~2.6%	1.5%	3.0%
	칼슘(Ca)	0.3~0.6%	0.15%	0.7%
	인산(P)	0.2~0.4%	0.1%	0.5%
	마그네슘(Mg)	0.17~0.3%	0.12%	0.5%
	황(S)	0.15~0.25%	0.1%	0.5%
미량원소	철(Fe)	75~150ppm	60ppm	300ppm
	망간(Mn)	50~500ppm	30ppm	800ppm
	아연(Zn)	25~50ppm	20ppm	500ppm
	구리(Cu)	7~15ppm	5ppm	25ppm
	붕소(B)	6~15ppm	5ppm	100ppm
특수비료	규소(Si)	8~10%	5%	–

*1%는 10,000ppm임

3. 시비

1) 시비량 결정

시비량은 목표수량에 필요한 성분흡수량에서 천연공급량을 빼고 시용한 비료성분의 흡수율로 나누어 산출한다.

즉 $\boxed{\text{시비량} = \dfrac{(\text{필요성분량} - \text{천연공급량})}{\text{비료성분의 흡수율}}}$ 로 계산한다.

예로 벼의 필요성분량이 14kg, 천연공급량이 4kg, 비료의 흡수율이 50%일 때 요소의 필요량을 구하려면 먼저 (필요성분량-천연공급량)을 계산하면 시비량은 (14-4)/비료의 흡수율 0.5이므로 20kg이다. 이때 요소(46%)의 시비량은 질소의 유효성분이 46%이므로 시비량은 20/0.46이므로 43kg가 필요하게 된다.

2) 시비 시기

① 비료는 벼의 생육기간과 생육단계에 맞추어 분시하는 것이 비효를 높이고 벼의 생육에 좋다.

② 기비(밑거름)는 모를 심기 전에 주는 것이므로 모가 활착한 후 곧 바로 흡수하여 벼 분얼을 도우므로 줄기수 확보를 위하여 시비한다.

③ 분얼비는 모내기 후 12~14일에 시비한다. 이앙이 늦었을 때는 분얼비를 줄인다.

④ 수비(이삭거름)은 출수전 24~25일경 유수가 1~1.5mm 자란 때에 1수영화수를 증가시키기 위하여 시비한다.

⑤ 실비(알거름)는 출수기에 종실의 입중을 증가시키기 위해 질소질 비료 총량의 10% 정도 범위에서 시비한다.

⑥ 실비(알거름)는 활동엽의 질소함량이 2% 이하일 때 효과가 크나 질소함량이 높거나 일조부족 및 저온 하에서는 주지 않는 것 좋다.

⑦ 고품질의 쌀을 생산하는 것이 목적인 경우에는 질소질 비료의 실비(알거름)를 주지않는 것이 좋다.

3) 권장시비 기준

① 기계이앙을 하는 일반 논은 N-P-K를 9-4.5-5.7kg/10a 시비한다.

② 권장시비 기준은 벼의 수량성과 밀접한 관련이 있는데 1980년대까지는 다수확을 위해 비료량을 증가시켰다.

③ 최근 쌀이 자급되고 친환경농업과 품질을 중시하게 되면서 질소시비량도 감소하고 있다. 밥맛이 좋은 쌀을 생산하기 위해서는 질소 기준시비량을 9kg/10a 이하로 감축할수록 쌀의 단백질 함량(6% 이하)이 줄어 밥맛이 좋다.

4) 비료의 분시와 비율

① 질소비료는 주로 분시하고 인산비료는 전량 기비로 하며 칼륨비료는 기비와 수비를 7:3으로 한다.

② 질소비료는 평야지 적기이앙 시 기비:분얼비:수비를 50:20:30의 비율로 분시한다.

③ 질소의 실비는 수량증가에 유리하지만 벼의 단백질 함량을 높여 식미를 저하시키므로 줄인다.

④ 수중형 품종의 벼는 기비(밑거름)를 늘린다.

⑤ 조기재배를 할 때는 생육기간이 늘어나는 만큼 분시량을 늘린다.

⑥ 사질답이나 누수답에서는 기비(밑거름)를 줄이고 자주 나누어 주는 분시를 늘린다.

⑦ 기상조건이 좋아서 동화작용이 왕성할 경우 추비량을 늘리는 것이 증수에 유리하다.

5) 합리적 시비

① 벼논에 비료를 줄 때는 토양검정결과 시비처방서에 의거하여 적정량을 주는 것을 말한다.

② 수량을 증대시키기 위해서는 엽면적과 이삭수는 충분히 확보하되 도복이 되지 않아야 한다.

③ 벼알의 단백질함량을 낮추어 식미품질이 좋도록 해야 한다. 이때 질소성분이 출수 후 벼알로 다량 전이해 가지 않도록 시기와 양을 조절한다.

④ 질소농도가 유효분얼종지기까지 지속되도록 하고 출수 전 30일경인 수수분화기 이전까지 시비를 완료한다.

⑤ 수비(이삭거름)는 상위 4~5절간 신장기에 질소가 과다해지지 않도록 하여 도복을 방지한다.

⑥ 벼 재배에서 실비(알거름)는 수비(이삭거름)가 부족하였을 때 주면 다수확에 도움이 되나 질소실비는 벼알의 단백질 함량을 높여 식미를 저하시키기 쉬우므로 고품질의 쌀생산이 목표라면 실비는 주지않는 것이 좋다.

⑦ 냉수가 유입되는 논은 인산과 칼리비료를 증비한다.

⑧ 객토, 경지정리, 심경한 곳은 질소, 인산, 칼륨비료를 20~30% 증비하는 것이 수량확보에 도움이 된다.

⑨ 일조시간이 적은 논, 냉해, 침관수, 도복발생 상습지는 질소비료를 줄이고 인산과 칼륨은 20~30% 증비하는 것이 좋다.

6) 비료의 종류와 시용법

① 단비는 하나의 성분만 들어 있는 비료로 질소는 요소, 인산은 용성인비, 칼륨은 염화칼리가 주로 이용된다.

② 비료는 3요소를 단비로만 주는 것은 번거로우므로 시비횟수를 줄이기 위해 3요소가 혼합된 복합비료로 준다.

③ 보통 단비는 속효성이고 시비 직후 일시에 비효가 나타나는 단점이 있으므로 벼의 생육 중 양분 요구량에 맞추어 서서히 비효가 나타나도록 완효성 비료로 만들어 시비한다.

④ 완효성 복합비료는 시비횟수와 시비량을 줄이고 시용에 더욱 편리하도록 제형된 비료로 비효가 3개월까지도 지속되므로 추비(덧거름)를 생략할 수 있다.

⑤ 주문배합비료는 토양검정을 기초로 생육에 필요한 성분을 주문생산하는 BB(bulk blending) 비료 등이 있다.

표 6-6. 수도용 비료의 종류와 화학식, 성분량

성분	형태	종류	화학식	성분량(%)
질소(N)	요소태	요소	$(NH_2)_2CO$	46
	질산태	질산석회	$Ca(NO_3)_2$ $4H_2O$	10
		질산태칠레초석	$NaNO_3$	20
	암모늄태	황산암모늄(유안)	$(NH_4)_2SO_4$	21
		염화암모늄(염안)	NH_4CI	25
		질산암모늄	NH_4NO_3	33
인산(P)	수용성	과인산석회(과석)	$Ca(H_2PO_4)_2$ H_2O	20
		중과인산석회(중과석)	Ca	46
	구용성	용성인비	$MgO_3 \cdot CaO \cdot P_2O_5 \cdot 2SiO_2$	20
		용과린	용성인비+과인산석회	17
칼륨(K)	수용성	염화칼륨	KCl	60
		황산칼륨	K_2SO_4	50
칼슘(Ca)	–	생석회	CaO	80
		소석회	$Ca(OH)_2$	60
		탄산석회	$CaCO_3$	50

◉ 논 10a에 7kg의 질소를 시용하고자 할 때 황산암모늄(유안) 비료의 양은?
유안의 질소함량은 21% 질소시비량 7kg이므로 유안비료의 시비량은 33.3kg(질소함량=7/0.21)가 된다.

제3절 본답의 물관리

1. 관개와 용수량

① 요수량(water requirement)은 생육기간 중에 흡수한 전체수분량을 전체건물중으로 나눈 값으로 단위중량(g)의 건물을 생산하는 데 필요한 수분량을 나타낸다.

② 논벼(수도)의 요수량은 250~300 정도(밭벼와 콩은 300~450 정도임)이다. 벼는 무논 상태에 적응하여 논에서 잘 자라는 작물이나 환경수로 물을 많이 필요로 할뿐 정작 생산에 직접 이용하는 양은 적다.

③ 벼를 논에 심는 것은 생리적 필요(생리수)에서보다 재배의 편의와 환경수로서 물이 필요하기 때문이다.

④ 물은 벼의 생리작용에 필요하며 벼가 자라는 환경에 여러 가지 유익한 영향을 준다. 벼 뿌리에서 흡수된 물은 양분과 수분의 이동, 증산작용, 광합성, 기타 대사활동의 기초물질로 사용된다.

⑤ 벼재배에서 물의 대부분은 환경수로 역할을 한다. 즉 양분의 공급과 흡수조절, 토양의 환원 및 산화의 조절, 지온과 수온 조절, 토양수에 용해된 유해물질 제거, 잡초발생 억제, 병해충 경감, 간척지의 염분상승 억제 및 희석 등을 통해 벼의 생장에 유리한 영향을 끼친다.

2. 관개의 효과

① 관개는 벼 생육과 논토양의 조건을 조절해서 영양을 공급하고 생육을 촉진하며 수량을 높이는 데 기여한다.

② 벼논의 수온 및 지온을 안정되게 조절한다.

③ 토양 환원을 조장하여 부식의 과도한 분해를 막는다.

④ 토양을 부드럽게 하여 경운, 써레질, 제초 등 농작업을 용이하게 한다.

⑤ 병충해를 예방하고 잡초발생을 억제한다.

3. 용수량과 관개수량

1) 용수량(irrigation requirement)

① 벼를 재배하는 데 필요한 물의 총량으로 생육기간 중에 소비되는 전체수분량을 말한다.

② 용수량은 벼의 엽면증산량 + 논의 수면증발량 + 논토양의 지하용탈량 + 논의 일류량(run off)과 누수량으로 계산한다.

③ 실제 벼재배에 필요한 용수량은 누수와 용탈 등으로 소실되므로 요수량보다 많다.

④ 생육시기별 용수량은 수잉기 > 유수발육기 및 활착기 > 출수개화기 > 무효분얼기 순으로 많다.

⑤ 재배양식에 따른 용수량은 기계이앙재배에 비해 경운직파재배는 40%, 기계이앙재배에 비해서 무경운직파재배는 60% 정도 증가한다.

◉ 벼에서 증산되어 손실되는 물의 양은 500mm, 논 수면에서 증발되는 양은 400mm, 논토양에서 지하로 투수되는 물의 양은 650mm일 때, 총용수량은?
벼 용수량 = 엽면증산량 + 논 수면증발량 + 지하투수량 = 500+ 400+ 650 = 1,550이다.
이때 논의 유거량은 미미하므로 계산에서 생략할 수 있다.

2) 관개수량

① 실제로 관개해야 할 물의 양은 용수량에서 유효강우량을 뺀 나머지 부족분이다.

② 우리나라의 유효강우량은 관개기간 중의 평균강우량의 70%로 본다.

③ 우리나라 논토양의 배수 정도는 1일 평균 감수심이 20~30mm 정도로 본다.

④ 용수량이 1,500kℓ이고 유효강우량이 450kℓ이면 1,050kℓ의 물이 필요하다.

◉ 엽면증산량이 600mm, 수면증발량이 400mm, 유효우량이 300mm, 지하침투량이 500mm일 때, 관개수량을 계산하면 관개수량 = 용수량 − 유효강우량이고 이는 (엽면증산량 + 논 수면증발량 + 지하투수량)에 유효강우량을 빼면 되므로 (600 + 400 + 500) − 300 = 1,200mm가 관개수량이 된다.

4. 본답의 물관리

1) 이앙기

① 이앙작업 시에는 물깊이를 2~3cm 정도로 얕게 하여 작업의 편의를 도모한다.

② 물이 깊으면 모가 잘 심어지지 않고 심은 모가 뜨면서(뜸묘) 결주가 발생한다.

③ 물이 적으면 이앙작업은 용이하나 모내기 직후에 관개를 할 수 없으므로 모의 식상이 심해진다.

2) 활착기(착근기)

① 이앙 직후 7~10일간은 식상 방지를 위해 6~10cm 정도로 깊게 관개한다.

② 모는 키의 1/3~1/2 정도가 물에 잠겨 있어야 증산이 억제되고 식상이 방지된다.

③ 냉수를 관개해야 할 때는 관개수를 우회시키거나 분산시킨다.

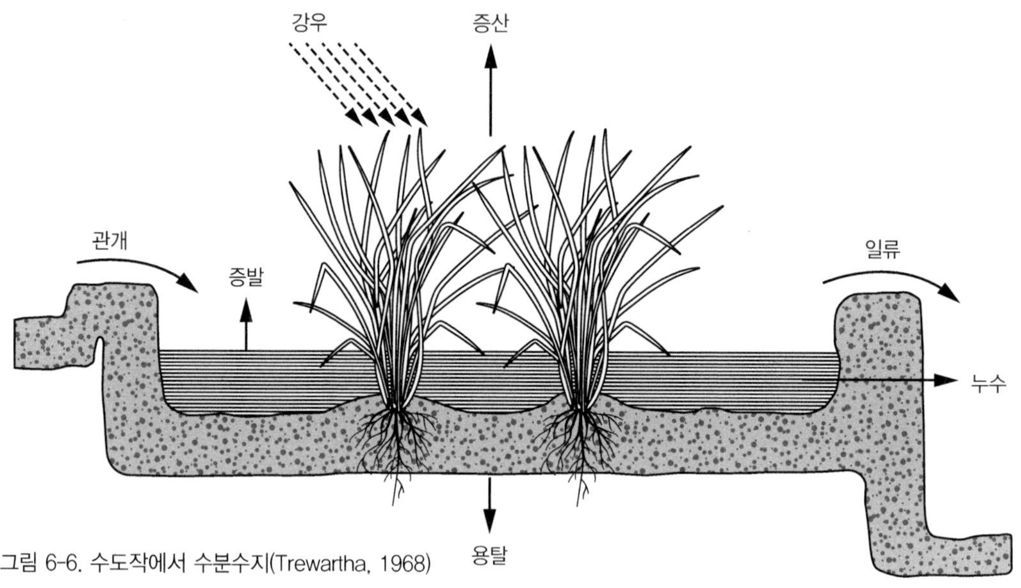

그림 6-6. 수도작에서 수분수지(Trewartha, 1968)

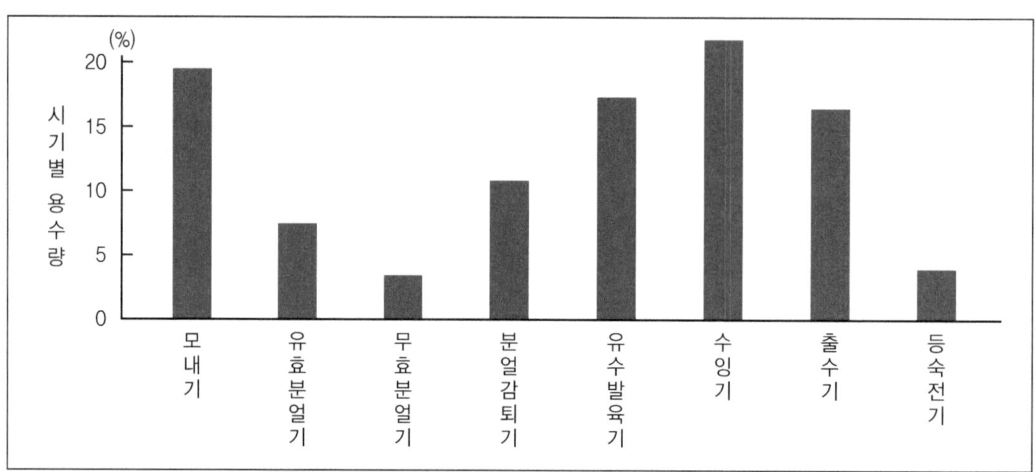

그림 6-7. 벼의 생육시기별 용수량(Ito, 1962)

3) 분얼기

① 분얼기에는 물을 1~3cm 정도 깊이로 얕게 관개하여 분얼을 증가시킨다.

② 관개수심이 얕아야 낮에는 햇볕이 쬐어 생장점 부근의 온도가 올라가게 하고 밤에는 낮아져 온도자극으로 분얼이 촉진된다.

③ 수온보다 기온이 낮아 한랭지나 냉해가 우려되는 지대에서는 심수관개로 보온을 하고 수온을 높이는 조치를 한다.

4) 무효분얼기와 중간낙수

① 출수 전 35일경인 무효분얼기에는 단수하여(중간낙수, midsummer drainage) 불필요한 분얼을 억제하고 통기를 조장하여 생육을 촉진시킨다.

② 중간낙수는 최고분얼기를 중심으로 단수하여 뿌리의 건전화를 도모하며 무효분얼을 억제하는 것으로 7일 정도 논바닥에 작은 균열이 생길 정도로 중간낙수를 한다.

③ 중간낙수는 비옥하고 잠재지력이 높은 땅에서 효과가 큰데 직파재배를 한 논, 도장한 논에서는 강하게 실시한다. 사질답, 염해답과 같은 생육이 부진한 논에서는 생략하거나 약하게 한다.

④ 중간낙수는 질소의 과잉 흡수를 방지하여 무효분얼을 막는다. 토양에 산소를 공급하고 황화수소와 같은 유해가스를 배출하여 뿌리의 활력을 증진시키고 뿌리썩음을 방지한다. 뿌리를 깊게 뻗게 하여 생육후기까지 양분흡수를 높이고, 임실을 좋게 한다.

⑤ 중간낙수는 논흙을 굳히고 줄기 밑 간기부를 튼튼하게 하여 도복을 예방한다. 토양이 산화상태가 되면 칼리와 질소비율(K/N)을 증대시켜야 벼 조직이 튼튼해져서 도복이 예방되며 깨씨무늬병 발생도 적어진다.

⑥ 중간낙수를 하면 토양 중 암모늄태 질소가 질산태로 산화되어 탈질이 일어나게 되므로 비효는 떨어진다.

5) 유수형성기와 출수기

① 유수형성기에서 수잉기를 거쳐 출수기까지는 벼의 잎면적이 가장 크고 증산량도 많아져 물이 많이 필요하며 외부환경 스트레스에 가장 민감한 시기이다.

② 간단관개(intermittent irrigation)는 물을 2~4cm 깊이로 관개한 후 며칠간 유지하였다가 물이 마르면 다시 관개하는 방법으로 무효분얼을 억제하고 용수를 절약할 수 있다.

③ 물은 부족하지 않은 범위 내에서는 항상 담수를 할 필요는 없으므로 중간낙수가 끝난 후에 간단관개를 하는 것이 근권에 O_2를 공급하여 뿌리의 건실화를 도모할 수 있다.

④ 유수가 발육하고 개화 수정하는 때는 물의 요구량이 많고 예민한 시기이므로 물이 부족하지 않도록 한다.

⑤ 간단관수(물걸러대기)는 3일간은 물을 대고 2일간은 물을 빼서 뿌리활력을 높이고 토양 속 메탄가스, 황화수소가스, 유기산 등 유해물질을 제거함으로써 이삭의 생장과 발육을 조장하는 것이 중요하다.

표 6-7. 벼 생육과정에 따른 물관리

번호	생육단계	물관리	관수 깊이 (cm)	효과
①	이앙기	얕게 댐	2-3	모를 얕게 이식앙해야 안정됨
②	착근기	깊게 댐	5-7	식상경감, 증산억제, 뿌리내림 촉진
③	유효분얼기	얕게 댐	2-3	분얼 촉진
④	무효분얼기	중간낙수(1주일 정도)	0	무효분얼 억제, 유해물질 제거, 도복방지
⑤	유수형성기	간단관개(3일 관수, 2일 배수)	2-4	뿌리활성 촉진, 유해물질 제거
⑥	출수기	보통재배	3-4	수분(꽃가루받이) 촉진
⑦	등숙기	얕게 간단관개	3-4	등숙 촉진, 뿌리활력 유지, 유해물질 제거
⑧	수확기	완전 낙수(출수 후 1달)	0	쌀품질 제고, 작업편리성 제고

6) 등숙기

① 등숙기에도 물은 꼭 필요하나 엽면증산이나 수면증발량이 크게 감소하는 시기이므로 심수관개는 필요하지 않다. 양분의 전류 축적을 위해 물을 얕게 대거나 걸러대기를 한다.

② 산소가 잘 공급될 수 있도록 간단관개를 한다.

③ 출수 후 30일경까지는 반드시 관개를 해야 미질이 좋아진다.

④ 콤바인 작업의 편의를 위해 논물을 말리고자 조기에 낙수를 하면 입중이 저하하고 불완전미가 증가하여 수량과 품질이 다함께 낮아진다. 일찍 단수하면 미숙립이나 사미가 20~30%나 증가한다.

그림 6-8. 삼광벼를 재배한 논에서 수확 직전 배수모습

5. 수확

1) 수확 적기

① 외견상 이삭목에 녹색이 사라지고 누렇게 변한 때이며 90% 이상 종실이 성숙하면 수확해도 좋은 수확적기로 이때 현미의 수분함량은 25% 정도이다.

② 벼는 출수 후 35~40일이면 종실의 발달이 완료되어 수확이 가능하다. 그러나 수량, 도정 특성, 쌀의 품위, 쌀 전분의 특성 등을 종합해 보면 현미의 발달이 완료되는 출수 후 40~50일이 적기이다.

③ 극조생종은 출수 후 35일, 조생종은 40일, 중생종은 45일, 중만생종과 만식재배 벼는 50일 정도에 수확하는 것이 좋다.

④ 종자로 쓸 종실은 5일 정도 일찍 수확하는 것이 좋다.

2) 수확 적기의 결정

① 출수에서부터 수확까지의 일수는 기본적으로 적산온도에 의해 결정된다. 등숙에 필요한 등숙적산온도는 1,000~1,100℃ 정도이다.

② 고온에서 등숙하면 수확적기가 빨라지고 저온에서 등숙하면 길어진다.

③ 등숙기에 지나친 고온은 동할미, 배백미, 유백미가 증가되고 저온조건은 미숙립, 동절미, 복백미가 증가된다.

④ 지구온난화로 최근 가을 기온이 2~3℃ 높아진 것을 감안하면 수확시기를 다소 빨리하는 것이 밥맛이 좋은 고식미의 쌀 생산에 유리하다.

3) 수확 시기에 따른 품질변화

① 적기에 수확해야 쌀에 윤기가 흐르고 부드러운 찰기가 있으며 밥향이 좋다. 수확이 늦어질수록 윤기나 향, 찰기가 줄어 식미가 떨어진다.

② 조기 수확으로 수확이 너무 빠르면 광택은 좋으나 청미, 사미, 파쇄립 등이 증가한다.

③ 만기 수확으로 수확이 늦어지면 투명도나 광택이 감소하고 동할미, 피해립, 복백미가 증가하며 쌀겨층이 두꺼워진다. 탈립량이 많아지고 새나 쥐 등의 피해를 받기 쉽다.

④ 수확이 늦어져 도복이 발생하게 되면 수량이 줄어들 뿐만 아니라 벼베기에도 많은 추가적인 노력이 소요된다.

4) 적기 수확을 준비

① 수확기의 중요성을 인식하고 콤바인 및 장비 운영자를 사전에 확보한다.

② 수확직후의 산물벼는 수분함량이 25% 정도로 높아 건조시간이 길어지므로 건조기를 준비한다.

③ 수확작업이 어려워 수확이 늦어지기 쉬운 배수불량답, 면적이 좁은 작은 논은 농지기반조성을 하도록 한다.

④ 대규모로 재배할 때는 성숙기가 다른 품종을 배치하거나 이앙시기를 달리하여 농번기를 분산할 필요가 있다.

5) 수확 방법

1) 수확 방법의 변천

① 종자로 쓸 종실은 분당 300회전 정도로 느리게 탈곡해 상처가 없도록 해야 발아율이 높고 병발생이 적다.

② 콤바인과 함께 2조식 바인더(binder, 결속기)가 1977년 보급되었다.

③ 예취와 탈곡을 동시에 수행하는 콤바인(combine)은 1980년 중반부터 보편화되었다.

④ 최근에는 수확작업의 기계화율은 거의 100%에 달하고 작업능률도 낫을 사용한 인력수확보다 바인더는 13배, 콤바인은 50배로 높다.

⑤ 동력회전식 탈곡기의 회전속도가 빠르면 작업능률은 높으나 종실에 상처가 나고 싸라기가 증가하므로 분당 500회가 적당하다.

⑥ 수분함량이 높을수록 미생물 번식이 용이하고 내부 성분의 이동 및 효소작용이 활발하여 품질이 변하기 쉬우므로 수확 후 바로 건조시킨다.

제7장
병충해, 잡초해와 기상장해

농업의 역사는 잡초와 병충해와의 싸움이라고 해도 과언이 아닐 것이다. 물론 기상재해는 기후에 따라 각오하고 있었기에 이를 수용하면서 다양한 농사기술을 발전시켜 왔다. 요즘은 다양하고 강력한 농약(작물보호제)가 개발되어 있고 각종 비료를 포함한 농자재가 풍부하다. 그러나 이들 제반요소에 대한 이해도가 높아야 효율적이고 종합적인 방제가 가능하다. 이번 장에서는 이들을 제어하고 관리하기 위한 내용을 공부해 본다.

제1절 병해 방제

1. 벼 병의 분류(classification of rice disease)

표 7-1. 벼에 발생하는 병

번호	병명	병원균	전파(매개충)	월동형태/장소	특징
①	깨씨무늬병	진균(자낭균류)	바람(종자)	병든 볏짚/볍씨	사질논, 노후답에서 발생
②	키다리병	진균(자낭균류)	바람(종자)	종자표면	지베렐린 분비
③	도열병	진균 (불완전균류)	바람(종자)	볏짚/병든 종자	저온다습, 규소시비
④	잎집무늬마름병	진균(담자균류)	물	땅위	균핵과 담포자 형성
⑤	잘록병	진균	물, 토양	병든 조직/토양	상자육묘에서 많이 발생
⑥	알마름병	세균	물(종자)	종자	종자전염
⑦	흰빛잎마름병	세균	물	잡초(겨풀류) 벼 그루터기	태풍과 침수후 발생
⑧	검은줄무늬 오갈병	바이러스	애멸구	매개충(잡초, 밀, 자운영) 약충	경란전염
⑨	오갈병	바이러스	끝동매미충, 번개매미충	매개충(잡초, 밀, 자운영) 유충, 성충	경란전염
⑩	줄무늬잎마름병	바이러스	애멸구	매개충(잡초, 밀, 자운영) 유충	경란전염

2. 병해 방제법

표 7-2. 병충해 방제법(해충과 잡초를 포함)

순번	구분	주요 방제방법
①	물리적 방제 (physical control)	• 기구나 온습도, 광선 등 힘으로 방제하는 방법으로 유살등이나 자외선 등 빛을 이용하기도 한다. 열로 온탕소독을 하거나 수목에 해충서식지를 만들고 모아서 태운다. • 황색, 청색 또는 적색 끈적이 판을 설치하고, 황색 수반 등을 설치한다. • 한랭사로 하우스나 온실을 덮어 해충의 침입을 차단하는 방충망을 설치하여(환기창, 출입문 등) 진딧물, 나방류 등의 침입을 막는 것을 말한다. • 과실에 봉지를 씌운다. 토양소독은 재식 전 증기훈증 소독, 담수처리, 태양열 소독을 한다. • 집단서식지 및 이병정도가 심한 부위를 절단하여 소각한다.
②	화학적 방제(농약) (chemical control)	• 농약을 이용하여 방제하는 것으로 예방위주 적기방제를 한다. • 농약 살포 시 적절한 희석배수, 살포량, 횟수를 선택(과다사용 방지)한다. • 살포 시 충분한 양을 골고루 살포(약흔 및 약해 주의)한다. • 여러 가지 적용 약제를 교호적으로 살포하여 저항성이 생기는 것을 막는다. • 화학적 방제의 단점은 생태계 균형파괴, 저항성 유발, 환경오염 등이 있으나 장점은 효과가 빠르고 확실하다. 페로몬이나 미생물농약도 이 범주에 속한다.
③	재배적 방제 (cultural control)	• 경운, 재배시기 조절과 같은 재배수단을 이용하는 방제법으로 건전 우량, 무병묘를 구입하여 재식한다. • 저항성 품종을 선택하여 재배한다. • 윤작이나 혼작으로 병원균의 숙주를 제거하고 대항식물이나 유인작물로 병원균의 서식을 줄인다. • 포장 청결로 전염원 제거 및 확산 방지, 전작물 잔사물의 수거 및 소각, 포장 전염원 및 월동처 제거(낙엽, 전정한 가지 등을 소각), 인근 서식처 방제(잡초 및 중간숙주 등), 묘목의 상처나 전정가위 등을 소독한다.
④	생물적 방제 (biological control)	• 천적이나 생물(대항 작물)을 이용한다. 천적, 기생성 동물이나 병원미생물, 포식성 동물 등을 이용하는 것은 효과는 느리나 환경부하가 적고 지속적이다.
⑤	종합적 방제 (Integrated Pest Management, IPM)	• 비료와 농약을 많이 사용함으로 환경부하가 커짐에 따라 도입된 개념이다. • 최적의 농약(생물적 방제 포함)을 최소한으로 그 지역에서 효율적으로 사용하자는 개념으로 비료나 영양, 농약 등에 적용되고 있다. • 모든 방법을 같이 쓰는 것 보다는 여러 방법 중에서 가장 적절하고 가장 효율적이며 환경에 피해가 적도록 방제하는 것을 말한다.

3. 벼에 발생하는 병

1) 벼 깨씨무늬병(Brown Spot, 호마엽고병)

(1) 병원 : *Cochliobolus miyabeanus*, 진균

(2) 병의 특성과 발병

① 균사 상태로 볏짚에서 월동하고 봄에 분생포자를 생성하며 포자는 바람따라 전파된다.

② 잎에 타원형 암갈색의 반점이 생기며 이삭목과 가지 볍씨 등이 암갈색으로 바뀐다.

③ 발병원인으로 고온다습조건, 사질토양으로 토양이 산성으로 되어 영양이 부족할 때 발생이 많아진다.

(3) 병징과 방제

① 저항성 품종을 재배하고 종자소독을 하며 토양을 개량하고 적절한 비료를 공급한다.

2) 벼 키다리병(Bakanae Disease)

(1) 병원 : *Gibberella fujikuroi*, 진균(자낭균류)

(2) 병의 특성과 발병

① 분생포자의 형태로 종자표면에서 월동하고 고온에서 잘 발생된다.

② 산성토양에서 심하게 발생하는데 종자를 통해서 감염된다. 지베렐린의 작용으로 키가 커지는 도장현상을 보인다.

(3) 병징과 방제

① 병징은 잎은 엷은 녹색으로 가늘고 길게 자라 건전묘의 2배 이상 크며 도중에 죽는다.

② 저항성 품종을 선택하고 건전한 종자를 사용하며 종자소독을 한다.

③ 못자리나 본답 초기에 이병주를 제거한다.

그림 7-1. 벼 키다리병의 발병 모습

3) 벼 도열병(Blast)

(1) 병원 : *Pyricularia oryzae*, 진균(불완전균류)

(2) 병의 특성과 발병

우리나라를 비롯한 동남아 각지에서 가장 큰 피해를 입히는 병 중의 하나이다. 질소질 비료를 과다시비하면 많이 발생한다. 모든 기관에서 발생하는 병으로 다양한 균계를 가지고 있다.

① 병원균은 볏짚 또는 볍씨의 병든 부분에서 균사나 분생 포자로 월동하고 포자는 바람에 의해 쉽게 퍼진다. 분생포자는 2개의 격막을 가진다.

② 발병 원인으로 공기 중에 있는 분생포자가 침입하여 병을 일으키기 위해서는 25~28℃ 정도의 다소 저온, 100%에 가까운 다습조건이다.

③ 저온다우 조건에서 기온이 급격히 올라갈 때, 이앙이 늦고 질소가 많으며 다습조건일 때, 생육기에 물이 부족하거나 찬물을 깊이 대어줄 때, 표토가 얕고 비료의 흡수가 급격할 때 많이 발생한다.

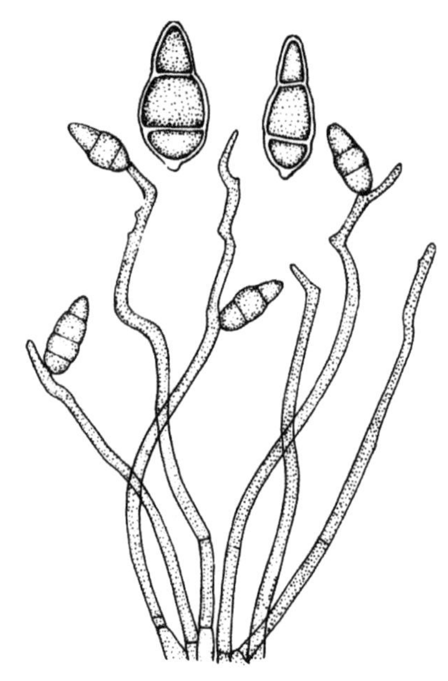

그림 7-2. 도열병의 병원균

(3) 병징과 방제

① 벼의 종자부터 이삭까지 전 부위에 발생하며 갈색의 방추형 병반이 생긴다. 갈점형 병반은 엽맥사이에 생기며 분생포자는 형성하지 않는다.

② 백점형 병반은 토양이 건조하고 다비조건의 유묘에서 생기며 분생포자는 발생한다.

③ 급성형 병반은 날씨가 불순하거나 질소과다로 병의 저항력이 약할 때 생기며 병반 주위가 암록색으로 타원형이거나 부정형이다. 한 개의 병반에서 2,000~3,000개의 포자가 형성된다.

그림 7-3. 벼 도열병균 반점 사진

④ 만성형 병반은 일반적인 병반으로 방추형이며 가장자리는 갈색 중심부에서 회백색으로 포자의 형성과 비산이 잘 일어난다.

⑤ 방제법으로 저항성 품종재배, 질소비료 과용금지, 냉수는 온도를 높여 공급해야 한다. 약제로 종자소독을 한다. 종자소독, 이병물을 제거하며 질소질 비료의 과잉공급을 금하고 규소(Si)를 포함한 균형 시비를 한다.

4) 벼 잎집무늬마름병(Sheath Blight, 문고병)

(1) 병원 : *Pellicularia sasak*, 진균(담자균류)

(2) 벼의 특성과 발병

① 병반 가까이에 균핵을 형성한다. 초기에는 백색에서 점차 담갈색으로 바뀐다.

② 원인으로 23~25℃ 정도의 다소저온, 100%에 가까운 다습조건, 질소비료의 과용과 밀식재배 시에 발생이 많아진다.

그림 7-4. 벼 잎집무늬마름병의 발병 모습

(3) 병징과 방제

① 병징은 잎집 표면에 암회색의 부정형 점무늬가 생긴다.

② 방제대책으로 모내기전 써래질 후 균핵을 제거하고 밀식 및 질소질 과잉을 금하고, 칼륨질 비료 증시한다.

③ 장마 후 더운 여름 날씨 지속 시 전용 약제 처리한다.

5) 벼 모잘록병(Damping Off)

(1) 병원: *Pythium debaryanum*, *Rhizoctonia solani*, *Fusarium* spp., 진균(조균)

(2) 병의 특성과 발병

① 난포자로 병든 조직 또는 토양에서 월동하고 관개수나 토양에 의해 전염된다.

② 저온 과습, 통기 불량, 알칼리 토양, 질소비료 과잉일 때 잘 발생한다.

③ 일찍 파종한 못자리, 주야의 온도 차가 클 때 많이 발생한다.

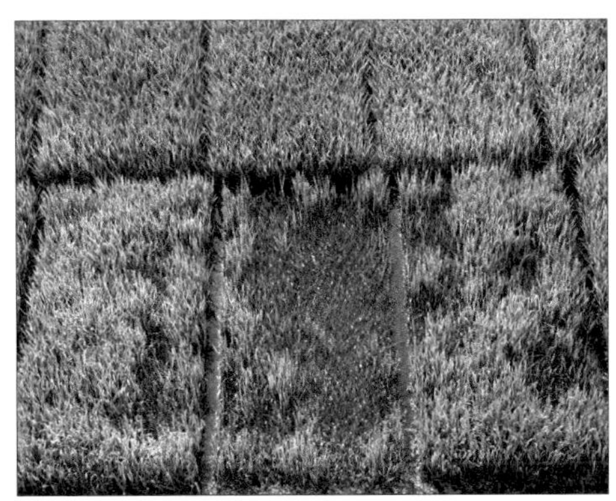

그림 7-5. 벼 모잘록병의 발병 모습

(3) 병징과 방제

① 병징은 종자가 발아하지 않거나 발아해도 올라오지 못하고 고사한다.

② 못자리 관리는 주간 30℃ 이하, 야간 10℃ 이상으로 유지한다.

③ 건전 종자를 사용하고 pH는 4.5~5.5 정도의 무병 상토를 사용하고 전문 약제를 살포한다.

6) 벼 알마름병(Bacterial Grain Rot)

(1) 병원 : *Burkholderia glumae*, 세균

(2) 병의 특성과 발병

① 호기성 그람음성 간균으로 발생 적온은 30℃에서 많이 발생한다.

② 침종 시 이병 종자에서 건전 종자로 전염되고 벼 출수 후 1주간 고온(30~35℃), 다습 환경에 발병한다.

그림 7-6. 벼 알마름병의 발병 모습

(3) 병징과 방제

① 병징으로 이삭 전체 또는 일부분이 말라 죽거나 썩고 벼알은 담황색~청갈색, 현미는 갈색 줄무늬가 생긴다. 어린 모에서 엽초가 갈변, 잎몸이 꼬이는 기형이 생기고 황갈색으로 고사하기도 한다.

② 건전 종자를 사용하고 종자를 소독한다. 육묘 시 고온 다습, 질소질 비료를 많이 사용하지 않는다.

③ 발병 포장은 수확 후 볏짚을 소각하거나 제거한다.

7) 벼 흰잎마름병(Bacterial Leaf Blight, 백엽고병)

(1) 병원체 : *산토모나스 오리자*(*Xantomonas oryza*), 세균

(2) 병의 특성과 발병

① 병징으로 어린 벼는 새잎이 나올 때 노랗게 되고 미전개나 전개된 잎은 황록색의 줄이 세로로 나타난다.

② 처음에 잎의 끝이나 가장자리가 담황색, 회백색, 백색의 물결이 생기고 심하면 잎 전체가 말라 죽는다.

② 월동 잡초나 벼의 그루터기에서 월동하는데 태풍이나 침수가 발생했을 때나 질소 과용은 병의 진전을 촉진한다.

(3) 병징과 방제

① 원인으로 온도가 26~30℃ 정도에서 잘 발생하고 강한 바람으로 잎에 상처가 생기면 세균이 침입하므로 태풍과 홍수가 겹칠 때 많이 발생한다.

② 기주식물(줄풀, 겨풀, 빕새피) 제거하며 질소 과용을 금하고 규산, 칼륨질 비료 중시한다.

그림 7-7. 벼 흰잎마름병의 발병 모습

③ 논두렁의 잡초를 태워 월동 애멸구를 제거하고 저항성 품종을 재배한다.

④ 장마 기간 중 침관수 피해 시 전용 약제 처리한다.

8) 벼 검은줄오갈병(Rice Black Streaked Dwarf)

(1) 병원 : Rice black streaked dwarf virus, 바이러스

(2) 병의 특성과 발병

① 애멸구에 의해 매개된다.

② 매개충은 잡초, 밀밭, 자운영밭에서 월동한다.

(3) 병징과 방제

① 병징으로 잎은 진녹색과 동시에 현저하게 위축되고 잎 뒷면이나 줄기에 갈색 또는 흑색의 줄무늬가 생긴다.

② 저항성 품종을 재배하고 병든 식물체 발견 즉시 제거한다.

③ 매개 곤충 구제하고 논의 잡초를 제거한다.

그림 7-8. 벼 검은줄오갈병의 발병 모습

9) 벼 오갈병(Rice Dwarf)

(1) 병원: Rice dwarf virus, 바이러스

(2) 병의 특성과 발병

① 끝동매미충과 번개매미충에 의해 매개된다.

② 매개충은 잡초, 밀밭, 자운영밭에서 월동한다.

③ 이앙 후 본답에서 발병한다.

(3) 병징과 방제

① 병징으로 잎은 진녹색과 동시에 백색의 반점, 위축되고 분얼이 많아지며 출수 전 초장은 건전 벼의 1/2 정도이다.

② 저항성 품종을 재배하고 병든 식물체는 제거한다.

③ 매개 곤충 구제하고 논두렁 잡초는 제거하며 질소질 비료 과용을 하지 않아야 한다.

그림 7-9. 벼 오갈병의 발병 모습

10) 벼 줄무늬잎마름병(Stripe Virus, 호엽고병)

(1) 병원체 : Rice stripe virus, 바이러스

(2) 병의 특성과 발병

① 애멸구에 의해 경란전염으로 발병되고 병은 7~14일 정도의 잠복기를 거쳐 발병한다.

② 발병원인으로 이앙 후 분얼기에 보독충인 애멸구의 양에 의해 발병이 결정된다.

(3) 병징과 방제

① 어린 벼는 속잎이 노랗게 되고 말리며 활옥색의 줄이 나타난다. 이삭이 기형화되고 열매도 잘 맺지 못한다.

② 매개충을 방제하고 병든 개체는 제거한다.

그림 7-10. 벼 줄무늬잎마름병의 발병 모습

제2절 충해 방제

1. 벼에 발생하는 해충

1) 벼멸구(Plant Hopper)

(1) 애멸구

① 애멸구는 벼 줄무늬잎마름병(바이러스성)을 옮기는 월동해충으로 최근 월동밀도가 낮은 편이지만 중국에서 대량으로 날아올 때 피해가 우려되며 철저한 사전 방제가 필요하다.

② 발생 우려 지역은 삼광이나 새누리, 조평, 화영과 같은 저항성 품종을 심고 맥류 포장 주변에서 육묘 시 방충망을 씌워 애멸구 유입을 차단하는 것이 좋다.

③ 모내기하는 날 벼물바구미, 벼잎벌레, 굴파리류 등과 동시 방제가 가능한 살충제(입제)를 살포한다.

④ 피해양상으로 해충이 식물체의 즙을 빨아 먹어 생육 장애를 일으키고 바이러스를 옮기며 줄무늬잎마름병을 매개시킨다.

⑤ 생활사는 4령의 약충태로 월동하고 1년에 4~5회, 4월에서 9월까지 발생한다. 알의 형태는 바나나 모양으로 백색이며 길이는 0.6mm 정도이고 약충은 담갈색이다.

그림 7-11. 애멸구의 약충 및 성충 모습

⑥ 암컷은 중앙부가 담황색이고 수컷은 흑색이며 몸의 길이는 3~4mm인데 암컷이 약간 크다.

⑦ 발생기에 농약을 살포하거나 저항성 품종을 재배한다.

(2) 흰등멸구

① 피해양상으로 해충이 식물체의 즙을 빨아 먹어 생육 장애를 일으키고 도복을 시킨다.

② 생활사는 6월 중하순에 중국에서 비래(우리나라에서 월동하지 못함)하므로 저기압이 통과된 날 많이 발견된다. 따라서 비래되는 상황에 따라 발생횟수가 다르나 대체로 연 4회 발생한다.

③ 알의 형태는 바나나 모양으로 백색이며 길이는 0.9mm 정도이고 약충은 담회색이다.

④ 등쪽에 암갈색 반문이 있고 성충은 흑갈색이나 등의 중앙에 황백색 무늬가 있고 양측은 흑색이고 날개는 투명하다.

⑤ 성충은 중앙부가 백색마름모꼴이고 3.5mm 정도의 크기이다.

⑥ 내충성 품종을 재배하고 질소비료를 줄이며 발생기에 농약을 살포한다.

(3) 벼멸구

① 피해양상으로 해충이 식물체의 즙을 빨아 먹어 생육 장애를 일으키고 고사시킨다.

② 생활사는 6월 중하순에 비래(우리나라에서 월동하지 못함)하여 번식하나 그 양이 적고 이동성도 낮으나 집중적으로 피해를 일으킨다. 대체로 연 4회 발생한다.

③ 알의 형태는 바나나 모양으로 백색이며 길이는 0.6mm 정도이고 약충은 성충에 비해 작고 날개도 짧다.

④ 성충의 크기는 4.5~6mm로 애멸구보다 크며 체색은 갈색이나 입근처는 흑갈색이고 날개는 담갈색이다.

⑤ 내충성품종을 재배하고 질소비료를 줄이며 발생기에 농약을 살포한다.

⑥ 비래해충은 초기방제가 중요하므로 멸구가 날아온 지역에서는 벼의 줄기 아래쪽을 잘 살펴보아 발생이 많으면 등록 약제로 방제한다.

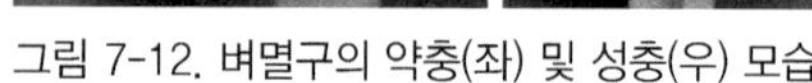

그림 7-12. 벼멸구의 약충(좌) 및 성충(우) 모습

그림 7-13. 흰등멸구의 모습

2) 벼물바구미(Rice Water Weevil)

① 벼물바구미는 벼 어린잎과 뿌리를 갉아 먹고 벼잎벌레와 굴파리류는 벼 잎이나 줄기 속을 갉아 먹어 피해를 주는 해충으로 해마다 발생한다.

② 모내기 당일 육묘 상자에 입제를 뿌려 방제하고 육묘 상자에 약제 처리를 못 할 경우는 모낸 후 10~15일 사이에 약제를 살포한다.

③ 벼물바구미는 벼를 어릴 때(모내기 때) 가해하므로 피해가 크다.

그림 7-14. 벼물바구미의 성충 모습

3) 혹명나방(Grass Leaf Roller)

① 피해양상으로 해충이 식물체의 잎을 말거나(똘똘말이라고도 부름) 철하고 식해한다.

② 중국에서 비래하는 해충으로 생활사는 번데기로 월동하며 연 2~4회 발생한다.

③ 알은 담황색으로 길이는 1.0mm 정도이고 약충은 두부가 담갈색이나 몸은 황록색, 노숙하면 담황색으로 변한다.

④ 겨울에 논둑의 잡초를 제거하여 월동충을 죽이고 발생기에 농약을 살포한다.

4) 끝동매미충(Leaf Hopper)

① 피해양상으로 해충이 식물체의 즙을 빨아 먹어 생육 장애를 일으키고 고사시키며 바이러스성 오갈병을 매개시킨다.

② 생활사는 연 4회 발생한다. 알의 형태는 바나나 모양으로 초기에는 반투명하나 점차 황갈색으로 되며 길이는 1.0mm 정도이고 약충은 부화 직후 연한 황색이나 점차 흑갈색으로 변한다.

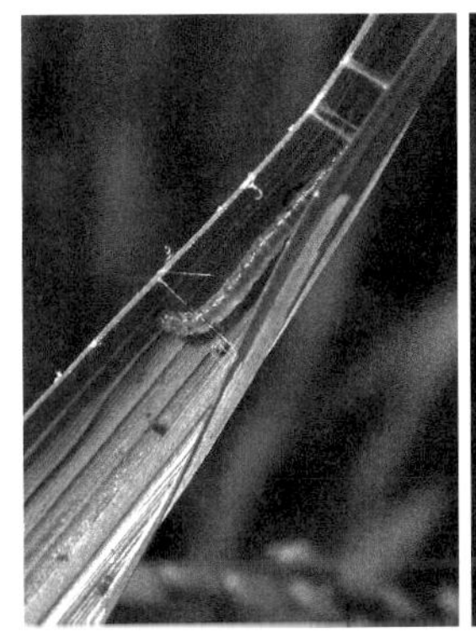

그림 7-15. 혹명나방의 유충(좌)과 피해 모습(우)

③ 성충의 날개는 녹색이나 끝이 갈색이나 흑색이다. 수컷은 4~5mm, 암컷은 6mm이다.

④ 발생기에 농약을 살포한다.

5) 이화명나방(Rice Stem Borer)

① 피해양상으로 해충이 식물체 속으로 식입하면 황갈색으로 잎이 마르고 고사한다.

② 생활사로 연 2회 발생하고 노숙 유충태로 볏짚에서 월동하며 제1화기는 4월 번데기로부터 부화하여 5월 발생하여 최성기는 6월이다. 바람에 의해 비산한다. 제2화기는 7월부터 나타나 8월에 최성기에 도달한다.

③ 발아 최성기 10~18일후 경엽처리로 농약을 살포한다.

그림 7-16. 끝동매미충의 수컷성충(좌)과 암컷성충(우) 모습

6) 저장 해충

(1) 바구미

① 저장 곡류를 가해하는 해충으로 딱정벌레목 바구미과에 속한다. 쌀바구미(*Calandra oryzae*)는 전세계에 분포한다.

② 굳은날개(딱지날개)를 가지고 있으며 알을 300~500개 쌀의 낟알에 구멍을 뚫고 낳는다.

③ 저작해충으로 애벌레와 성충이 어두울 때 피해를 준다.

④ 유충이나 성충으로 월동하고, 기온이 15~16℃로 높아지면 활동이 왕성해지며 5월 중하순 경부터 곡립 속에 산란하며, 부화한 유충은 그 내부를 갉아 먹으며 자란다.

⑤ 1년에 3~4회 발생하며, 번식에 가장 적정 온도는 28~29℃이다.

⑥ 방제법으로 곡물을 충분히 건조시켜(수분함량 12% 이하) 보관한다.

⑦ 창고 내부를 청소, 환기, 온도를 낮게 유지한다.

⑧ 성충을 유인하여 죽이거나, 유충에 붙는 기생별(천적)을 이용한다.

⑨ 창고를 밀폐하고 클로로피크린이나 이황화탄소로 훈증한다.

그림 7-17. 밀에 발생한 바구미

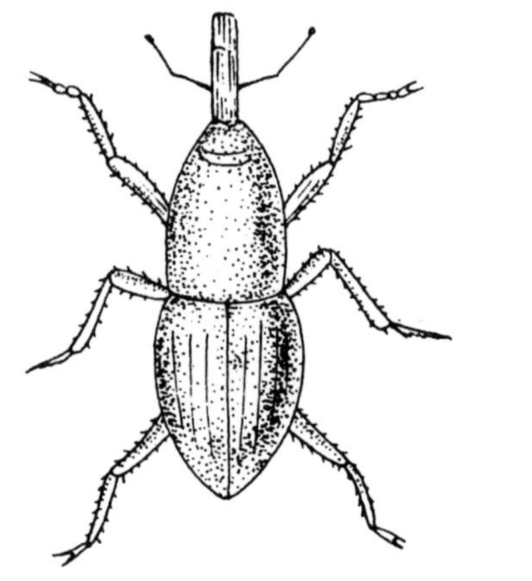

그림 7-18. 바구미의 성충모습

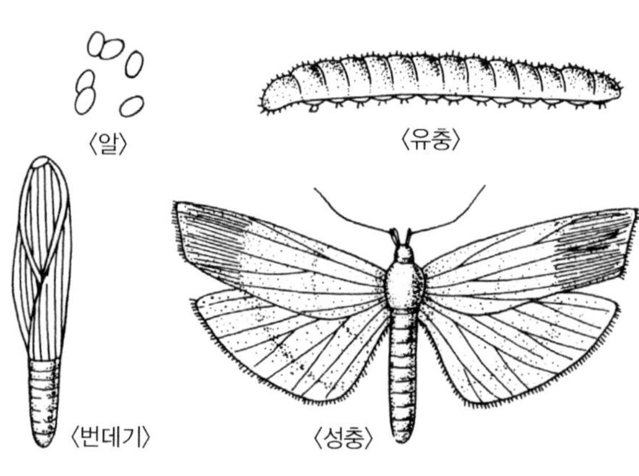

그림 7-19. 화랑곡나방

(2) 화랑곡나방

① 나비목 명나방과의 해충으로 유충은 15mm 정도이고 머리는 적갈색이다.

② 성충의 수명 2주 이내이나 교미후 다음날부터 산란하고 약 150개 정도의 알을 낳는다.

③ 성충은 어두운 곳을 좋아한다.

④ 보통 쌀벌레(*Plodia interpunctella*)라고 부르며 가장 피해가 큰 저곡 해충이다. 유충이 쌀을 식해하고 품질을 저하시킨다.

⑤ 발생은 1년에 3~4회이며, 번식에 적당한 온도는 28~33℃이고, 습도가 높을수록 심하게 발생한다.

⑥ 유충으로 월동하는데 얇은 번데기를 만들고 그 속에서 월동한다. 늦은 가을에 번데기가 된 것은 그대로 월동한다.

⑦ 화랑곡나방 방제는 쌀의 수분함량이 12% 정도로 건조하여 저장한다.

⑧ 화랑곡나방의 기생벌을 활용하여 제거하거나 약제를 사용한다.

(3) 가루좀벌레

① 연중 수회에 걸쳐서 발생하고 잡식성이며 번식력도 강하다.

② 쌀을 파먹어 들어갈 때 많은 기루를 남기는데 이 기루는 다른 해충에게 시식조건을 제공한다.

③ 이 해충의 피해가 심한 쌀은 냄새가 난다.

④ 해충이 침입하면 갉아먹어 식해하는 데 따른 양적 손실, 배설물에 의한 오염과 냄새, 2차감염과 오염 등 상당한 피해가 발생한다.

⑤ 해충은 대부분 곡물 수분함량 12% 이하(상대습도 55% 이하)에서는 번식이 어려우나 수분함량 14%(상대습도 75%) 이상에서 왕성하게 번식한다.

제3절 잡초 방제

1. 잡초의 정의와 피해

① 잡초(weed)란 원치 않는 작물(unwanted plant)로 열매가 없거나 장소를 벗어나 자라는 식물을 말한다.

② 상대적으로 작물(crop)은 유용한 가치가 있어서 인위적 재배를 하는 작물로 거의 기형에 가까울 정도로 인간에게 유용한 부위가 발달된 식물이다.

③ 잡초는 작물의 자람을 저해하는 모든 작물을 지칭하는 것으로 벼 논에 자라는 피나 보리밭에 바랭이 등을 말한다.

④ 잡초로 인한 피해는 갈수록 커지고 인건비 절감 등의 이유로 제초제의 판매량도 농약의 제형 중에서 가장 많다.

⑤ 잡초는 원래 작물과 광, 수분, 영양 등에서 경쟁하거나 품질을 악화시키고 병해충의 서식처가 되는 등 궁극적으로 작물의 생육을 방해하여 손해를 입힌다.

⑥ 다시 말해 원하지 않은 식물이나 제자리를 벗어난 식물로 없어야 작물 재배에 도움이 되는 식물, 토지에 대한 인간의 의지(욕구)에 역행하는 식물로 농경지나 생활 주변에서 자생하는 식물 이외의 초본성 식물을 총칭한다.

⑦ 이들은 작물에 직간접적인 피해를 줌으로써 생산성을 떨어뜨리고 인간의 의도에 역행하여 토지생산성과 노동생산성을 저하시키는 모든 식물을 말한다.

⑧ 잡초는 경작지에서 자연적으로 발생하여 직간접적으로 작물의 수량 감소와 품질 저하를 초래하는 식물이다.

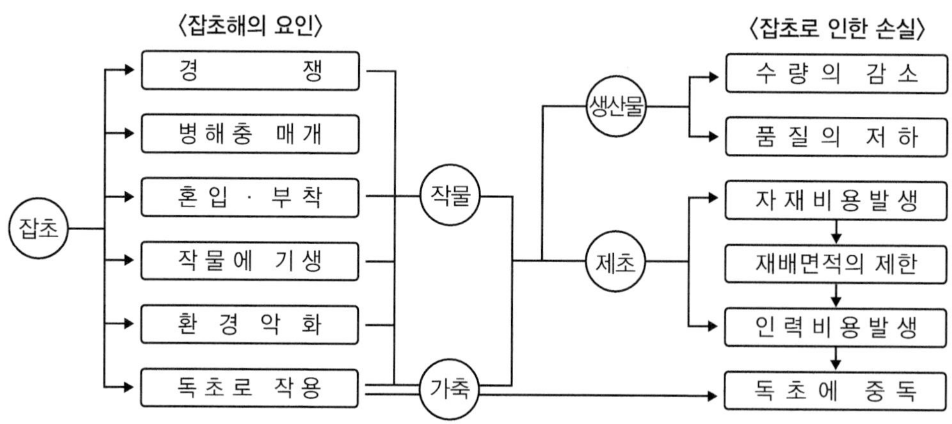

그림 7-20. 잡초해의 요인과 손실

⑨ 잡초는 많은 종류가 있고 다양하므로 생리 생태적, 형태학적 분류에 따라 화본과 잡초, 광엽 잡초 및 방동사니과 잡초로 구분하며, 생활형에 따른 일년생잡초, 두해살이 잡초 그리고 다년생 잡초로 나누고 있다.

⑩ 농업의 역사는 잡초방제의 역사라고 할 만큼 잡초는 농업에서 힘들고 귀찮은 존재이다. 귀농귀촌을 한 경우 잡초와 전쟁이라고 할 만큼 어려움을 호소하고 있는 이들이 많다.

2. 잡초의 분류(classification of weed)

1) 피

(1) 논피(*Echinochloa oryzicola*)

① 화본과로 전국의 논에 발생하는 하계 일년생 잡초이다.

② 줄기는 높이 50~110cm이며 벼처럼 모여 난다.

③ 잎몸은 밝은 녹색이고, 잎혀는 없다. 가장자리가 잎집은 밋밋하고 털이 없다. 껄끄러우며, 꽃은 선형으로 길이 10~20cm, 폭 8~12mm이다.

④ 꽃은 8~10월에 피고 길이 8~15cm의 열은 녹색을 띤 원추화서에 달린다. 작은 이삭은 긴 난형으로 길이 4~5.5mm이고 2개의 꽃이 있다.

⑤ 작은 이삭의 끝은 뾰족하며 광택을 띠고 까락은 없거나 있어도 매우 짧다.

그림 7-21. 논피의 화서, 종자와 생육상태 모습

(2) 물피(*Echinochloa crus-galli* var. *echinata*)

① 화본과로 전국의 논에 발생하는 하계 일년생 잡초이다.

② 줄기는 높이 80~150cm, 모여 나며 기부에서 다소 비스듬히 퍼져 자란다. 잎몸은 길이 30~50cm, 폭 10~20mm이다. 잎혀는 없다.

③ 잎집은 털이 없으며, 밑 부분이 붉은 자색을 띤다.

④ 꽃은 7~9월에 피고 길이 10~25cm의 원추화서에 달린다. 붉은 자색을 띤 달걀 모양의 작은 이삭은 길이 3~4m이고 표면에 가시 같은 투명한 털이 있으며 2개의 꽃이 있다.

⑤ 작은 이삭의 끝에 2~4cm의 까락이 있다.

그림 7-22. 물피의 생육상태

(3) 돌피(*Echinochloa crus-galli*)

① 화본과로 종자 번식하는 하계 일년생 잡초이다.

② 논, 도랑, 밭, 경지 주변, 목초지, 길가, 과수원 그리고 휴경지에서 많이 자란다. 습지에 잘 적응된 잡초이기 때문에 논을 포함하는 저습지에서 잘 자라는 잡초이다.

③ 물에 잠겨있는 상태에서도 잘 자랄 뿐만 아니라 밭이나 과수원 또는 길가 등과 같은 건조한 장소에서도 잘 자란다. 그러나 건조한 곳에서 자라는 개체는 키도 작고 종자와 이삭 그리고 분얼수가 줄어든다.

④ 건조한 곳에서 종자가 발아하기 위해서는 산소가 필요하나 논과 같이 습하거나 얕은 물이 있는 곳에서는 산소 없이 발아할 수 있는 잡초이다. 또한, 햇빛이 잘 들고 습하고 비옥하며 특히 질소성분이 많은 사질 토양에서 아주 잘 자란다. 콩밭이나 논에서 많이 발생하면 작물에 피해를 심하게 끼친다.

그림 7-23. 돌피의 모습

2) 물옥잠(*Monochoria korsakowii*)

① 물옥잠과로 전국에 걸쳐 발생하나 특히 서해안지역의 논에 많이 발생하는 하계 일년생 잡초이다.

② 줄기는 높이 20~40cm이다. 잎몸은 광택이 나며 심장형으로 길이와 폭이 각각 5~13cm, 끝은 아주 뾰족하고 기부는 심장 모양으로 오목하게 파여 있다.

③ 청자색 꽃은 9~10월에 원줄기 끝에 달리는 길이 5~15cm의 원추화서에 달린다. 화서 밑부분에는 잎 모양의 포가 있다.

④ 꽃은 지름 2.5~3cm, 꽃잎 조각은 6개로서 타원형이다. 열매는 길이 1cm 정도이다.

그림 7-24. 물옥잠의 생육과 화서

3) 자귀풀(*Aeschynomeme indica*)

① 자귀풀(콩과) 전국의 논에 발생하는 하계 일년생 잡초이다.

② 줄기는 곧추서고 높이 50~200cm, 윗부분은 속이 비어 있다.

③ 잎은 어긋나게 달리고 길이 1~1.5cm, 폭 2~3.5mm인 작은 잎이 10~20쌍씩 달려 깃털 모양을 이룬다. 작은 잎은 황색을 뒷면이 띤 분백색이다.

④ 탁엽은 난형 또는 피침형으로 길이 7~12mm이며 끝이 뾰족하다.

⑤ 옅은 황색을 띤 나비 모양의 꽃은 7~8월에 화경 끝에 2~3개씩 달린다.

⑥ 열매는 편평한 열은 선형이며 6~8개의 마디가 있고 익으면 마디가 분리된다.

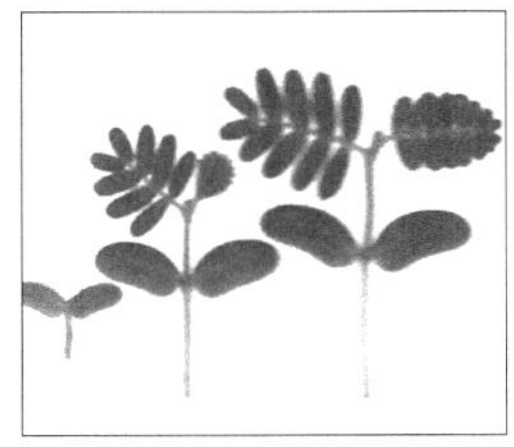

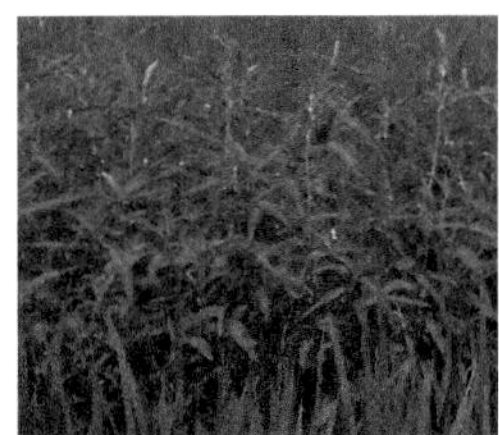

그림 7-25. 자귀풀의 잎과 꽃, 열매와 생육 모습

4) 미국 가막사리(*Bidens frondosa*)

① 국화과로 미국가막사리 전국의 논에 발생하는 하계 일년생 외래 잡초이다. 줄

② 기는 높이 50~200cm에 달하며 곧게 서고 네모지며 털이 없고 표면은 짙은 흑자색이다.

③ 잎은 마주나고 3~5개의 소엽으로 된 우상복엽이다. 소엽은 피침형으로 길이 3~13cm이고 끝은 길게 뾰족하며 밑은 급히 좁아지고 가장자리에 톱니가 있으며 분명한 소엽병이 있다.

④ 꽃은 6~10월에 황색으로 피고 가지와 줄기 끝에 달린다.

⑤ 열매는 납작하며 길이 6~10mm이고 끝에 2개의 까락이 있다.

  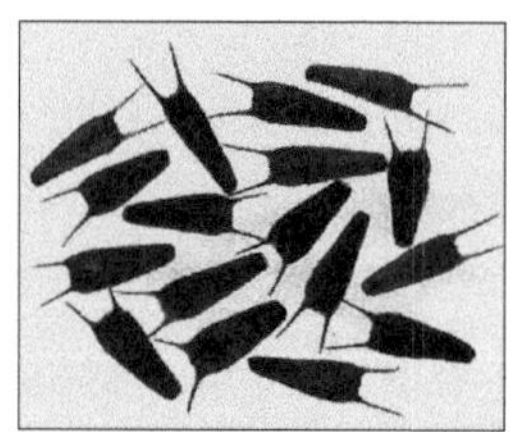 

그림 7-26. 미국 가막사리의 잎, 꽃, 종자와 생육 모습

5) 여뀌바늘(*Ludwigia prostrata*)

① 바늘꽃과로 전국의 논에 발생하는 하계 일년생 잡초이다.

② 줄기는 높이 30~100cm이며 붉은빛이 돌며 세로로 줄이나 있다.

③ 잎은 어긋나기로 달리고, 피침형이며 길이 3~12cm, 폭 1~3cm로서 양 끝이 좁고 가장자리는 밋밋하며 가을에 흔히 붉은색으로 물든다. 잎자루는 길이 5~15mm이다.

④ 꽃은 9월에 피며 지름 1cm 정도로 노란색이고 잎겨드랑이에 달리며 꽃대는 없다.

⑤ 열매는 기다란 타원형이고 길이 1.5~3cm, 폭 1.5~2mm이다.

   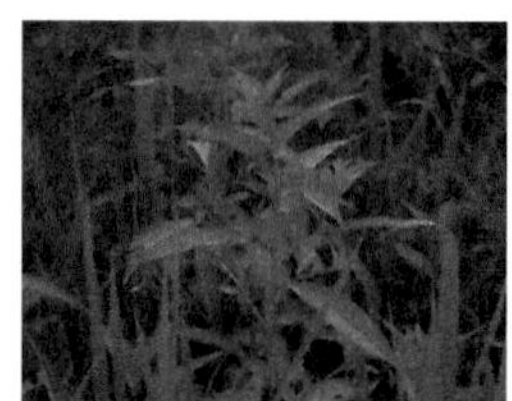

그림 7-27. 여뀌비늘의 초기 생장과 꽃, 그리고 생육 모습

6) 물달개비(*Monochoria vaginalis var. plantaginea*)

① 물옥잠과 논, 휴경 논, 도랑, 습지, 연못 등의 얕은 물 속에서 자라는 하계 일년생 잡초이다.

② 토양의 종류를 가리지 않고 잘 자라며 번식력이 강하다. 벼를 재배하는 논에서 방제하지 않았을 경우 논 전체에 퍼져 벼 수확에 큰 지장을 초래하는 문제 잡초이다. 화학비료를 계속 사용한 논이나 비옥한 논에 적응력이 크기 때문에 이런 논에서 대량으로 발생하게 된다. 성숙한 열매는 약한 물결이나 충격에 쉽게 떨어진다.

그림 7-28. 물달개비의 생육 모습

③ 물속이나 습한 곳에 떨어진 열매는 수분을 머금어 팽창하게 되며 부풀어 오른 열

매의 껍질이 뒤로 젖혀지면서 종자를 밖으로 배출한다. 이렇게 배출된 종자들은 물에 의해 확산한다.

④ 설포닐우레아계 제초제에 저항성을 가진 생태 형이 출현하여 문제가 되고 있다.

7) 벗풀(*Sagittaria trifolia*)

① 택사과로 논이나 습지 또는 얕은 물속에서 자라는 여러해살이 잡초로서 종자와 땅속줄기의 끝에 달리는 덩이줄기(塊莖)로 번식한다.

② 자라는 동 안 잎의 모양이 세 번 바뀐다. 과경에서 싹이 자란 벗풀은 초기에는 가늘고 긴 선형 잎이 5~10매 정도 나오고 이어서 1~2매 정도의 잎 폭이 넓은 주걱 잎을 내며 차츰 화살촉 모양의 잎을 내어 점차로 더 큰 잎이 나와 전형적인 벗풀의 모양새를 갖춘다.

③ 전국적으로 자라는 중요 논 우점잡초 중의 하나이다. 생육 기간에 새끼치기로 새로운 포기를 늘리지는 않는다.

④ 질소를 좋아하는 잡초로서 벼와 양분 경쟁을 하며 또한 벼와 같은 크기로 자라서 햇빛을 차단하여 벼의 광합성을 방해함으로써 벼수확량을 떨어뜨리는 문제 잡초이다.

그림 7-29. 벗풀의 생육모습과 꽃

8) 가래(*Potamogeton distinctus*)

① 가래과로 논, 도랑, 얕은 습지 등지에서 자라는 여러해살이 잡초로서 주로 일경으로 번식한다.

② 뿌리줄기는 물 밑의 흙 속에서 옆으로 여러 갈래로 길게 뻗으며 큰 무리를 이루기도 한다.

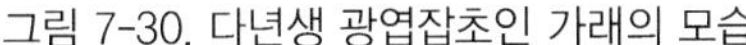

그림 7-30. 다년생 광엽잡초인 가래의 모습

③ 늦여름에서 초가을 사이에 뿌리줄기의 끝이 비대해지면서 아래를 향해 자라다가 그 끝에 노란색을 띤 바나나 모양으로 굽은 비늘줄기가 많이 달린다. 뿌리줄기와 물속줄기는 절단되어도 마디에서 새로운 뿌리가 나와서 쉽게 다시 자라기 때문에 논에 자라고 있는 가래를 손으로 제거하기가 어렵다.

④ 눈이 상하지 않게 절단된 인경은 절단되지 않은 인경에 비해 발아가 빠르고 초기 생육도 왕성하여 쉽게 큰 군락을 이룬다. 가래의 이런 특성은 논농사의 기계화로 절단된 인경이 증가하면서 가래 발생을 확대시키는 주요한 요인이 되고 있다.

제4절 기상 재해

1. 온도 스트레스(temperature stress)

온도는 일반적으로 저온장해와 고온장해로 나눌 수 있고 광도와 서로 보상관계를 갖는다. 이러한 생장상관은 건조해와 열해에서도 나타난다. 즉 건조피해와 열해가 각각 나타나는 것보다 동시에 나타나기 쉽고 그 피해도 훨씬 크게 나타난다. 저온장해(low temperature injury)로 조직이 생육 적온보다 낮은 온도일 때 받는 냉해(cold-weather damage)와 세포가 동결될 때 일어나는 동해(freezing injury)를 비롯한 저온으로 인한 해를 한해(chilling injury)라고 하며, 온도가 생육적온보다 높으면 고온해(high temperature injury, 열해)가 나타나고 더 높아지면 고사한다.

1) 냉해(cold-weather damage)

냉해는 주로 여름작물에서 결빙이 일어나지 않는 0℃ 이상의 저온에 의해 받는 생육장해로 벼는 아열대 원산인 작물이므로 온대지방에서 재배 시 예민한 시기에 저온에 처했을 때 발생한다.

(1) 냉해의 정의

① 냉해의 기구로 기온이 낮을 경우에 잎이 저온해를 받으면 광합성과 그 산물의 이행, 호흡, 단백질 합성의 저하, 단백질분해 촉진, 지방의 물리적 특성변화로 세포막 단백질과 효소의 활성저하 등이 일어나므로 내냉성이 약한 식물의 세포막에는 포화지방산이 많은데, 저온에서는 반결정 상태가 되고, 막의 유동성이 떨어지면 단백질은 기능을 상실한다.

② 기온이 높고 지온이 낮을 경우 벼 못자리기간 중 낮은 지온에서는 물의 점성이 높아 물의 흡수는 잘되지 않지만 기온이 높아 증산량은 많아지므로 벼는 수분의 불균형으로 잎이 시들고, 심하면 고사하기도 한다.

③ 물을 깊게 대어 잎이 물에 잠기게 하거나 ABA를 처리하여 증산을 감소시키면 냉해를 줄일 수 있다.

(2) 냉해의 종류

① 벼의 경우 냉해에는 지연형 냉해, 장해형 냉해, 병해형 냉해, 혼합형 냉해로 나눌 수 있고 혼합형 냉해는 이들이 복합적으로 발생하는 것이다.

② 지연형 냉해는 육묘기와 이앙기, 분얼기 등 영양생장기에 저온으로 인하여 출수가 지연되고 등숙이 불량해져서 수량이 감소하는 냉해를 말한다.

③ 장해형 냉해는 저온에 의한 발아불량, 엽색의 갈변 등 영양기관의 장해로 저온에 가장 민감한 벼의 감수분열기나 유수형성기에 저온으로 약벽의 바깥쪽을 둘러싸고 있는 융단

층(tapetum)이 비대해지고 꽃가루가 불충실하여 약(anther)이 열리지 않으므로 수분(pollination)이 되지 않는 경우, 개화기에 온도가 낮으면 개영이 되지 않아 수분이 안 되어 불임이 되는 경우, 등숙기의 저온으로 임실이 되어도 등숙이 불량한 경우로 나눌 수 있다. 즉 생식기관의 발육불량으로 수정이 안 되거나 영화가 퇴화하는 등의 장해가 발생한다.

④ 병해형 냉해는 저온으로 광합성이 원활하게 진행되지 못하면 단백질 합성도 진행되지 못하고, 수용성 아미노산이나 아마이드를 축적하는데, 이런 상태에서 도열병균은 단백질보다 아미노산을 직접 이용할 수 있으므로, 벼의 경우 도열병이 발생하는 것을 병해형 냉해라 한다.

(3) 내냉성

① 냉해는 생육 적온보다 낮은 온도에서 광합성, 호흡, 단백질 대사, 지질대사 등 모든 생화학적 반응이 연관되어 일어나며 그 정도가 저온에 있을 때와 비교하여 크지 않으므로 내냉성의 원인이 명확하지 않다.

② 내냉성은 품종에 따라 다른데 벼에서 자포니카 품종은 인디카 품종이나 통일형 품종보다 내냉성이 강하다. 우리나라의 경우 1980년도의 통일형 벼 품종을 대량 재배하였는데 냉해로 인해 수량이 50%나 급감하였고 이로 인해 기상재해와 스트레스 생리학에 대한 인식이 증가하였다.

③ 내냉성이 큰 꽃양배추, 순무, 완두 등은 내냉성이 약한 강낭콩, 고구마, 옥수수보다 불포화지방산(unsaturated fatty acid)의 함량의 비율이 높으며, 작물을 저온에 두면 경화되는 동안에 불포화지방산의 비율이 증가하여 내냉성이 증가된다.

④ 프롤린 함량의 변화는 건조할 때는 증가하지만 저온에서 꽃밥의 프롤린 함량의 크게 감소한다.

(4) 냉해 대책

① 내냉성 품종의 선택

냉해에 잘 견디는 품종(자포니카 품종)을 선택한다. 쌀이 부족했던 1980년도에 통일형 품종의 광범위한 재배로 당시 냉해의 피해가 심하게 발생하였다.

② 입지조건 개선

방풍림을 설치하며 습답이나 누수답을 개량하고 지력을 배양한다.

③ 재배법 개선

보온육묘와 조기, 조숙재배를 하여 성숙기를 앞당기고 소주밀식을 하여 강건한 생육을 시킨다.

④ 온도조절

냉온기에 물을 깊이 대어 야간온도를 높이고 관개수의 수온을 올리도록 저류지를 설치하거나 증발방지제를 살포한다.

2. 수분 스트레스(water stress)

1) 건조해(drought stress)

토양이나 대기가 건조하면 작물체 내의 수분함량이 감소되어 생육이 저해되고 심하면 위조, 고사하게 되는데 이렇게 수분부족으로 작물이 피해를 입는 장해를 말하고 여기서 수분부족으로 입는 장해를 견디는 능력을 작물의 내건성(drought tolerance)이라고 한다. 건조해로 인한 증상은 다음과 같다.

① 세포생장저하로 작물생육을 억제한다.
② 물질합성의 저하와 가수분해를 촉진한다.
③ 증산작용과 광합성의 억제한다.
④ 세포분열 억제와 노화가 촉진된다.
⑤ 양수분의 이동촉진과 과실의 성숙이 빨라진다.
⑥ 프롤린(proline) 단백질이 증가(건조지표로 활용)한다.
⑦ 동화산물의 이동과 호흡증가 등으로 나타난다.
⑧ 영양생장기에 수분스트레스를 받으면 잎이 작아지고, 성숙기에는 엽면적지수(LAI)가 낮아져 작물에 의한 수광량이 줄어든다.

표 7-3. 작물의 대사과정에 영향을 미치는 수분스트레스

대사과정 또는 매개변수	조직의 수분퍼텐셜(bars) −5 −10 −15 −20	비고
세포 생장 감소		빨리 자라는 조직
세포벽 합성감소		빨리 자라는 조직
단백질 합성 감소		잎의 황화
엽록소 합성 감소		…
질산 환원효소 수준 감소		…
ABA 합성		…
기공 닫힘		종에 따라 다름
이산화탄소 합성 감소		종에 따라 다름
호흡감소		…
물관 이동 감소		…
프롤린 축적		…
당농도 증가		…

출처: Hsaio et al. 1976.

⑨ 엽록소 합성은 수분부족이 심한 상태에서는 억제된다.

⑩ 수분스트레스에 의해 대부분 효소는 활력이 떨어지나(예로 질산환원효소), 아밀라아제(amylase)와 같은 몇 가지 가수분해효소는 오히려 활성이 증가한다.

2) 내건성의 기구

① 수분이 부족해지면 작물은 물리적, 화학적 변화를 일으켜 건조상태에 적응하게 되는데, 같은 작물이라도 종자나 휴면상태에 있는 세포는 건조상태에서도 잘 견디지만, 생장하고 있는 세포는 건조 스트레스에 취약하다.

② 작물은 수분부족의 정도에 따라 스트레스를 극복하는 방법이 다른데, 건조가 심하지 않을 때는 잎의 생장을 억제하거나 기공을 닫아 증산량을 줄임으로써 수분을 보존하면서 동시에 뿌리를 수분이 있는 곳으로 뻗어 수분흡수를 가능하게 한다.

③ 토양이 더 건조해져서 영구위조점에 가까울 때는 토양의 수분퍼텐셜은 −15bar 정도가 되면 물을 거의 흡수하지 못하므로 잎이 시들게 된다.

④ 증산량이 많은 낮에 수분함량의 감소가 더 극심해져서 뿌리가 수축하면 근모가 토양과 분리되는데, 이때 근모는 스트레스를 받을 뿐만 아니라 피층 외부의 물이 투과하지 못하는 수베린(suberin)이 축적되어 물의 흡수가 더 어렵게 된다.

⑤ 토양의 수분퍼텐셜이 −20∼−10bar 사이가 되는 강한 건조상태에서는 작물과 토양에 수분장력이 모두 증가하여 잎은 수분부족으로 인한 장해를 받게 된다. 작물체에 수분함량이 계속 감소하면 세포에서는 원형질분리가 일어나고 물리적인 파괴로 인해 세포가 말라 죽게 된다. 품종적 특성 차이로 남풍벼가 추청벼보다 더 강한 것으로 나타났다.

3) 내건성 종류와 대응

① 작물은 생장과정에서 수분의 요구도에 따라 수생식물(hydrophyte), 중생식물(mesophyte) 및 건생식물(xerophyte)로 나눌 수 있다.

② 물의 공급이 제한되지 않았을 때 건생식물은 중생식물보다 증산을 많이 하지만 위조상태가 되면 반대로 건생식물이 오히려 중생식물보다 증산이 적어진다. 따라서 내건성은 건조할 때 증산작용을 어느 정도 억제할 수 있느냐에 따라 달라진다.

③ 내건성은 그 원인에 따라 물리적인 성격이 강한 구조적 내건성(constitutional drought tolerance)과 생화학적인 원형질적 내건성(protoplasmic drought tolerance)으로 크게 나눈다.

④ 구조적 내건성은 건조를 지연시키거나 회피하는 것으로 수분을 보존하는 작물은 엽면적이 작고 요수량(要水量)이나 증산량이 많지 않으므로 생육 초기에 토양수분을 보존하였다가 여

름에 건조할 때 이용하여 건조해를 지연시키거나 회피할 수 있는 것으로 다육식물에서 볼 수 있다.

⑤ 증산량은 다른 작물과 비슷하지만 땅속 깊은 곳까지 뿌리를 뻗고 근계 발달이 좋아 수분흡수량을 증가시켜 한발에 잘 견디는 작물이 건조에 강하다.

⑥ 원형질적 내건성은 원형질에 수분함량이 감소해도 생리적 장해를 크게 받지 않는 진정한 의미의 내건성(내탈수성)이다.

⑦ 건조에 의한 피해는 실제로 대면적에서 나타나는 것뿐만 아니라 식물의 생리적 측면에서도 그 범위가 넓고 다양하게 나타나는 특성이 있다. 가장 일반적인 장해는 세포의 생장이 감소되거나 중지되어 파생적으로 다른 장해가 나타나는 것이다.

(1) 기공의 폐쇄

① 상대습도가 낮고 풍속이 빠를 경우 공변세포가 물을 증산하는 속도가 주위 세포로부터 물이 공급되는 속도보다 빠르면 기공이 닫히는데, 이는 건조한 공기에 의하여 공변세포가 탈수되어 일어나므로 이를 기공의 수동적 폐쇄라고 한다.

② 수분부족으로 생성된 생육억제호르몬인 ABA가 세포막의 선택적 투과성을 잃게 하여 공변세포이 용질이 주위 세포로 확산되고, 이에 따라 공변세포의 수분퍼텐셜이 높아지므로 수분이 빠져나가 팽압을 잃기 때문에 기공이 닫히는데, 이를 기공의 능동적 폐쇄라 한다.

③ 기공의 능동적 폐쇄 기작은 정상적인 잎의 엽육세포도 ABA를 생산하여 엽록체에 축적하는데, 수분이 부족하면 축적된 ABA가 세포벽으로 이동하고, 이것이 증산류를 타고 공변세포로 가서 기공을 닫히게 한다. 즉 수분스트레스를 받는 작물은 경우에 따라서 40배까지 ABA 농도가 높아지므로 엽록체에 존재하던 ABA가 공변세포로 이동하여 기공을 닫히게 하는 것은 스트레스를 받는 초기이며, 그 이후는 수분부족의 영향으로 새로 합성된 ABA에 의하여 기공이 계속 닫혀있게 된다.

④ 건조가 계속되어 엽육 세포의 수분이 부족하게 되면 엽록체의 pH가 낮아지고, 이에 따라 ABA의 양이 증가하여 농도가 낮은 세포질로 유입되며 다시 세포벽으로 확산되어 증산류와 함께 공변세포로 이동하여 기공이 닫힌다.

⑤ 뿌리에서 합성된 ABA도 수분부족에 대한 기공의 닫힘을 촉진하는 역할을 하는데 이때 뿌리 부분을 둘로 나누어 한쪽만 수분이 부족하게 되더라도 기공이 닫힌다. 이것은 건조한 뿌리 쪽에서 생성된 ABA가 증산류를 타고 다른 쪽의 잎으로 이동하였기 때문이다.

(2) 엽면적의 감소

① 수분 부족에 의해 잎의 수분함량이 줄어들면 팽압이 감소되고 세포가 신장하지 않으므로 세포 생장이 억제된다. 따라서 엽면적은 늘지 않고 기공을 닫으므로 결국 증산량을 줄여 건조

에 적응하는데 이때 수분이 다시 공급되어도 세포벽이 비후되어 신축성이 떨어지고 벽압이 높아지므로 작물의 생장은 느려지게 된다.

② 정상적인 수분 상태의 작물에 비해 수분이 부족한 화본과 작물은 잎이 말리고, 쌍떡잎식물은 잎이 아래로 처져 수광량도 줄어든다. 이때 광을 받아도 기공이 닫혀 광합성을 거의 할 수 없고 오히려 엽온만 올라가 호흡이 증가한다.

③ 잎이 말리고 생장을 줄여 광을 받는 면적을 줄이면 고온장해를 일정 부분 회피할 수 있어 건조해를 경감시킬 수 있다.

(3) 상대적인 뿌리 생장 증가

① 광합성은 잎의 생장만큼 팽압의 영향을 받지 않으므로 수분이 부족할 때 잎은 신장하지 않아도 광합성은 어느 정도 유지된다.

② 잎의 신장에 이용될 탄수화물이 뿌리로 전류되고 뿌리는 신장하여 좀더 많은 수분을 흡수할 수 있게 된다. 건조한 지표면에 있는 뿌리는 팽압을 잃고 토양도 단단하여 생장이 어려우므로 수분이 있는 깊은 곳으로 뿌리가 신장하여 건조(한발)에 적응하게 된다.

③ 선인장의 뿌리는 오히려 지표면에 얇고 넓게 분포하고 있어서 소량의 강우에도 빨리 다량의 수분을 흡수할 수 있다.

(4) 잎의 왁스 축적으로 각피증산 억제

① 수분이 결핍되면 잎 표면에 왁스(wax)가 축적되어 각피(cuticle) 증산작용을 감소시킨다.

② 돌나물과(CAM) 식물은 잎이 퇴화되어 가시 또는 줄기 모양을 하고 있어 표면적이 적고 기공이 깊게 들어가 있으며, 각피가 발달하여 증산작용을 줄일 수 있을 뿐만 아니라 저수조직이 발달하여 다량의 물을 체내에 저장한다.

③ 뿌리에는 불투수성의 수베린(suberin)이 축적되어 건조한 조건에서도 수분을 잘 보전할 수 있다.

(5) 건조 회피적 재배

① 벼의 경우 유수분화기의 한발에 아주 취약하므로 사전에 생육시기의 조절이 필요하고 밭작물의 경우도 강우 분포가 연중 일정하지 않아 일시적으로 수분이 부족한 경우가 많다.

② 유한생육형(determinate type) 콩 품종은 개화기에 한발이 오면 결실이 감소되지만, 우리나라에서는 한발 기간이 길지 않고 매년 반복되지 않으므로 유한생육형 품종을 주로 재배하게 된다.

③ 무한생육형(indeterminate type) 품종은 한발이 지나고 비가 온 후에 개화, 결실하여 한발의 피해는 피할 수 있지만 가을에 저온이 오면 종자가 성숙하기 전에 서리가 와서 수량이 감소하므로 우리나라에서 재배는 어렵다.

(6) 원형질에 유기 용질의 축적

① 수분이 부족하면 세포의 크기가 작아지고 세포액의 농도가 높아지므로 용질의 삼투퍼텐셜이 감소하게 된다.

② 효소의 구조와 구성분의 변화로 물질분해에 관여하는 효소의 활성이 증가하여 당과 유기산, 그리고 칼륨 등의 무기염류의 절대량이 증가하므로 삼투퍼텐셜은 더 낮아지고 토양으로부터 물을 더 잘 흡수하게 된다.

③ 세포질에서 이온들은 주로 액포 안에 존재하고 세포질에는 프롤린(proline), 소르비톨(sorbitol), 글리신(glycine), 베타인(betaine)과 같은 삼투성유기용질이 축적된다.

④ 가뭄에 대한 지표로 프롤린(proline)의 합성이 늘어나므로 이를 활용한 내건성 품종육종에 유의해야 할 필요가 있다. 이들 삼투유기용질들은 액포 내의 무기이온들과 삼투조절을 통하여 세포질 내 수분퍼텐셜을 낮추어 작물이 뿌리를 통해 흡수를 용이하게 함으로써 내건성을 갖게 한다.

4) 건조해에 대한 대책

(1) 신속한 관개

작물의 건조해가 발생하면 지표나 살수관개, 지하관개를 신속하게 실시한다. 토양의 수분퍼텐셜은 기하급수적(지수적)으로 급격히 감소하므로 일정한 임계점(영구위조점)을 지나면 회복이 어렵게 되므로 경영적인 측면을 고려해 빨리 관개를 한다.

(2) 작물의 경화처리(hardening)

작물을 단단하게 경화시키면 세포나 기공이 작아지고 기공의 밀도 커지는 물리적 대응도 되지만 세포액의 농도 증가로 피해를 줄일 수 있으므로 효과가 있다. 따라서 미리 모종을 준비할 때부터 하드닝을 해가며 육묘를 하도록 한다. 그러면 뿌리의 발달이 양호하고 건조해에 잘 견딘다.

(3) 토양수분의 보유력 증대와 증발 억제

토양의 입단을 조성하고 피복하여 수분의 증발을 사전에 방지하며 중경제초나 드라이파밍(dry farming)은 오히려 초기표면에서 수분 증발을 촉진하지만 궁극적으로 모세관으로 인한 수분의 계속적인 손실을 차단하므로 이를 실시하고, 논에서 기름막에 의한 증발을 줄이는 증발억제제를 살포한다.

(4) 내건성 품종 선택

세포 내의 원형질의 함수량이 감소했을 때 내건성 정도는 건조해도 호흡이 많이 증가하지 않고 광합성의 감소가 적으며, 단백질과 당분의 소실이 늦은 특성을 가지고 있으므로 내건성 품종을 선택한다.

5) 수해(flood injury)

(1) 침수해와 관수해

① 수해는 식물체의 일부가 물에 잠기는 침수해와 식물체 전체가 물에 잠기는 관수해로 나눈다.

② 침관수해는 침수해와 관수해가 동시에 나타나는 것을 뜻하고 대개 폭풍우를 동반하므로 풍수해로도 볼 수 있다.

③ 풍수해로 벼가 쓰러지거나 기계적 손상으로 병충해가 발생하기 쉽다.

(2) 발생과 피해

① 침관수 시 벼의 생리작용이나 광합성이 정상적으로 이루어지지 못하는 상태에서 산소공급이 충분하지 못하여 식물체가 무기호흡을 하므로 호흡기질이 소모되어 생육이 저해되고 병충해에 약해지며 이에 따라 수량이 감소한다.

② 수해의 양상은 수질과 벼 상태에 따라 다양하고 복합적으로 나타난다.

③ 침관수 피해는 침관수 기간, 수온, 수질, 유속, 벼 생육시기, 벼 건강상태, 품종에 따라 달라진다.

④ 일반적으로 침수보다 관수가, 청수보다 탁수가, 유수보다 정체수가, 낮은 수온보다 높은 수온 시에 피해가 크며 이들 요인이 복합적으로 작용하면 피해가 더 크게 나타난다.

⑤ 녹색상태로 마르는 청고는 오탁수, 정체수, 고수온이면 산소결핍이 심하여 호흡기질로 단백질은 분해되지 않은 채 탄수화물만 소비되므로 청고현상을 나타낸다.

⑥ 붉은 색으로 마르는 적고는 일시적 관수, 맑은 물이나 흐르는 물의 침관수, 수온이 낮으면 부분적으로 광합성을 하면서 호흡기질인 탄수화물을 서서히 소비하므로 나중에는 단백질까지 소모되어 엽색이 적고현상을 나타낸다.

(3) 생육시기에 따른 침관수 피해

① 모내기 직후는 생육단계 중 침관수의 피해가 가장 적게 나타난다.

② 분얼기에는 분얼이 지연되거나 정지하고 이삭수가 감소하여 3~4일간만 관수되어도 수량이 20~30% 감소한다.

③ 유수형성기에는 지경 및 영화분화가 감소하여 3~4일 정도만 관수되어도 잎끝이 노출된 경우는 20~30%, 탁수에 완전히 관수되면 50%나 감수한다.

④ 감수분열기는 피해가 가장 큰 시기로 탁수에 3~4일 관수될 경우 50% 정도 감수되며, 동일한 조건에서 출수기에는 50%, 등숙기에는 30% 정도 감수된다.

⑤ 등숙기에 비가 자주 오거나 도복이 발생하면 수발아를 일으켜 미질이 크게 떨어진다.

(4) 수해 대책

① 침수된 논은 신속히 배수하고 경엽에 붙은 흙과 오물이 말라붙기 전에 씻어 내어 광합성을 촉진시킨다.

② 관수저항성 및 내병충성 내도복성 품종을 선택한다. 이때 출수기와 내도복성이 다른 2~3품종을 혼식하면 위험을 분산시킬 수 있다.

③ 퇴수 후에는 산소가 풍부한 물을 흘려대어 뿌리의 활력을 돕고, 도열병 흰잎마름병 등의 병해충 방제약제를 살포한다.

④ 도복이 된 벼는 4~6포기씩 묶어서 세워주고 칼륨질 비료와 규산질 비료를 증시하며 질소비료 시용을 줄이고 균형시비를 한다.

6) 우박해(hail injury)

(1) 우박해의 발생과 피해

① 우리나라는 5~6월이나 9~10월 사이에 국지적으로 우박(hail)이 내려 피해를 준다.

② 구름의 습도가 높을수록 우박이 커지며 상승기류가 강하고 구름 통과거리가 길수록 급속도로 커진다. 큰 우박은 기온이 높을 때 많이 오는데 주로 오후에 나타난다

(2) 우박 대책

우박으로 인해 잎에 상처가 생기면 도열병 방제약제를 살포하고 영양공급을 위해 엽면시비를 한다. 벼알이 일부 탈립되면 조기에 수확을 고려한다.

3. 바람 스트레스(wind stress)

1) 풍해(wind injury)

(1) 풍해 발생과 피해

① 풍해가 발생하면 경엽의 기계적 손상, 도복, 탈립, 변색립 등이 발생한다.

② 일반적으로 출수기를 전후한 시기부터 성숙기에 걸쳐서 풍해 피해가 크게 나타난다.

③ 풍해가 발생하면 광합성이 저해되고 병해가 심해지며 도복까지 되면 등숙이 불량하여 수량이 줄고 미질이 떨어짐은 물론 콤바인 수확작업이 어렵게 된다.

(2) 이상건조풍(푀엔현상, fohn)

① 태풍 등이 태백산맥을 타고 위로 올라가면서 비를 내리고 수분을 잃은 뒤 산맥의 반대쪽으로 하강하면서 온도가 높아지면 상대습도가 매우 낮은 건조풍으로 변하는 것이다.

② 고온다습한 공기 중의 수분이 바다에서 비를 내린 뒤 육지로 오면서 온도가 올라가면 공기 중의 상대습도가 급격히 낮아져 벼에 백수현상을 일으키기도 한다.

③ 일반적으로 야간온도가 25℃ 이상, 습도 65% 이하, 풍속 4~8m/s에서 발생하는데 출수 후 3~4일 이내에 이 바람을 맞을 때 가장 피해가 크다.

(3) 백수현상(white head)

① 출수기 전후 이상건조풍이 불면 건조로 인해 수정이 안 되거나 수정이 되었다고 해도 자방의 발육정지로 벼 이삭이가 되는 벼인 백수현상을 일으켜 수량에 치명적 피해를 준다.

② 이삭도열병이 만연할 때와 먹노린재 피해 시, 이화명나방의 2화기 피해 시에도 백수현상이 나타난다.

(4) 변색립 발생

① 등숙초기에 강풍을 맞으면 기계적인 마찰과 2차 감염에 의해 벼알이 갈변하여 변색립이 발생하기도 한다.

② 특히 출수 후 1~2일이 된 벼알이 태풍을 맞으면 변색립 발생이 많아진다.

③ 변색립 비율이 높을수록 수량이 떨어지고 등숙률과 완전미 비율이 낮아져서 품질이 저하된다.

(5) 도복(lodging)

① 도복은 줄기가 휘거나 부러져 나타나는 현상으로 이에 관여하는 요인은 다양하고 복합적이다.

② 도복은 풍해와 함께 발생하는데 줄기의 신장생장이 완료된 출수기 이후에 주로 발생한다.

③ 질소 시비량이 많고 모내기가 늦으며 재식밀도가 높을 때 많이 발생한다.

④ 초장이 크고 줄기가 약하며 이삭이 무거울수록 도복이 많아진다. 그리고 비바람이 강할수록 도복이 발생하기 쉽다.

(6) 풍해 대책

① 내도복성 품종을 선택하고 가능하면 출수기와 내도복성이 다른 2~3품종을 혼식한다.

② 밀식을 피하고 질소(N) 과용을 피하며 특히 절간신장기에 질소시비를 제한한다.

③ 간단관개와 중간낙수를 실시하여 뿌리와 줄기를 튼튼히 하고 질소 흡수를 제한한다.

④ 태풍 통과가 예상될 때 물을 깊이 대면 백수현상 및 도복이 경감되며 필요 시 도복방지제를 처리한다.

⑤ 일단 도복이 발생한 논은 배수로를 만들어 신속히 배수시키고 완전히 도복이 되었을 경우에는 4~6포기씩 묶어서 세운다.

2) 조풍해(salt wind damage)

(1) 발생과 피해

① 강한 바람이 바다 쪽에서 육지로 불면 벼에 조풍(염분을 포함한 바람) 피해가 발생한다.

② 강우가 동반되지 않은 강풍이 불면 풍해 자체에 바닷물의 염분까지 공기 중에 비산되어 날아와 염해를 가중시켜 작물체를 고사시킨다.

③ 조풍에 의한 피해는 해안으로부터 2km까지 발생할 수 있으며 해안에서 가까운 곳일수록 그 피해가 크다.

④ 조풍해를 입으면 벼 잎이 갈변하거나 고사한다. 이삭은 백수가 되기도 하고 벼알은 갈변한다.

⑤ 수온이 낮은 바다를 거쳐온 바람, 즉 냉조풍은 풍해에 냉해가 추가될 수도 있으며 동해안에서 종종 나타난다.

(2) 조풍해 대책

조풍해가 발생하면 물을 뿌려 염분을 씻어내면 등숙률 저하를 막을 수 있으며 수량감소를 줄일 수 있다.

제8장
특수재배와 친환경재배

시대적 상황과 다양한 농사기술은 새로운 재배법을 계속적으로 발전시켜 왔는데 그중에서 특수재배와 안전한 농산물생산인 친환경재배가 요즘의 연구방향으로 보인다. 농기계를 잘 사용하면서 생력재배를 할 수 있고 재배지역을 확대할 수 있는 방법이 직파재배일 것이고 농자재를 최소한으로 줄이면서도 수량과 안전성에 손실이 없는 친환경재배도 피할 수 없는 대세이다. 이러한 특수재배와 친환경 재배기술은 장단점이 있는데 단점은 보완하고 장점을 증대시키는 기술개발이 필요하다. 이러한 목적 달성을 위해 먼저 기본적인 재배기술에 대한 이해를 할 수 있어야 하므로 이번 장에서 살펴보고자 한다.

제1절 재배양식(Cultural Practice)

1. 조기재배와 조식재배

① 조기조식재배는 저온기에 육묘하므로 못자리 보온에 유의해야 하고 저온발아성이 높은 품종을 선택하는 것이 중요하다.

② 생육기간이 연장되는 만큼 일반적으로 지력이 높은 논에서 효과적이고 시비량도 20~30% 늘려야 한다.

③ 영양생장량이 많아져 작물체가 과번무되기 쉽고 병충해도 많아진다. 도복이 잘되며 미질은 다소 낮아진다.

1) 조기재배(early season culture)

① 조생종(일반적으로 감온성 품종임)을 가능한 한 일찍 파종하여 육묘하고 조기에 이앙하여 조기에 벼를 수확하는 재배법이다.

② 벼 생육기간이 짧은 북부 산간고랭지나 남부평야지대에서 답리작을 하기 위해 행해진다.

③ 조기재배의 등숙기간은 30~35일 정도로 짧으며 평야지에서는 등숙기가 고온기를 거치게 되므로 식미 품질이 떨어지기 쉽다.

표 8-1. 재배양식별 분류 도표

(△: 파종, ○: 이앙, ●: 출수, □: 수확)

재배형 \ 월	4	5	6	7	8	9	10
보통기 재배							
조기재배							
조식재배							
만식재배							
만기재배							

2) 조식재배(early planting culture)

① 한랭지에서 중만생종을 조기에 육묘하여 조기에 이앙하는 재배방법이다.

② 기본적으로는 생육기간을 늘려서 다수확을 목적으로 하는 재배법이며 출수기를 다소 앞당기므로 한랭지에서는 생육 후기 냉해의 위험을 줄일 수 있다.

③ 태풍이나 특정 병충해를 피할 수 있으며 답리작을 용이하게 한다.

④ 영양생장기간이 길어 유효분얼의 확보에 유리하고 최적엽면적지수가 높아 광합성량이 많으며 등숙기에 일조량이 많아 등숙률이 높고 수량이 증가한다.

2. 만기재배와 만식재배

① 만식한계기는 안전등숙한계기를 고려하면 대체로 출수 후 평균기온이 19℃ 이상 되는 날이 40일 이상 지속되는 시기이다.

② 만식재배 요령으로 적응품종을 선택하여 못자리에서 박파, 본답에서는 밀식하는 것이 유리하다.

1) 만기재배(late season culture)

① 작부체계상 전작물이 있거나 병충해 회피 등의 이유로 보통기재배에 비해 모내기가 아주 늦어질 때 사용하는 재배법이다.

② 작부체계상 예정된 만기재배는 중남부 평야지대에서 감자나 채소 등의 뒷그루로 특정시기에 늦모내기를 하는 재배형이다.

③ 만파만식(만기재배)을 하면 생육기간이 짧아서 수량이 크게 저하된다.

④ 감온성과 감광성이 모두 둔한 품종을 선택해야 하며 모내기 한계기는 6월 하순~7월 상순이다.

2) 만식재배(late planting culture)

① 가뭄 등으로 부득이하여 만식하거나 적기에 파종하였으나 물부족, 앞그루의 수확이 늦어져서 어쩔 수 없이 늦게 모내기하는 재배형을 말한다.
② 적파만식이므로 못자리기간이 연장되어 불시출수의 위험이 증가한다.
③ 모가 노화하기 때문에 불가피한 지대에서는 내만식성 품종을 선택하고 밭못자리 볍씨를 성기게 뿌려(박파) 재배해야 한다.

3. 이모작 재배(double-cropping)

① 동일한 논에서 벼를 1년에 2번 재배하는 것(2기작)을 말한다.
② 아열대지방에서는 2기작 재배가 보편화되어 있지만, 우리나라는 기상조건의 제약으로 현재의 품종과 재배법으로는 경제적인 2기작 재배가 어렵다.
③ 이모작을 할 경우 극조기재배와 극만기재배를 조합한 형태이어야 한다. 제1기작은 극조생 품종을 극조기에 파종, 육묘하여 4월 중하순에 모내기하고 일찍 수확해야 한다. 제2기작은 감광성이 큰 내만식성 품종을 선택하여 제1기작 수확과 동시에 모내기하고 수확한다.
④ 이모작 재배는 논에서 벼와 함께 다른 작물을 1년에 2번 재배하는 방식이다.

4. 간척지 재배(reclaimed saline soil culture)

1) 간척지 토양의 분포와 특징

(1) 간척지 토양의 분포

① 우리나라는 대규모 간척을 실시하여 전북, 전남, 경기, 충남, 경남 지역에 상당한 면적의 간척지가 있다.
② 국토면적이 좁고 3면이 바다로 둘러싸여 있어서 앞으로도 경지를 확대하려면 간척에 의존해야 한다.

(2) 간척지 토양의 특징

① 유효토심이 낮고 염분농도가 높다.

② 토양이 나트륨(Na) 등의 영향으로 미세하게 분산하여 물리적 성질이 나쁘다.
③ 지대가 낮으므로 지하수위가 높고 소금물이 배어나오기도 한다.

2) 염농도와 염해

① 벼는 비교적 염해에 강한 작물이어서 0.1% 이하의 농도에서는 별다른 피해가 없고 0.1~0.2% 농도에서는 다소 생육이 억제된다.
② 염류농도가 0.3% 이상이 되면 피해가 현저하게 나타난다. 따라서 벼의 재배한계염농도는 0.3% 미만이다.
③ 염해의 발생시기는 생식생장기보다 모내기 직후의 활착기와 분얼기에 심하게 나타난다.
④ 염해의 발현기작으로는 축적된 염분, 특히 염소(Cl)의 직접작용으로 엽록소의 기능이 감퇴한다.
⑤ 염해는 효소활력의 저하로 탄소동화작용이 저해되고 질소과잉 축적으로 생육 및 출수가 지연되어 수량이 감소한다.

3) 간척지 제염방법 및 토양개량

(1) 제염(desalinization)

① 새로 개답한 간척지에서 벼를 재배하려면 벼재배 한계염농도 0.3% 미만으로 제염해야 한다.
② 논을 자주 쟁기로 갈고 물을 갈아주는 횟수가 증가할수록 제염이 촉진된다.
③ 경운 및 관개 횟수가 많을 때에는 깊게 경운하는 것이 제염에 효과적이나 관개 횟수가 많지 못할 때에는 경운깊이를 얕게 하는 것이 근권의 염농도를 낮추는 데 효과적이다.
④ 모내기 후에는 물을 갈아주는 주기가 짧을수록 제염에 효과적인데 보통 2일 간격으로 물을 갈아주는 것이 좋다. 물을 자주 환수할 경우 비료의 유실이 크므로 시비량을 늘려야 한다.
⑤ 간척지에서 경운하고 환수하면서 벼를 재배할 때 벼 생육한계 염농도에 도달하는 경작연차는 토성에 따라 다르나 점질토에서 6년, 일반토양은 7년 정도 소요되고 사질토인 경우라도 2년 이상이 소요된다.

(2) 암거배수와 제염

① 간척지에서 조기에 제염을 하고 토양 심층으로부터 염분의 상승을 막아 개답 초기부터 벼를 재배하려면 암거배수 시설을 해야 한다.
② 간척지에서 밭작물을 재배하려면 암거배수에 의한 제염이 반드시 필요하다.
③ 간척지 벼의 피해가 나타나는 0.3% 농도에 도달하는 기간은 무암거 시 3년, 8m 간격 암거 시 2년, 5m 간격 암거 시 1년 이상이 소요된다.

(3) 간척지 토양의 개량

① 간척지는 염분농도즉 나트륨 함량이 높고 칼슘함량이 적으며, pH가 높고 유기물함량이 낮으므로 볏짚, 석회, 퇴비를 시용하거나 객토를 하면 지력이 높아지고 제염효과도 있어 수량이 증수한다.

② 봄갈이 때 석회 300~400kg을 시용하면 제염효과가 크고 수량이 증수된다.

③ 간척지 토양은 아연(Zn)의 유효도가 낮아 아연결핍으로 벼 생육이 저해되므로 황산아연 2.5kg/10a을 시비하면 생육이 좋아진다.

4) 간척지에서 벼 재배

① 내염성 품종인 계화벼, 간척벼, 서해벼, 섬진벼, 영산벼 등 내염성 품종을 선택하여 재배한다.

② 기계이앙재배 시 유묘를 늦게 이앙하지 않도록 한다.

③ 기계이앙 시 뜸모와 결주가 많아지므로 로터리와 동시에 모내기하는 것이 좋다.

④ 간척지 토양은 단립구조이고 염분농도가 높아 정지 후 토양입자가 가라앉아 급격히 굳어진다.

⑤ 간척지에서는 분얼이 적으므로 이삭수 확보를 위해 보통답보다 재식주수는 100주 정도로, 1주 묘수는 5~6묘 정도로 늘린다.

⑥ 간척지는 기비 중심보다 추비를 중심으로 시용하는 것이 좋다.

⑦ 간척지 토양은 알칼리성이므로 질소비료는 생리적 산성비료인 유안(황산암모늄)을 쓰는 것이 좋고 인산은 과석, 칼륨은 황산칼리(나트륨의 흡수를 억제하는 작용이 있음)를 시비하는 것이 좋다.

5) 간척지의 직파재배

① 간척지에서 직파재배를 할 때 파종은 담수표면산파를 한다.

② 염농도가 낮은 논(0.1% 이하)은 경운 후 로터리를 하고 파종하는 것이 좋다. 염농도가 보통 이상으로 높은 논(0.3% 정도)은 로터리만 한 후 파종하는 것이 염류의 용출을 줄여 유리하다.

③ 파종량은 염농도 등에 따라 다르나 6~8kg/10a 정도가 적당하다.

④ 물관리는 파종 후 10일경에 물을 빼고 눈그누기(아전)를 한 다음 5일 후에 물을 다시 대는 것이 입모수 확보에 유리하다.

⑤ 염분이 높은 물의 환수간격은 염농도가 높을 때에는 2일, 낮을 때에는 4일 간격이 적당하다.

⑥ 간척지에서는 질소비료는 분시하고 다른 비료는 기비로 준다.

⑦ 잡초발생 양상을 보면 염분농도가 아주 높은 곳은 나문재, 통통마디, 칠면조 등이 우점하고 염분농도가 약간 높은 곳(개답 초기) 바다새, 매자기, 나문재 등이 우점하며 염농도가 낮아지면 일반논의 잡초인 피, 물방개, 물달개비, 매자기 등이 우점종이 된다.

5. 밭벼 재배(upland rice culture)

1) 밭벼(upland rice)

① 밭에서 재배하는 벼를 육도(산도)라고도 하는데 논벼와 밭벼를 구분하는 기준은 물이 있는 담수도 조건이면 논벼이고 그렇지 않으면 밭벼이다.

② 일반적으로 논벼는 밭재배가 가능하나 밭에서 재배 시 수량이 현저히 줄어든다. 밭벼도 논 재배가 가능하나 밭재배때와 수량차이가 크지 않다.

2) 밭벼의 특징

① 밭벼의 형태적 특징은 논벼에 비해 잎과 줄기가 거칠고 장대 잎이 늘어진다.

② 밭벼는 뿌리가 심근성이고 잔뿌리가 많아 수분부족에 강하다.

③ 밭벼는 생리적 특징으로는 논벼에 비해 토양 중 산소요구도가 크고 쌀의 찰기가 적다.

④ 수분흡수량이 적으므로 규산의 흡수가 적어 도열병에 걸리기 쉽다.

3) 파종 및 재배법

① 밭벼는 건답직파에 준하여 재배하고 시비량은 논벼재배보다 30% 정도 증비한다.

② 밭벼는 내건성과 도복저항성을 크게 하는 칼륨(K) 비료를 증비하는 것이 좋다.

③ 밭벼를 연작하면 토양의 특정양분소모가 많고 수량이 감소하므로 윤작을 하는 것이 좋다.

6. 무경운 재배(no-tillage culture)

① 논을 경운하지 않고 벼를 재배하는 방법을 무경운재배라고 하는데 보통 무경운 직파재배를 한다.

② 장점으로 경운을 하는 노력이 절약되고 경운용 농기계비용이 절약되어 생산비가 낮아진다.

③ 잦은 경운에 비해 토양의 물리성 악화가 적어진다.

④ 무경운 재배의 단점은 잡초방제작업이 어렵고 용수량이 증가하며 시비효율과 수량이 약간 낮아진다. 토양을 경운하지 않으므로 벼의 단근(뿌리잘림)을 줄여 생육이 좋을 수응 있으나 경운으로 인한 물리적 잡초방제나 토양물리성 개선을 기대할 수 없다.

⑤ 제초제를 사용하여 잡초를 제거하므로 별도의 비용이 발생한다.

⑥ 무경운 직파배배 노동력을 줄이고 메탄가스 발생량을 70%까지 낮출 수 있다.

제2절 직파재배(direct seeding culture)

1. 직파재배의 필요성과 종류

① 직파재배는 육묘와 모내기가 생략되므로 못자리를 만들 필요가 없고 육묘상자나 이앙기도 필요없으므로 농자재 비용이 절약된다.
② 벼의 생산에서 노동생산성과 토지생산성을 높이고 생산비는 줄여 국제경쟁력을 높이려면 노동력과 농자재 투입을 최소화하는 생력재배 기술이 필요한데 이때 필요한 기술이 직파재배이다.
③ 파종방법에 따라 건답직파, 건답조파, 요철골직파, 부분경운직파 등으로 나눈다.
④ 담수재배에는 담수직파, 담수표면산파, 담수토중직파, 담수골표면산파, 무논골직파 등으로 나눌 수 있다.
⑤ 건답직파를 하면 메탄가스 발생량이 이앙재배에 비해 현저히 줄어들므로 탄소저감 대책으로 유용한 방법이다.

1) 직파재배의 특성

① 벼의 직파재배는 노력과 농자재 비용은 절약되나 도복이 잘 되고 잡초발생도 많다.
② 직파재배 벼는 이앙재배 벼에 비해 분얼절이 낮아(저위분얼) 이삭수 확보에 유리하나 과번무하기 쉽다. 반면 이앙재배는 모의 뿌리가 절단되어 일정기간 벼 생육이 정지되기 때문에 직파재배에 비해 과번무하지 않는다.
③ 출아와 입모가 불량하고 균일하지 못하여 유효경 비율이 낮다.
④ 간장(줄기 길이)과 수장(이삭 길이)이 짧아지며 줄기가 가늘고 뿌리가 토양표층에 많이 분포하여 도복이 발생하기 쉽다.
⑤ 파종이 동일할 경우 직파재배는 이앙재배에 비해 벼의 출수기가 다소 빨라진다.
⑥ 단위면적당 이삭수가 많지만 한 이삭당 영화수가 적어 수량은 기계이앙재배보다 낮은 편이다.

2) 직파재배의 수량과 생력효과

① 건답직파나 담수직파의 수량은 관행 기계이앙 재배에 비해 약간 감소한다.
② 건답직파하면 처음에는 수량이 감소하다가 기술이 숙련되면 대등한 수량을 낼 수 있다.
③ 생산비는 담수직파와 건답직파를 하면 다소 줄어든다.
④ 노력비는 기계이앙 재배에 비해 담수직파는 25%, 건답직파는 30%로 줄어든다.

표 8-2. 건답직파와 담수직파의 장단점 비교

연번	항목	건답직파	담수직파
①	강우 시 파종	어려움	쉬움
②	균평작업	어려움	쉬움
③	기계작업	쉬움	어려움
④	논의 배수	주의해야 함	신경을 쓸 필요가 없음
⑤	도복정도	적음	많음
⑥	뜸모	없음	많음
⑦	무효분얼	적음	많음
⑧	발근과 착근	양호함	불량함
⑨	발아정도	불량함	양호함
⑩	분얼절위	높음	낮음
⑪	쇄토노력	많이 듦	적게 듦
⑫	용수량	적게 필요함	많이 필요함
⑬	잡초발생	많음	적음
⑭	출아일수	평균 10~15일로 김	평균 5~7일로 짧음
⑮	항공파종	불편함	가능함

3) 직파재배의 문제점과 대책

① 직파재배는 육묘, 모내기 등의 노력절감에도 불구하고 초기 입모 불안정, 잡초성 벼(앵미), 잡초방제의 어려움 등의 문제점으로 인해 보편화되지 못하고 1% 이하의 면적에 머물러 있다.

② 직파재배 면적은 1995년도에는 12만 ha로 11%를 상회하기도 하으나 2021년도에는 거의 재배하지 않고 있다.

③ 일본의 경우 직파재배 면적이 감소하다가 고품질 쌀의 생산으로 간편한 재배를 선호하여 담수직파가 다시 약간 증가하는 추세이다.

④ 앵미(red rice)는 건답직파재배 시에 많이 발생하며 종피색은 자색이고 탈립이 잘 되며 저온 출아성이 좋고 월동이 가능한 야생특성이 강한 벼이다.

(1) 문제점

① 출아율이 낮아 입모를 확보하기 곤란하여 이삭수가 감소하기 쉽다.

② 파종심도가 낮아 도복이 증가한다.

③ 이앙재배에 비해 일반적으로 잡초발생이 많은데 담수직파는 약 2배, 건답직파는 약 3배의 잡초가 증가한다. 특히 건답직파에서는 잡초성 벼의 발생이 급증한다.

(2) 해결대책

① 입모율 향상책으로 담수직파에서는 저온발아성이 강하고 낮은 용존산소 농도에서도 발아가 잘되는 품종을 선택한다. 균평작업을 잘하고 정밀한 정지와 써레질을 한다.

② 건답직파에서는 토양수분이 부족하면 출아율이 저하되고 토양수분이 과다하면 작업이 곤란하므로 사양토 등 적합한 토양에서 실시한다.

③ 파종깊이는 3cm 정도로 하고 제초제 등으로 잡초방제를 하면 되지만 적절한 제초제도 부족하고 균일도도 떨어져 한계가 있다.

(3) 도복 경감책

① 파종량과 시비량이 증가할수록, 상시 담수할수록 도복이 증가하므로 박파(薄播), 감비(減肥), 분시(分施), 간단관개를 실시한다.

② 파종 후 30일부터 2~3회 중간낙수를 하며, 도장하여 도복의 우려가 있으면 왜화제와 같은 도복경감제를 출수 전 30일에 살포한다.

③ 담수직파에서는 써레질 후 가급적 빨리 파종하여 종자가 깊이 묻히도록 유도한다.

4) 직파재배와 환경

(1) 기상 환경

① 직파재배는 육묘를 하지 않고 종자를 논에 직접 파종하므로 파종 당시 기온이 발아와 입모에 매우 큰 영향을 미친다.

② 일찍 파종하면 출아기간이 길어져서 입모가 불량하게 되고 늦게 파종하면 고온으로 입모가 불균일하고 출수가 늦어져 수량이 감소하기 쉽다.

③ 일평균 기온이 12℃ 이상일 때 파종하는 것이 좋다.

④ 강우량은 담수직파에는 별 영향이 없으나 건답직파에서는 성패를 좌우하는 중요한 기상요인이 된다.

⑤ 강우량이 많으면 경운과 정지하기 어렵고 쇄토가 어려워서 파종작업이 거의 불가능하다

⑥ 파종 후 많은 비가 오면 볍씨가 물에 잠겨 산소부족으로 발아가 불량해지기 쉽다.

⑦ 직파재배에서 파종전후에 비가 오면 토양 표면이 굳어져서 입모율을 현저하게 떨어뜨린다.

(2) 토양 환경

① 직파재배는 토양특성 및 물관리 여하에 따라 성패가 좌우되는데 기본적으로 직파재배에 적합한 곳은 평야지, 평탄지, 수리안전답 등이다.

② 평야지, 수리안전지라도 찬물이 나오는 논, 그늘이 지는 곡간지, 염류농도가 0.3% 이상의 염해답은 직파재배를 하지 않는 것이 좋다.

③ 우리나라에서 직파재배가 가능한 논은 전체 논면적의 60% 정도이다.

④ 건답직파 재배지는 배수가 잘 되는 사양질 토양이 알맞다.

⑤ 건답직파 시 점토함량이 많을수록 경운과 로터리작업(쇄토, 논고르기)이 어렵고, 비가 오면 작업에 차질이 크다.

⑥ 점토함량이 많은 논은 추경이나 춘경을 하면 도움이 되며 파종 시에는 이랑을 만들고 그 위에 얕게 파종한다. 또 배수구를 설치하면 건답상태 유지에 도움이 된다.

⑦ 담수직파 재배지는 일정한 보수력을 가진 미사식양질 내지 식양질 토양이 알맞다.

⑧ 담수표면 산파 시 점토함량이 많으면 로터리나 써레질 후 파종하였을 때 종자가 파묻혀 입모율이 저하되기 쉽다.

⑨ 간척지에서 담수직파를 하면 염해와 토양환원균에 의한 산소부족으로 발아가 불량해지기 쉽다.

제3절 친환경 재배

1. 친환경 농업

1) 친환경 농업의 개념

① 환경보전형 농업 또는 저투입 지속적 농업으로 생산성의 확보, 자원과 환경의 보전, 농산물의 안전성을 동시에 추구하는 농법이다.

② 이를 위해 작물에 의한 양분 수탈량을 유기물 등 자연재료로 보충하고 인공적인 농자재의 투입을 최소화하는 것이다.

③ 윤작, 생물학적 방제 등 생태계의 물질순환 시스템을 활용하여 농업환경을 지속적으로 보전하고 생태계의 균형을 유지한다.

④ 농약과 화학비료의 투입량을 최소한으로 억제하여 지역의 자원과 환경을 보존하면서 일정한 생산력과 수익성을 확보하고 보다 안전한 식량생산에 기여하도록 하는 농법이다.

2) 친환경 농업의 종류와 지원법률

(1) 유기농업(organic agriculture)

유기농업은 화학비료와 유기합성농약(농약, 생장조절제, 제초제 등) 및 가축사료 첨가제 등의 합성화학물질을 사용하지 않고 유기물 등 자연적인 자재만을 사용하여 농축산물을 생산하는 농업이다. 소규모 농업에 적용하기 알맞다.

(2) 저투입농업(low-input agriculture)

화학비료, 합성농약, 사료첨가제 등 합성화학물질을 사용은 하되 사용량을 최소화하여 농업 환경오염을 경감하고 자연생태계를 유지 보전하며 잔류독성 허용기준치 이하의 안전 농산물을 생산하는 농업이다. 현대농업에서는 유기농업보다 저투입농업을 지향한다.

(3) 친환경농업의 관리 지원법률

① 우리나라에서는 1998년 제정된 친환경농업육성법에 근거하여 친환경농업이 운영되고 있다.

② 이 법의 제정목적은 농어업의 환경보전기능을 증대시키고 농어업으로 인한 환경오염을 줄이며, 친환경농어업을 실천하는 농어업인을 육성하여 지속가능한 친환경농어업을 추구하고 친환경농수산물과 유기식품 등을 관리하여 생산자와 소비자를 함께 보호하는 것이다.

③ 친환경농어업은 합성농약, 화학비료, 항생제및 항균제 등 화학자재를 사용하지 아니하거나 사용을 최소화해 건강한 환경에서 농축수산물, 임산물(농수산물)을 생산하는 것을 지원하는 것이다.

(4) 친환경농축산물 인증제도

① 친환경 농축산물은 환경을 보전하고 소비자에게 보다 안전한 농축산물을 공급하기 위해 유기합성 농약과 화학비료 및 사료첨가제 등 화학자재를 전혀 사용하지 아니하거나 최소량만을 사용하여 생산한 농축산물을 말한다.

② 친환경농축산물 인증제도는 소비자에게 보다 안전한 친환경농축산물을 전문인증기관이 엄격한 기준으로 선별 검사하여 정부가 그 안전성을 인증해주는 제도이다.

표 8-3. 친환경 농축산물 종류 및 기준

번호	인증종류	인증기준 주요 내용
①	유기농산물	농약과 비료를 사용하지 않고, 작물 돌려짓기(윤작)를 우선적으로 실천하여 양분과 병해충을 관리하고, 농업 부산물을 토양에 환원하거나 그 외에 유기재배에 허용되는 물질을 양분공급 및 병해충관리 용도와 조건에 맞게 사용해야 한다.
②	유기축산물	유기사료를 급여하고, 축사 및 방목장은 가축이 자유롭게 활동할 수 있도록 축종별 기준 면적 이상을 확보하며, 가축의 질병은 적절한 품종의 선택, 사육장 위생관리 등의 조치를 통하여 예방하며, 질병이 없을 때 동물용의약품 투입을 금지한다. 무항생제 축산물 인증을 통합하여 시행한다.
③	유기양봉제품	벌통이 위치한 반경 3km 이내 지역은 유기 인증기준에 적합한 오염되지 않은 자연 밀원이어야 하고 꿀벌의 병해충관리 시 유기합성농약, 동물용의약품 등 비허용물질을 사용하지 않고 벌집은 천연재료로 구성된 자재 사용해야 한다.
④	유기가공식품	인증 받은 유기농산물 등을 이용하여 제조·가공하고, 원료에 대한 구입·사용 내역과 유기가공식품의 생산·판매내역 관리, 첨가물은 유기가공식품 제조에 허용되는 물질을 용도와 조건에 맞게 사용해야 한다.
⑤	비식용유기 가공품(양축·반려 동물 유기사료)	유기농축산물, 유기가공식품과 허용된 단미사료·보조사료를 원료로 하여 제조·가공하고, 원료에 대한 구입·사용 내역과 유기사료의 생산·판매내역 관리, 첨가물은 유기사료 제조에 허용되는 물질을 용도와 조건에 맞게 사용해야 한다.
⑥	무농약농산물	농약은 사용하지 않고, 비료는 추천 시비량의 1/3 이하 사용, 농업 부산물을 토양에 환원하거나 그 외에 양분공급 및 병해충관리를 위해 유기재배에 허용되는 물질을 용도와 조건에 맞게 사용해야 한다. 저농약 농산물은 시행하지 않는다.
⑦	무농약원료 가공식품	인증 받은 무농약농산물 등을 이용하여 제조·가공하고, 원료에 대한 구입·사용 내역과 무농약원료가공식품의 생산·판매내역 관리, 첨가물은 유기가공식품 제조에 허용되는 물질을 용도와 조건에 맞게 사용해야 한다.

국립농산물품질관리원(www.enviagro.go.kr)

2. 친환경 쌀의 종류와 품질기준

1) 유기 쌀

(1) 유기 쌀 생산의 기준

① 윤작이나 유기질 비료의 투입 등으로 토양을 관리하며 화학비료와 합성농약을 전혀 사용하지 않는 농법을 3년 이상 실시한 포장에서 재배하며 생산, 가공, 유통 과정에서 유독, 유해물질을 사용하지 않아야 한다.

② 잔류농약은 허용기준의 1/20 이하이어야 한다.

③ 품질인증을 받으려면 논토양은 토양환경보전법 규정에 의한 토양오염우려기준을 초과하지 않아야 한다. 논은 최초 수확하기 전 3년 동안 규정에 의한 재배방법을 준수한 포장이어야 한다.

④ 용수는 환경정책기본법 및 지하수의 수질보전 등에 관한 법률에서 정한 농업용수 이상이어야 한다.

⑤ 종자는 원칙상 유기농산물 인증기준에 맞게 생산, 관리된 '유기종자'를 사용해야 하며 유전자변형농산물(GMO) 종자를 사용해서는 안 된다.

(2) 유기 쌀 재배방법

① 화학비료와 유기합성농약을 일체 사용할 수 없고 장기간의 적절한 윤작계획에 의한 콩과작물, 녹비작물이나 심근성작물을 재배해야 한다.

② 토양에 투입하는 유기물은 유기농산물의 인증기준에 맞게 생산된 것이어야 한다.

③ 축산분뇨는 완전히 부숙시켜서 사용해야 하고 과다시용, 유실, 용탈 등으로 인하여 환경오염을 유발하지 않아야 한다.

④ 병해충 및 잡초방제는 벼 품종의 선택, 적합한 윤작체계, 기계적 경운, 천적 이용, 멀칭, 예취, 화염제초, 동물의 방사 등의 방법으로 방제, 조절해야 한다.

(3) 유기 쌀 생산물의 품질관리

① 해충방제 및 식품보존을 목적으로 방사선을 사용할 수 없으며 포장재는 식품위생 법의 관련 규정에 적합해야 하고 가급적 생물분해성, 재생품 또는 재생이 가능한 자재를 사용하여 제작된 것을 사용해야 한다.

② 잔류농약은 인근 관행농업의 포장으로부터 바람에 의한 비산이나 관개 또는 이웃 포장의 배수에 의한 오염 등 불가항력적인 경우에 한해 허용되나 그 허용기준은 식품의약품안전처장이 고시한 농산물의 농약 잔류허용기준의 1/20 이하이어야 한다.

2) 무농약 쌀

(1) 무농약 쌀 생산의 기준

① 화학비료가 사용 권장량의 1/3 이하이고 유기합성농약이 전혀 사용되지 않은 쌀로서 잔류농약이 허용기준의 1/20 이하인 쌀이다.

② 제초제를 사용해서는 안 된다.

③ 품질인증을 받으려면 논토양 토양환경보전법 시행규칙에 의한 토양오염우려기준을 초과하지 않아야 한다.

④ 용수는 환경정책기본법시행령 및 지하수의 수질보전 등에 관한 규칙에 의한 농업 용수 이상이어야 한다.

⑤ 유기종자를 사용하고 유전자변형(GMO) 종자는 사용하지 않아야 한다.

(2) 무농약 쌀 재배방법

① 화학비료는 농촌진흥청장, 농업기술원장, 또는 농업기술센터 소장이 재배포장별로 권장하는 성분량의 1/3 이하를 사용해야 하며 유기합성농약을 사용하지 않아야 한다.

② 장기간의 적절한 윤작계획에 의한 콩과작물, 녹비작물 또는 심근성 작물을 재배해야 한다.

③ 축산분뇨는 완전히 부숙시켜서 사용해야하며 과다한 사용, 유실 및 용탈 등으로 인하여 환경오염을 유발하지 않아야 한다.

④ 병해충 및 잡초 방제는 적합한 작물과 품종의 선택, 적합한 윤작체계, 기계적 경운, 천적 이용, 멀칭, 예취, 화염제초, 동물의 방사 등의 방법으로 방제하고 조절해야 한다.

(3) 무농약 쌀 생산물의 품질관리

① 병해충 관리 및 방제를 위한 예방적 조처로서 병해충 서식처의 제거 및 시설에의 접근방지, 기계적 물리적 및 생물학적 방법을 사용해야 하며 그럼에도 불구하고 적절하게 방제되지 않는 경우에는 병해충 관리를 위해 사용이 인가된 친환경 자재만을 사용할 수 있다. 방사선은 사용할 수 없다.

② 잔류농약은 인근 관행농업의 포장으로부터 바람에 의한 비산이나 관개 또는 이웃 포장의 배수에 의한 오염 등 불가항력적인 경우에 한해 허용되나 그 허용기준은 식품의약품안전처장이 고시 농산물의 농약 잔류허용기준의 1/20 이하이어야 한다.

③ 해당 농산물에 대한 농약잔류허용기준이 설정되어 있지 않은 농약이 검출된 경우에는 그 양이 동 고시에서 정한 농산물의 잔류농약 잠정 기준의 1/20 이하이어야 한다.

표 8-4. 친환경 쌀의 종류

번호	항목	유기농 쌀	무농약 쌀
①	유전자변형(GMO) 종자	사용금지	사용금지
②	방사선	사용금지	사용금지
③	잔류농약	허용기준의 1/20 이하	허용기준의 1/20 이하
④	제초제	사용금지	사용금지
⑤	합성농약	사용금지	사용금지
⑥	화학비료	사용금지	권장량의 1/3 이하

3) 유기농 쌀과 무농약 쌀의 비교

① 친환경 쌀은 2016년 저농약인증제도가 전면 폐지되어 유기농 쌀과 무농약 쌀로 분류하는데 이들은 모두 합성 농약, 제초제, 방사선, 유전자변형(GMO) 종자의 사용을 금지한다.

② 잔류농약은 허용기준의 1/20 이하로 하되 유기농 쌀은 화학비료도 사용하지 못하는 반면 무농약 쌀은 화학 비료 사용은 금지 권장량의 1/3 이하로 일부 사용하는 것을 인정하는 점이 다르다.

3. 친환경 쌀 생산에서 유의할 점

1) 유기질 비료와 화학비료

① 친환경 쌀생산에서 유기질 비료는 좋은 것이고 화학비료는 나쁜 것이라는 생각은 반드시 옳다고 볼 수 없다. 또한 친환경재배가 무조건적으로 환경과 생태계에 좋은 영향을 준다고 말하기도 어렵다.

② 유기질 비료도 필요 이상으로 많이 주면 화학비료를 많이 준 것과 똑같은 영향이 나타나서 토양의 염류집적과 수질오염을 초래한다.

③ 유기질 비료가 식물에 이용되려면 토양미생물에 의해 분해되어 무기물로 바뀌어야 한다.

④ 유기질 비료를 과다 시용하면 질소 흡수량이 증가하여 쌀의 단백질 함량을 높여서 식미가 저하된다.

⑤ 화학비료도 토양검정을 한 후 합리적 시비를 한다든지 하여 표준시비량에 맞게 주면 환경에 부담이 없고 식물체가 건강하게 자라며 식미도 나빠지지 않는다.

2) 친환경 잡초방제

① 친환경 쌀생산에서 가장 어려운 문제가 잡초방제이다. 유기쌀, 무농약쌀의 품질인증 조건이 제초제 사용의 전면 금지이기 때문에 친환경 쌀생산의 성패는 잡초방제에 있다.

② 제초제 사용을 대신할 수단으로 오리, 왕우렁이, 쌀겨, 참게, 미꾸라지를 넣기도 한다.

3) 병충해 방제와 농약사용

① 벼 재배에서 농약의 도움 없이 재배하는 일은 아주 어려운 일이다. 농약을 사용하지 않으려면 처음부터 병충해에 저항성인 품종을 선택하여 식물체를 건실하게 재배하고 유전적 저항성이 저하되지 않도록 해야 하며 이를 위해 비료를 최소한으로 주는 등 재배관리에 유의해야 한다.

② 현재 사용되고 있는 농약은 독성이 그다지 높지 않고 잔류기간도 짧아서 사용수칙만 잘 준수하면 위해성이 거의 없다. 실제로 생산단계 농산물의 농약잔류허용기준과 수확 후 저장, 유통과정에서 식품의 농약잔류허용기준이 준수되는지 검사하고 있다.

③ 농약잔류허용기준은 농산물 또는 식품 중에 함유되어 있는 농약을 사람이 일생동안 매일 섭취해도 아무런 영향을 미치지 않는 수준을 감안하여 설정되는데, FAO(세계식량농업기구)/WHO(세계보건기구)의 잔류농약전문위원회에서 정한 허용량을 기초로 하여 설정된다.

④ 우리나라에서 시행 중인 농약안전사용기준은 '농약관리법'에 따른 '농약안전사용기준'에 준하는데 농작물 및 농약별 적용대상 해충, 사용시기, 최종 살포일수 등을 농촌진흥청장이 정한다. 이때 식품의약품안전처에서 고시하는 '농약잔류허용기준'을 넘지 않도록 한다.

⑤ 농산물안전성 조사는 국립농산물품질관리원이 '농수산물품질관리법'에 따라 생산, 저장, 출하단계에서 실시하고 유통 중인 농산물 및 수입농산물에 대한 안전성은 식품의약품안전처가 '식품위생법'에 근거하여 검사한다.

⑥ 농약허용기준 강화제도(PLS)가 2019년부터 실시되었으므로 이에 맞게 사용해야 한다.

4) 친환경 농자재

① 친환경 농산물을 생산하려면 유기질 비료와 친환경 살충제, 살균제 등 친환경농산물 자재가 있어야 한다.

② 친환경농산물의 생산을 위한 자재의 사용기준은 농림축산식품부 소관 친환경농어업 육성 및 유기식품 등의 관리 지원에 관한 법률 시행 규칙 내용에 따른다.

③ 유기질 비료로 축분비료를 사용하는 경우, 유기사료기준에 맞지 않는 사료와 수의 약품에 의존하는 공장형 농장에서 생산되는 축분비료는 사용할 수 없다.

4. 친환경 쌀의 생산원리

안전한 쌀을 생산하려면 처음부터 병충해에 저항성이 높은 품종을 선택해야 한다. 저항성은 유전적 특성인데 다수확 품종으로는 친환경농업을 유지하기 힘들다.

1) 농자재의 저투입 농법

① 유기질 비료, 화학비료, 농약 등 적정량을 사용하면 환경과 식품안전에 별로 문제가 없다.

② 친환경농업은 농자재의 저투입으로 식물체를 건실하게 생육시키는 데서 출발해야 한다.

㉠ 병해충종합관리(integrated pest management, IPM)로 농약사용량을 줄인다.

㉡ 양분종합관리(integrated nutrient management, INM)은 화학비료 사용량을 줄이는 최적화 기술을 적용한다.

㉢ 최근에는 지리정보시스템(GIS)으로 인공위성과 연결된 트랙터나 드론이 논 필지마다 최적량의 비료를 투입하는 정밀농업기술로 발전하고 있다.

2) 잡초 관리

(1) 잡초의 밀도 줄이기

① 잡초는 한번 발생하면 막대한 양의 종자가 생산되어 토중에 매몰된다. 잡초 1개체가 생산하는 종자량은 아주 많은데 한번 땅속에 묻힌 잡초 종자는 수 년 동안 장기간에 걸쳐 휴면하면서 조건이 충족되면 발아하는 특성을 지닌다.

② 친환경 쌀생산에서 제초제없이 잡초를 방제하려면 사전에 토중에 묻혀 있는 잡초 종자의 밀도를 낮추는 지배적 조치가 필요하다.

(2) 잡초 발생을 억제하는 환경조성

① 잡초 종자는 광발아성이 많으며 광 중에서도 적색 파장의 광이 잡초발생에 영향이 크다.

② 잡초 방제를 위한 친환경농업으로 지표면에 조사되는 광을 차단하면 상당부분 억제된다.

③ 오리농법은 오리가 잡초 종자나 발아 중인 잡초를 먹는 효과도 있지만 흙탕물을 만들어 광을 차단하여 방제하는 효과도 있다.

④ 쌀겨, 발효깻묵 살포도 효과적인데 쌀겨나 발효깻묵과 함께 볏짚이나 둑새풀 등의 유기물에 녹조가 형성되어 광을 차단하므로 발아 억제효과가 있다.

⑤ 수중 미생물에 의해 유기물이 급속히 분해될 때 일시적으로 산소가 고갈되고 발효에 의해 발생되는 메탄가스 등이 잡초를 약하게 한다.

⑥ 잡초의 물리적 방제법은 일부 발생하는 잡초는 손으로 뽑거나 재래식 제초기계를 사용하고

화염방사기로 태워 고사시키는 물리적 제초방법이 유용하다. 어느 경우에나 미리미리 잡초 밀도가 낮아지도록 관리한다.

(3) 잡초의 종합적 방제

① 잡초방제효과를 높이려면 여러 가지 방법을 병행해서 종합적 방제로 실시한다.

② 출수기 직후 포장에서 성숙한 잡초 종자를 제거하여 이듬해 잡초 발생원을 사전에 차단한다.

③ 경운이나 물관리 등을 통하여 잡초 종자의 밀도를 사전에 낮춘다.

④ 모내기 후에는 잡초의 생장에 불리한 환경을 조성해 가는 등의 다양한 경종적 조치가 유용하다.

⑤ 잡초가 발생하면 화염방사기로 태우거나 기계적으로 절단하고 일부는 손으로 뽑는다.

⑥ 친환경농업, 유기농업에서는 잡초를 박멸하기보다는 방제하는 개념이 적용된다. 완벽한 잡초방제란 불가능하기도 하고 비경제적이기 때문이다.

⑦ 경지면적이 좁은 우리나라는 소규모 가족 중심으로 손이 많이 가는 친환경농업을 하게 되는데 실제로 소규모이면서 많은 소득을 올리려면 고비용농업이 불가피한 경우가 많다.

제4절 작부체계

1. 논 작부체계의 변천

1) 작부체계(cropping system)

① 작물의 종류별 재배순서나 배치로 중요성 농경지 이용률을 높이고 지력을 유지 증진하여 지속적 농업을 가능하게 하며 농업소득을 올릴 수 있는 농업체계이다.

② 이상적인 작부체계는 경지를 3~5등분하고 화본과 작물과 콩과작물 등을 교대로 심으며 몇 년에 한번은 지력증진 작물을 도입하거나 심경효과를 가져올 수 있는 뿌리작물을 심는 것이다.

③ 우리나라는 경지면적이 좁아서 실천하기 어렵고 특히 담수조건인 논의 작부체계는 매우 제한적이다.

2) 작부체계의 역사

① 우리나라의 작부체계는 15~17세기부터 벼-보리의 단순한 작부체계를 실행해왔다.

② 해방 전후까지 우리나라 논은 남부지방을 중심으로 10~20%의 답리작이 시행되었다.

③ 고도성장기(1960~1970년대)에는 논면적의 80%에서 답리작이 시행되었다.

④ 1970년대는 벼-맥류 체계에서 벗어나 채소와 잡곡을 위주로 하는 경제작물이 도입되었다.

⑤ 1980년대는 벼-맥류 체계는 쇠퇴하고 조미채소와 잡곡 등 곡물이 아닌 경제작물 재배가 크게 늘어났다.

⑥ 1990년대는 벼-맥류 체계는 더 쇠퇴하고 채소, 감자, 사료작물의 재배가 크게 증가하였다.

⑦ 2000년대 이후에는 사실상 밀은 거의 없어지고 일부에서 보리나 사료작물, 원예작물이 재배되고 있다.

2. 논의 합리적인 작부체계

① 합리적 작부체계는 농가소득을 유지하면서 지력을 유지 증진하고 저투입이면서 지속적 농업을 가능하게 해야 한다.

② 논의 작부체계는 여름철에 벼를 재배하고 동절기에 맥류나 녹비작물을 재배하는 방법이다.

③ 답전윤환으로 벼를 재배한 후 밭상태로 하여 작물을 재배하면 비료이용이나 병충해 방제에 유리하다.

④ 벼를 재배한 이후에 후작물을 재배하는 답리작으로 겨울동안 논에 재배할 수 있는 작물은 추위에 강한 맥류, 원예작물, 녹비작물 등을 재배한다.

⑤ 제한적이기는 하지만 답리작으로 사료작물로 중부이북지방에서는 내한성이 강한 호밀이 적합하고, 남부지방은 호밀과 함께 사료가치가 높은 이탈리안라이그래스가 적합하다.

⑥ 친환경을 위한 지력유지 및 증진 작물(콩과녹비작물)인 자운영과 헤어리베치 재배가 유리하다.

1) 주요 답리작 작물

(1) 호밀(rye)

① 호밀은 토양이 척박하고 환경조건이 불량한 지역에서도 잘 자랄 수 있고 추위에 견디는 힘이 강하기 때문에 우리나라 중북부 지역에서 벼의 후작물로 가을에 파종하고 이듬해 봄에 예취하여 조사료로 이용한다.

② 일찍 파종하는 것이 수량이 많으며 조기파종의 경우 월동 전 풋베기 또는 방목이용이 가능하다. 10월에 파종하며 월동 전 주경 엽수가 4매 이상에서 월동할 수 있도록 한다.

③ 호밀은 로터리를 한 후 비료와 종자를 뿌리고 다시 가볍게 로터리를 하는 간이 파종법이 좋다.

⑤ 시비량은 10a당 질소(N) 20kg, 인산(P) 12kg, 칼리(K)가 12kg을 권장하며 배수에 유의한다.

⑥ 생초수량은 출수기 때 가장 높고 개화기를 지나면서 점차 감소하므로 생초를 목적으로 할 때는 출수기~개화기에 예취하는 것이 좋다.

⑦ 건물수량은 종자 형성이 시작되는 유숙기 때가 가장 많으므로 사일리지 조제 시에는 개화기부터 유숙기에 수확한다.

(2) 자운영(milk vetch)

① 녹비작물로 자운영을 재배하려면 파종시기는 9월 상순, 파종량은 3~4kg/10a이 적당하다.
② 벼 입모 중 담수조건에서 파종하는 경우 너무 늦게 파종하면 생육이 불량해지고 월동력도 떨어진다. 파종 후 10일 내에 논물을 낙수해야 하며 낙수시기가 빠르면 벼 수량과 품질이 떨어지고 너무 늦으면 자운영의 생육이 저해된다.
③ 자운영의 생육이 불량할 경우 봄에 질소비료를 소량 시비한다. 자운영의 생육에 인산과 칼리 비료의 효과가 크므로 벼 수확후 가급적 빨리 시용한다.
④ 자운영은 벼를 이앙하기 10일 전에 수확한다. 논에 관개를 중단하고 논이 마른 상태에서 트랙터 로터리로 갈아 넣고 5일 정도 지난 후 물을 대주면 유기산의 발생을 크게 줄여 벼의 활착과 생육에 도움이 된다.

(3) 헤어리베치(hairy vetch)

① 녹비작물로 재배 시 파종시기는 10월, 파종량은 6~9kg/10a이 적절하며 일찍 파종할수록 녹비 생산량이 증가한다.
② 파종방법은 벼 수확 전 산파나 벼 수확 후 로터리 산파가 모두 가능하다. 벼 입모 중 산파 시에는 수확 직전부터 수확 10일 전까지 벼가 논에 서 있을 때 파종한다. 입모 중 산파는 노동력을 절감하고 파종기를 앞당길 수 있는 이점이 있다.
③ 수확한 헤어리베치는 벼이앙 2~3주 전에 트랙터 로터리로 갈아엎어 녹비로 쓴다. 적정량은 1,500~2,000kg/10a 정도이다.
④ 녹비로 시용하는 경우, 화학비료로 질소비료는 줄 필요가 없고 인산과 칼리비료는 표준량을 시용한다.

2) 답전윤환 효과

① 식양질이나 사양질 모두 논토양의 심층까지 균열이 발달되고 표토가 입단화되며 그 결과로 경반이 파쇄된다.
② 심토의 기상률이 증대되고 공극률도 증가한다.
③ 토양 화학성은 치환성 석회와 마그네슘 등의 양이온이 증가한다.
④ 잡초발생량과 선충이나 토양전염성 병해충 등이 경감되면서 작물의 생산력이 증대된다.

제9장
품질과 수확 후 관리

다양한 농사기술과 품종을 개발하여 최적의 조건에서 농산물을 생산하여도 소비자의 선택을 받지 못하면 무용지물이 될 것이다. 이번 장에서는 최종산물인 벼의 도정과 가공, 이용성을 살펴보고 이를 더욱 발전시키는 기초자료로서 이해도를 넓혀보고자 한다. 아직도 진행 중인 것이 많지만 그동안의 여러 다양한 기술이 융복합적으로 접목되어 유통과 이용의 편리성을 증대시키고 있다. 쌀은 먹거리를 넘어서 문화적 유산이 스며있는 특별한 식품이다. 그동안 개발된 가공기술의 전반을 살펴보고 더 나은 방향으로 발전에 대한 아이디어를 찾아본다.

제1절 수확 후 관리

벼의 수확 후 건조 → 저장 → 도정 → 유통 과정을 다루는 것을 수확 후 관리(postharvest)라 하고 이에 관한 기술을 수확 후 관리기술이라고 한다. 고품질 농산물, 쌀의 수출입 개방화 시대가 되면서 수확 후 관리가 더 중요해지고 있다.

1. 벼의 건조

1) 건조 원리

① 벼는 수확 후 빠른 시간 내에 건조해야 안전저장이 가능하다. 수분함량이 높을수록 미생물의 번식이 용이하고 내부성분의 이동과 효소작용이 활발해져 품질이 변화하기 쉽기 때문이다.

② 수확기 벼(산물벼)의 수분함량은 보통의 경우 25% 정도이다. 아주 늦게 수확할 때는 15%로 낮고, 최대 40%에 달한다.

③ 벼의 수분함량을 15%까지 건조시켜야 저장에 유리하다. 수분함량이 15% 이하로 낮아지면 저장성은 증가하지만 식미가 나빠진다.

④ 벼를 급격하게 건조시키면 동할미 등의 발생이 많아지고 품질이 저하되므로 서서히 건조시켜야 한다.

2) 건조 방법

(1) 건조기 건조

기계에 의한 건조는 콤바인으로 수확과 동시에 탈곡한 벼를 건조기로 건조시키는 것으로 가온에 의한 화력건조(열풍건조), 상온통풍건조(개량곳간 건조) 등이 있다. 요즘 대부분 이용하는 방식이다.

(2) 천일 건조

① 예전에 사람이 낫으로 벤 벼를 논바닥에 깔아서 말리거나 작은 단으로 묶은 다음 논바닥에 세워 건조를 시켰으나 요즘에는 찾아볼 수 없다.

② 벼가 어느 정도 건조되면 탈곡기로 탈곡한 후 저장을 위한 본 건조를 한다.

③ 본 건조는 콘크리트바닥 건조, 아스팔트바닥 건조, 망사이용 건조 등이 있고 건조시킬때 벼를 펼치는 두께는 5cm가 적당하다.

④ 아스팔트바닥에서 건조할 때 벼를 얇게 펴 말리면 급속한 건조로 동할율(동할미율)이 증가하여 품질이 저하된다.

⑤ 개량곳간을 이용한 건조는 수확한 벼를 개량곳간에 넣고 공기만을 송풍하여 수분함량이 15%로 건조하여 그대로 저장하면 품질이 유지되고 비용도 절감된다.

3) 건조 기술

(1) 수분함량

① 벼의 건조는 45℃ 이하에서 건조시키고 수분함량은 15% 전후로 유지시키는 것이 중요하다.

② 수분함량이 14% 이하가 되면 저장에는 좋으나 밥맛이 떨어지고 수분함량이 16% 이상으로 높아지면 도정효율도 높아지고 식미가 좋으나 변질되기 쉽다.

(2) 건조 온도

① 화력건조기(열풍건조)의 건조온도는 45℃ 정도가 알맞다. 이 온도는 건조 도정률과 발아율이 높고 동할률과 쇄미율은 낮으며 건조시간도 6시간 정도 길지 않다.

② 고온인 55℃ 이상 건조 시 동할률과 쇄미율이 급격히 증가한다. 건조온도가 55℃ 이상으로 높을수록 동할률이 증가하고 단백질이 응고된다. 전분이 노화되어 발아율이 떨어지며 취반시 찰기가 떨러져 식미가 낮아진다.

③ 수분함량이 낮은 벼는 고온으로 건조해도 상대적으로 식미 저하가 크지 않으나 수분함량이 높은 벼를 고온건조하면 식미가 크게 떨어진다.

(3) 승온조건과 건조속도

① 화력건조기로 건조할 때 승온조건은 시간당 1℃가 적당하다. 급속한 고온건조는 동할률이

급증하고 유기물이 변성되어 품질이 저하된다.
② 건조속도는 시간당 수분감소율을 1% 정도로 하는 것이 알맞다.
③ 동할미의 발생을 억제시키기 위해서는 벼의 초기 수분함량이 높을수록 송풍온도를 낮게 시작해야 하며 습도가 낮으면 송풍습도도 낮게 해야 한다.

(4) 건조와 품질 저하요인

① 급속한 건조는 동할미를 다량 발생시켜 품질이 저하된다. 동할미는 밥을 지을 때 꺼칠꺼칠한 촉감을 주고 취반 시 단면으로부터 전분이 용출되어 밥맛에 나쁜 영향을 미친다.
② 급속건조로 동할률이 높아지는 이유는 수분이 쌀알 표면에서 똑같이 증발하지 않기 때문에 금이 가게 된다.
③ 고온건조, 지나치게 낮은 건조, 급속건조 등 건조를 잘못하면 동할립, 이취, 변색립이 발생되어 품질이 나빠진다.
④ 건조가 늦어지면 수분함량이 높은 벼가 더 빨리 변질되기 쉽다.
⑤ 과도한 고온건조는 식미를 저하시킬 뿐만 아니라 수분함량이 낮아 도정효율이 낮아지며 가열에 의한 열손상립을 발생시킨다.

2. 저장

① 벼는 저장 중 자체 호흡으로 저장양분이 소모되고 미생물이나 해충이 번식하며, 이러한 과정에서 열이 발생하고 수분이 생성되면서 품질저하와 변질이 가속화된다.
② 벼 생산에 못지않게 저장은 중요한데 양적 손실을 최대한 줄이고 저장 중 성분의 변화를 최소화하는 저장조건과 시설이 필요하다.

1) 저장 중 쌀의 이화학적 생물학적 변화

① 장기 저장된 벼는 색, 찰기, 맛, 냄새 등이 전체적으로 나빠져 식미가 저하된다.
② 지방의 산화에 의해 산패가 일어나므로 유리지방산이 증가하고 냄새가 난다.
③ 지방산도는 건물 100g 중의 유리지방산을 중화시키는 데 필요한 KOHmg 수로 저장상태의 정도를 나타내는 지표로 20 이사이면 변질이 시작된다.
④ 전분(포도당)이 알파 아밀라아제(αamylase)에 의해 분해되어 환원당 함량이 증가한다.
⑤ 호흡소모와 수분증발 등으로 중량이 감소하는데 저장 중 벼의 손실률은 5% 정도이다.
⑥ 발아율이 저하되는데 벼는 4년 이상 저장하면 발아력이 크게 낮아진다.

2) 저장성에 영향을 미치는 요인

① 곰팡이 발생조건은 곰팡이 포자가 습도가 70% 이상, 온도 22℃ 이상에서 잘 번식한다. 곰팡이는 단백질, 탄수화물을 소모하여 양적, 질적 손실을 초래한다. 곰팡이는 저장고의 공기습도가 80% 정도로 높을 때 급격하게 발생이 증가한다.

② 수분 조건은 벼의 수분함량을 15% 정도로 유지하면 여름의 고온다습 하에서도 거의 안전저장이 가능하다.

③ 저장온도는 15℃ 이상에서 쌀바구미, 좀나방 등의 해충이 쌀겨나 배아부에서 증식한다. 쌀겨와 배아를 제거한 백미는 해충이 거의 발생하지 않는다.

④ 산소는 호흡에 필수적인데 농도를 낮추면 호흡소모나 변질이 감소하므로 이산화탄소(CO_2)나 질소(N_2)를 주입하고 산소(O_2) 농도를 낮추면 병충해 방지에 도움이 된다.

표 9-1. 벼의 형태별 저장성에 대한 특성 비교

연번	구분	정조	현미	백미
①	무게	무거움	벼알의 80% 수준	벼알의 75% 수준
②	발아 가능 여부	발아 가능	발아 가능	발아 불가능
③	병충해	강함	중간	약함
④	보관용적	큼	벼알의 55% 수준	벼알의 50% 수준
⑤	상온저장성	높음	중간	낮음
⑥	색도 변화	적음	중간	많음
⑦	수확후 성분변화	적음	중간	많음
⑧	저장 형태	한국(저장고 면적이 2배나 필요하나 습도가 낮아 특별한 제어시설이 없이도 가능)	일본(저장고 면적은 줄어들지만 습도가 높아 저온 제어시설에 저장해야 함)	일반 가정(장기보관 시 병충해나 냄새가 날 수 있고 식미 등 품질이 악화되기 쉬움)
⑨	저장특성	현미와 백미에 비해 저장성이 높고 병충해에 안전함	정조보다 부피가 작아서 창고면적이나 포장 유통비용이 절감됨	외부의 온습도에 민감하여 변질이 쉽고 해충의 피해도 크며 식미도 감소됨
⑩	형태	왕겨를 포함한 전체	정조에서 왕겨 제거	현미에서 호분층을 제거한 것
⑪	흡습성	둔함	중간	민감함

3) 저장시설 및 기술

(1) 쌀의 저장시설

① 우리나라는 온도와 습도를 조절할 수 있는 저장고가 잘 구비되어 있다. 정조 상태로 보관하므로 저장고 내용이 높다.

② 미국은 대부분 대형 저장 사일로에서 품종별, 산지별, 등급별로 구분한 저온저장 시스템을 갖추어 저장품질을 유지한다.

③ 일본은 습도가 높아 현미상태로 저장고에 저장한다.

(2) 쌀의 저장조건

① 상온에 저장하면 백미와 현미는 물론이고 정조 상태에서도 여름에 자체 호흡 소모와 저장 해충의 발생에 의하여 품위가 크게 손상된다.

② 저장온도를 15℃ 이하로 저장하면 하절기 저장 해충의 발생을 차단하고 지방산 증가 등 품질저하를 억제하여 저장성을 향상시킨다.

③ 수분조건은 현미 저장 시 수분함량이 20% 이상일 때는 10℃ 미만 저장이 적당하고 수분함량 15% 정도일 때는 15℃에서 저장하는 것이 바람직하다.

④ 장기 안전저장을 위해서는 수분함량을 15% 정도, 상대습도 70% 정도로 유지한다.

⑤ 대기조성은 산소 5%, 이산화탄소 3%로 조절하는 것이 좋다.

⑥ 벼는 수분함량이 15% 정도로 낮으므로 신선채소나 과실류(수분함량이 90% 내외)와 달리 저장온도를 0℃ 전후까지 낮출 필요는 없다.

제2절 도정

1) 도정의 기초

(1) 도정의 원리

① 현미를 그대로 식용하면 거칠고 맛이 없으며 소화율도 낮다.

② 도정은 쌀알의 껍질층이 보호조직인 과피와 종피로 보호되어 있어 소화가 어려운 성분과 구조로 되어 있기 때문에 쌀을 식용 및 가공용으로 이용하기 좋게 쌀겨층(bran layer)을 벗겨내는 것을 말한다.

(2) 도정 용어

① 정조(unhulled rice, 조곡)은 과피인 왕겨, 종피인 쌀겨층, 배와 배유가 모두 존재하는 상태를 말한다.

② 현미(brown rice, hulled rice)는 벼에서 과피인 왕겨만 제거한 상태이다.

③ 백미(milled rice, 정미)는 현미에서 종피 및 호분층을 제거한 상태를 말한다.

④ 도정(milling)은 벼에서 왕겨와 쌀겨층을 제거하여 백미를 만드는 과정으로 부산물로서 왕겨(chaff), 쌀겨(rice bran, 미강), 싸라기(broken rice) 등이 발생한다.

(3) 도정률(milling ratio)

① 도정율은 조곡에 대한 정곡의 비율로 (제현율×현백률)/100으로 보통 70~74% 정도이다.

② 제현율은 벼의 껍질을 벗겨 1.6mm 체로 쳤을 때 체를 통과하지 못하는 현미의 비율로 품종에 따라 다르나 벼에서 현미가 되는 비율은 80% 정도이다.

표 9-2. 도정도와 쌀겨층의 벗겨진 정도

연번	도정도	쌀겨층의 벗겨진 정도
①	5분도미	• 현미 중량의 97%가 남도록 도정한 것 • 제거해야 할 겨층의 50%를 제거한 것 • 배(쌀눈)는 남아 있음
②	7분도미	• 현미 중량의 95%가 남도록 도정한 것 • 현미 배쪽의 겨층이 완전히 벗겨진 쌀
③	9분도미	• 현미 중량의 92.9%가 남도록 7%를 깎아낸 것 • 현미 등쪽과 위쪽의 겨층이 완전히 벗겨진 쌀 • 제거해야 할 겨층을 100% 제거한 것
④	12분도미	• 현미 중량의 90.4%가 남도록 10%를 깎아낸 것 • 현미의 모든 부분을 완전히 제거한 쌀 〈2020년도 부터 시행하는 백미수량의 기준이다.〉

③ 현백률은 현미에서 백미가 되는 비율로 9분도는 현백률이 92.9%이고 12분도는 현백률이 90.4%이다.

④ 도감률(milling loss ratio)은 도정에 의해 쌀겨, 배아 등으로 떨어져 나가는 도정 감량(도정감)이 현미량의 몇 %에 해당 하는가를 나타낸다. 5분도미는 4%, 10분도미는 8% 정도이다.

(4) 도정감에 관여하는 요인

① 겨층의 두께로 전층에 대한 겨층의 비율은 대립종이 소립종보다 낮고 완숙미는 미숙미보다 낮아 도정감이 적다.

② 건조도로 곡립의 건조가 잘된 것은 도정감이 작다. 건조과정에서 비를 맞거나 흡습과 건조가 반복된 것은 도정감이 많다.

③ 도정방법으로 가볍게 여러번 깍아내면 도정감이 적다.

④ 도정시기로 수확하여 충분히 건조시킨 후 빨리 도정하는 것이 도정감이 적다.

(5) 쌀의 도정도 판별

① 도정도 결정법은 색에 의한 방법, 도정시간에 의한 방법, 도정횟수에 의한 방법, 전력 소비량에 의한 방법, 쌀겨층의 벗겨진 정도에 따른 방법, MG 염색법, ME 염색법 등이 있다.

② 염색법으로 도정도를 육안으로 판정하는 것은 품종에 따라 색깔이 다르고 광의 영향을 받아 오차가 크므로 염색을 하여 판정하면 오차를 줄일 수 있다. 많이 사용하는 ME염색법은 쌀겨층의 박리 정도를 메틸렌블루(methylene blue), 에오신(Eosin Y) 시약을 혼합처리해서 판정하고 보조방법으로 요오드염색법을 사용할 수 있다.

③ 백도계법은 염색에 의한 방법은 정확하기는 하나 다소 복잡해서 쌀의 도정 정도를 백도계로 측정된 수치로 표현한다. 미곡처리장(RPC)에서는 백도(whiteness)가 40을 기준으로 한다.

2) 도정 과정

(1) 도정 작용

① 도정은 마찰, 찰리, 절삭, 충격 작용이 복합적으로 작용하는 작업이다.

② 도정의 가장 근본적 작용은 마찰과 충격으로하여 그 중간에 찰리와 절삭 작용이 연관되어 일어나는 종합작용이다.

③ 도정기는 마찰식 도정기, 연삭식 도정기로 분류한다.

(2) 도정 단계

① 도정과정을 보면 원료(벼) → 정선 → 제현 → 현미분리 → 현백 → 쇄미분리 → 백미제품으로 진행된다.

② 도정에 영향을 미치는 요인으로 원료 벼의 수분함량이 중요한데, 도정을 위한 원료 벼의 적정 수분함량은 16% 정도이다.

③ 수분함량이 낮을수록 전기 소요량도 많아진다.

④ 쌀의 정미 도중에 0.3~0.5%의 수분이 증발하므로 가습이 필요할 수 있다.

표 9-3. 도정과 관련된 용어

연번	분류	용어	설명
①	쌀알	백미완전립(완전미)	도정된 백미를 그물눈 1.7mm의 체(1호체)로 쳐서 체 위에 남아 있는 쌀 중 100g을 채취하여 모양이 완전한 쌀(피해립, 착색립, 이종곡립, 사미, 심복백립(분상질립) 등 불완전립을 제외)과 깨어진 쌀 중에서는 길이가 완전한 낟알 평균길이의 3/4 이상의 쌀이다.
		분상질립	체적의 1/2 이상의 분상질 상태인 낟알을 말한다.
		정립	피해립, 사미, 착색립, 미숙립, 뉘, 이종곡립, 이물 등을 제외한 낟알이다.
		피해립	오염 또는 손상된 낟알(발아립, 병해립, 충해림, 부패립, 반점립, 흑점립, 생리장해립 등) 단, 피해가 경미하여 쌀의 품질에 영향을 미치지 않을 정도는 제외한다.
		착색립	표면의 전부 또는 일부가 갈색 또는 적색으로 착색된 낟알이다. 단, 쌀의 품질에 영향을 미치지 않을 정도의 것은 제외한다.
②	싸라기와 이종곡립	이종곡립	쌀 이외의 다른 곡립을 말한다.
		잔싸라기	그물눈이 1.7mm인 체로 치면 통과하되 KS A 5101 표준체 중 호칭치수 1.4mm 체(2호체)로 치면 통과하지 않는 싸라기이다.
		큰싸라기	그물눈이 1.7mm인 체로 쳐서 통과하지 않고 체 위에 남아 있는 싸라기 길이가 완전한 낟알 평균길이의 1/2 미만인 싸라기이다.
③	비율	설미율	벼 시료 1kg을 탈부(husking)한 후 1.6mm 줄체로 쳐서 분리된 미성숙된 작은 쌀알의 비율
		쇄미율	도정된 백미를 1.4mm인 체로 쳐서 체를 통과한 작은 싸라기의 양을 사용한 현미량에 대한 백분율로 표시한다.
		제현율	벼의 껍질을 벗기고 이를 1.6mm 줄체로 칠 때 체를 통과하지 않는 현미의 비율로 실제측정시에는 정선기로 정선한 벼 시료 1kg을 실험실용 현미기로 탈부(husking)한 후 1.6mm 줄체로 현미와 설미를 분리하고 정조량에 대한 현미량의 백분율로 표시한다.
		현백율	현미 1kg을 실험실용 정미기로 도정하여 생산된 백미를 1.4mm인 체로 쳐서 체 위의 백미를 사용한 현미량에 대한 백분을로 표시한다.
④	이물	돌	돌이나 콘크리트조각 등 광물성의 고형물로서 1.4mm인 체로 칠 때 통과하지 않고 체 위에 남는 것을 말한다.
		이물	조곡에서는 곡립 이외의 모든 것이고 현미에서는 곡립 이외의 것과 KS A 5101 표준체 중 호칭치수 1.7mm인 체로 쳐서 통과한 것을 말한다. 백미에서는 1.4mm인 체로 쳐서 통과한 것이다.
⑤	무게	용적중	쌀 1L의 무게로 보통은 부라웰곡립계로 측정한다.

표 9-4. 고품질 쌀 생산을 위한 미곡종합처리장(RPC)의 시설

연번	기기명	설명
①	색채선별기	이물질, 착색립, 기형미 등을 골라내는 설비이다.
②	습식연미기	밥 지을 때 쌀씻기가 필요없는 청결미를 생산하기 위한 설비이다.
③	수분조절기	수분함량이 낮은 쌀을 15% 이상의 적정 수분으로 조절하는 설비이다.
④	등급선별기	백미 속의 싸라기를 제거하여 완전미를 생산하는 설비이다.
⑤	그린액티브	쌀의 물성 안정화 및 활성화를 통해 품질을 개선하고 도정수율을 향상시키는 설비이다.
⑥	현미분리기	현미기로 1차 탈부(86% 내외)과정에서 생산되는 현미와 미탈부된 벼의 혼합물로부터 현미와 벼를 분리하는 기계이다.
⑦	현미에서 쌀겨를 벗겨내는 설비(기계)	조질(調質)을 위한 가습속도는 곡물온도가 25℃의 경우 시간당 백미는 무게의 0.2%, 현미는 무게의 0.3% 전후가 알맞다.
⑧	정미기(도정기)	수분함량이 다른 쌀을 혼합하면 양자 간에 수분이동이 일어나는데, 혼합 1일 후에는 수분이행이 거의 완료되어 평형에 달하므로 혼합 2일 후에 정미한다.

그림 9-1. 색체선별기 가동 사진

그림 9-2. 현미분리기 가동 사진

그림 9-3. 미곡종합처리장(RPC) 전경

3) 도정과 품질

(1) 벼알

도정하지 않은 벼로 저장할 때는 변질속도가 완만하지만, 현미를 백미로 도정을 하면 급속히 변질된다. 도정은 현미의 쌀겨층 세포를 손상하는 것이므로 세포막의 지방이 산패되어 맛이 떨어진다.

(2) 백미

쌀은 살아있는 세포 집단으로 시간이 지날수록 호흡에너지가 소모되고 식미가 낮아진다. 따라서 쌀은 도정 후 1~2주 내에 소비해야 하며 겨울은 온도가 낮아 1개월까지 식미가 유지되지만 여름은 도정 후 7일 이내에 소비해야 식미가 저하되지 않는다.

4) 쌀의 포장

(1) 포장 재료

① 과거에는 가마니를 사용하였으나 현재는 마대, 지대(紙袋), 비닐(polyethylene film, PE), PP대(poly propylene대), 금속코팅(알루미늄, 니켈, 크롬) 포장재 등이 사용된다.

② 플라스틱 포장은 지대포장에 비해 수분함량 저하를 방지하여 중량을 보존하는 장점이 있는 반면 산패를 촉진시키는 단점이 있다.

③ 금속코팅 포장재는 해충방지에 효과적인데 여기에 이산화탄소(CO_2)나 질소가스(N_2)를 주입하면 더 효과적이다.

(2) 포장 단위

과거에는 80kg, 40kg이 주류를 이루었으나 지금은 10kg 이하 포장이 많다. 포장단위가 소형화되는 것은 쌀의 품질유지나 유통을 위해서도 바람직하다.

제3절 쌀의 유통

1) 쌀의 유통경로

① 우리나라에서 생산되는 쌀은 2000년도에 연간 500여만톤이었으나 점차 감소하여 2020년도에는 350만톤으로 감소하고 있다.

② 쌀 유통경로로 농협 계통조직을 중심으로 하는 농협경로, 민간 유통가공업체를 중심으로 하는 일반경로, 정부 수매양곡의 유통경로, 대량 실수요자 경로 등 4가지가 있다.

③ 농협 등 산지조합(52%), 정부(14%), 산지 유통인(34%)의 3개 경로에서 1차로 수용한 쌀은 농협공판장, 농협직판장을 거쳐 소비자에게 전달되거나 도매시장, 소매유통업체를 통해 소비자에게 전달된다.

2) 유통실태

(1) 산지 유통

① 유통형태 쌀 생산자는 생산된 쌀을 정부수매, 도정공장, 미곡 수집상, 미곡종합처리장(rice processing complex, RPC) 등에 판매하고, 현대화된 건조, 저장, 가공시설을 갖는 RPC가 정부수매와 농협자체수매로 조곡을 유통한다.

② 산지유통의 문제점은 수확철인 가을에 산지 쌀 물량을 일시에 수용해야 하므로 안전하게 대량으로 저장할 수 있는 시설이 매우 부족하다는 것이다.

③ 쌀 생산자의 경제력이 약해 수확 후 5개월 이내에 90% 이상을 판매해야 하는 농가의 쌀 수탁이 어렵다.

④ RPC들 간에 과잉 경쟁과 판로확보 어려움, 고품질 원료곡 확보를 위한 경영악화와 원가압박 등이 있다.

(2) 미곡종합처리장(RPC)

① 쌀의 품질향상과 경쟁력 강화를 위해 건조, 저장, 도정, 포장, 유통기능을 집중화한 RPC가 쌀 관리와 산지유통에 큰 변화를 가져왔다(1991년). RPC 건설 이후 가마니 유통이 산물형태로 유통되고 포장단위가 20kg, 10kg, 5kg 단위로 유통되고 있다.

② 한국 RPC는 가공기능을 중시하고 저장기능이 약하여 사일로 용량이 매우 작은 반면, 외국 RPC는 사일로 용량이 충분하여 쌀의 저장능력이 크다.

③ RPC에는 균분기, 시험용 현미기, 시험용 입선별기, 시험용 건조기, 수분계, 전자저울, 제현율자동판정기, 자동검정장치 등 품질관련 장비를 갖추고 있다.

④ RPC 외에도 건조와 저장 기능을 담당하는 건조저장고(drying and storage complex, DSC)가 다수 가동되고 있다.

(3) 도매 유통의 특성과 등급

① 시장변화로 직거래 비중이 증가되고 특히 전자상거래 비중이 크게 확대되고 있다.

② RPC의 역할이 더 커지고 소량 소비, 고품질 쌀의 선호 등 새로운 유통환경에 적응하는 고품질, 신속성, 유통비용 최소화를 가져오는 새로운 유통시장의 형성이 예상된다.

③ 산지 직거래가 활성화되면서 도매시장의 기능이 축소되고 있다.

④ 가격조절용 정부양곡 방출제도가 1994년부터 공매제도로 변경되면서 농협의 양곡공판장의 기능이 축소되고 양곡마케팅본부의 기능이 확대되고 있다.

⑤ 쌀 도매유통에서 품질에 따른 가격형성이 모호하다. 쌀 가격은 품질 품위에 의해 결정되지 못하고 산지 또는 품종에 의해 결정되는 경우가 많다.

⑥ 국제경쟁력을 높이려면 우리 쌀의 품질등급을 세분화할 필요가 있다. 미국의 품질 등급은 6등급인데, 우리나라 품질등급은 정부수매의 경우 합격과 불합격의 2등급이다. 품질인증미의 경우 특-상-보통 3등급이 있다.

⑦ 우리나라 특등 품질기준은 '적절한 수율을 갖고 이물이 없으며 쌀겨층이 완전히 제거된 것으로 투명도와 윤기가 뛰어나고 심복백이 적으며 낱알이 충실하고 고르면서 고유의 향미가 있고 묵은 냄새가 없는 것'으로 규정하여 주관적인 요소가 많다.

(4) 소비지 유통

① 1993년부터 양곡매매업이 허가제에서 신고제로 바뀌고 대형 유통업체의 저마진 유통 전략으로 소규모 양곡상은 감소하고 있다. 최근 지역특산미, 친환경쌀, 브랜드쌀 제품이 일반화되면서 전자상거래가 증가하고 있다.

② 최종 유통매장에서 판매되는 쌀의 수분함량이 12%까지 떨어지는 경우가 있는데 그러면 아무리 품종이 좋고 재배관리가 잘되었어도 식미는 떨어진다.

3) 쌀 유통환경의 변화

(1) 유통업체의 비중

① 민간유통업체의 비중은 1960년대 80%, 1980년대 70%, 2000년대 30% 대로 감소하였다.

② 1993년 UR협상 이후 WTO 체제에 따른 국내보조금 감축계획에 의해 정부수매량이 감소하고 있는데 농협 RPC 등의 계통판매가 꾸준히 증가하였기 때문이다.

(2) 쌀 유통환경의 변화 요인

① 소비자의 고품질 쌀, 안전한 쌀, 편의화된 쌀, 브랜드 쌀의 선호도가 증대되고 있다.

② 쌀시장에서 소비자의 영향력이 커지고 대형 유통업체의 시장점유율 및 지배력이 확대되고 있다.

③ 다양한 유통경로가 출현하고 유통경로 간 경쟁이 치열해지고 있다. 쌀은 표준규격화가 용이하고 구매빈도와 구매량이 많기때문에 전자상거래가 확대되고 있다.

④ 유통시장의 개방에 따라 가격파괴, 유통단계의 축소, 대량유통 등 새로운 물류방식의 유통체계가 등장하고 앞으로 소비지 대형유통업체나 인터넷시장이 확대될 전망이다.

4) 쌀 유통기술

(1) 고식미 쌀의 유통

① 밥쌀의 유통은 식미를 평가하여 유통되어야 소비자의 선호도를 높일 수 있다.

② 밥맛에 직접 영향을 미치는 수분함량, 단백질 함량, 지방산가, 기계적 식미값, 관능검사값, 도정일자 등이 포장지에 표기되는 것이 필요하다.

③ 고식미쌀의 유통이 활성화되려면 유통단위가 2~5kg 소포장화할 필요가 있다.

④ 도정 후 시간이 경과할수록 밥맛이 떨어지는데 대형 유통매장의 평균 쌀 유통기간은 1~2개월 정도로 길다.

(2) 완전미 유통

① 쌀의 외관품위는 상품성을 판단하는 데 큰 영향을 미친다.

② 쌀품질 고급화의 첫 단계는 완전미 비율을 높이는 것으로 국내에서 유통되는 쌀 등급 판정에 가장 큰 등급요인은 분상질립과 싸라기이다.

③ 우리나라 쌀 검사규격을 강화하고 품질을 가격에 반영시켜야 한다. 미국이나 일본, 중국 등은 품종, 산지, 등급별 브랜드화하여 차별화된 가격으로 판매하고 있으며, 포장지에 쌀에 대한 정보를 최대한 표시한다.

(3) 브랜드 쌀의 유통

① 우리나라 쌀은 품종이나 미질별로 차등화되어 있지 않은 혼합미가 많아 품질 쌀 생산이 어렵다.

② 미곡종합처리장에서 다양한 품종을 여러 지역에서 구입하여 혼합도정(혼합미는 식미가 떨어짐)을 하는 것이 관행이기 때문에 미질의 균일화가 어렵다.

③ 쌀의 품종별 브랜드화로 고품질미에 대한 소비자의 인식을 더 높이고 새로운 유통체계 확립이 필요하다.

5) 쌀 품질과 식품안전 확인제도 도입

(1) 우수농산물관리제도(good agricultural practices, GAP)

① 우수농산물관리제도는 소비자에게 안전하고 위생적인 농축산물을 공급할 수 있도록 생산자 및 관리자가 지켜야 하는 생산 및 취급 과정에서의 위해요소 관리규범이다.

② 환경에 대한 위해요인을 최소화하고, 소비자에게 안전한 식품을 제공하기 위해 농축산물의 파종, 재배, 수확, 포장, 저장, 운송은 물론 수확후 관리 중 농약, 화학 약제, 중금속, 미생물에 대한 안전관리가 가능하도록 하며 그 관리사항을 소비자가 알 수 있도록 하는 체계이다.

③ GAP는 세계식량농업기구(FAO)가 2003년 화학물질, 미생물 등 각종 오염원으로부터 안전한 식품을 소비자에게 공급하기 위한 '식품체인접근법(food chain approach)'의 도입을 주장한 이후 시작되었다. 식품체인접근법의 기본원칙이 우수농산물관리제도(GAP)이다. 식품체인접근법 식품의 생산에서 소비까지 전 단계를 체계적으로 관리하고 투명하게 공개하는 식품안전 예방조치법이다. 2020년 현재 130 이상의 국가가 참여하고 있다.

④ 우리나라는 2005년 이후 96개 품목으로 시행하였으나 이제는 전 품목으로 확대되었고 2021년 현재 11만4000호가 인증을 받아 11.3%를 차지하고 있다. 농산물품질관리원(농관원)이 총괄하고 인증심사는 민간위탁방식으로 한다. 인증은 농가와 수확후관리시설로 나누는데 GAP 관리시설은 898개소에 이른다. 이에 대한 GAP 관리지침을 마련하고 민간이 주도하는 자율적인 인증기관(62개소)을 지정하여 인증체계가 정착되고 있다.

⑤ 미국은 자국민의 식품안전성 확보를 위해 GAP 제도를 농무성(USDA)이 주도하고 식품의약청(FDA)이 인증한다. 농산물 수출 시 수출국의 식품안전성 확보를 위해 GAP 제도를 활용한다.

⑥ EU는 향후 GAP 수준 이상의 영농에 대해서만 정부가 직불제로 보조할 계획이고 아시아는 수출 상대국의 식품안전성 요구를 맞추기 위해 GAP 추진하고 있다.

(2) 농산물이력추적관리제도(traceability, 생산이력제)

① 농산물을 생산단계에서부터 유통 및 최종 소비자에 이르기까지의 정보를 기록 관리하여 안전성 등에 문제가 발생할 경우 해당 농산물을 추적하여 원인을 규명하고 필요한 조치를 취할 수 있도록 하는 제도이다.

② UN 산하 코덱스(codex, 규범위원회)에서 과채류 안전취급 기준을 2003년 7월 1일 비준한 이후 발전되었다.

③ 우리나라는 2003~2005년간 GAP 농산물, 수출 농산물, 친환경농산물 중심으로 시범 실시하였고 2005년부터 자율등록 방식으로 전면 도입하였다.

④ 일본은 2004년에 시행하였고 미곡(쌀)사업자에게도 양도, 양수 등에 관련되는 정보의 기록 및 산지정보 전달의무화(2011년 시행)를 2010년부터 시행하고 있다.

(3) 위해요소중점관리기준(Hazard Analysis and Critical Control Points, HACCP)

① 생산과 제조, 유통의 전과정에서 식품의 위생에 유해한 영향을 미칠 수 있는 위해요소를 분석하고 제거하거나 안전성을 확보할 수 있는 단계에 중요관리점을 설정하여 과학적이고 체계적으로 식품의 안전을 관리하는 제도이다.

② 해썹(HACCP)은 전 세계적으로 가장 효과적이고 효율적인 식품안전관리체계로 인정받고 있으며 미국, 일본, EU, 국제기구(Codex, WHO, FDA 등)에서도 적극 권장하고 있다.

제4절 쌀의 품질과 기능성

1. 쌀 품질의 개념

1) 쌀의 품질(rice quality)

(1) 1차적 품질

① 외형, 색택, 크기, 충실도 등 쌀 자체의 외관 품질이다.

② 소비자보다는 주로 생산자인 농민의 관심대상이다.

③ 쌀이 부족할 때에는 1차적 품질이 중요하였고 정부와 농업인 등 공급자에 의해 품질이 좌우되었다.

(2) 2차적 품질

① 맛, 영양성분, 저장성, 가공성, 이용성, 기능성 등 식품재료로서의 품질이다.

② 생산자보다는 소비자와 가공업자의 관심대상이다.

③ 요즘은 2차적 품질이 중시되는 시대이며 쌀 품질과 가격 주도권을 소비자가 가지게 되었다.

2. 쌀의 품질기준

① 벼의 수량은 양적 형질이어서 객관적으로 다루기 용이하나 품질은 다소 복잡하고 다양하다.

② 쌀의 품질은 양적 형질이기는 하나 사람마다 맛에 대한 감각이 각기 다르기 때문에 품질에 대한 기준, 평가기술이 주관적이다.

(1) 우리나라 쌀의 고품질 기준

① 외관 품위가 우수하고 도정특성이 양호해야 한다.

② 취반 후 밥모양이 매우 옅은 담황색을 띠고 윤기가 있으며 밥알의 모양이 온전해야 한다.

③ 구수한 밥 냄새와 맛이 나며 찰기와 탄력이 있고 씹히는 질감이 부드러운 쌀이다.

(2) 고품질 쌀의 이화학적 특성

① 단백질 함량 7% 이하, 아밀로스 함량 20% 이하, 지방산가(mg KOH/100g)가 8~15 범위이어야 좋다.

② 수분함량은 16% 정도이고 알칼리붕괴도(ADV) 다소 높고 호화온도는 중간이거나 다소 낮아야 좋다.

③ 무기질 중에서 Mg/K 함량비가 높아야 밥맛이 좋다.

(3) 기능성 쌀(functional rice)

① 생체방어, 생체리듬의 조절, 질병의 예방과 회복, 노화억제, 혈액순환 개선, 면역기능 증강, 당뇨병 예방 등 생체에 대한 조절기능을 지닌 성분을 함유 또는 보강되도록 개량되고 재배된 쌀이다.

② 생체리듬 조절로 신경계를 안정화하거나 특정 영양분의 체내흡수를 조절하는 기능이 있다.

③ 질병예방 기능으로 고혈압, 당뇨병, 비만, 악성종양을 예방한다.

④ 질병회복 기능으로 혈액순환 개선, 조혈, 동맥경화 예방기능이 있다.

⑤ 노화억제로 노화의 원인물질 중 하나인 과산화지질의 생성과 억제하는 기능이 있다.

⑥ 생체방어 기능으로 알레르기의 억제 또는 인체의 면역력을 향상시킨다.

3. 쌀의 품질구성 요소

(1) 외관 특성(appearance)

① 쌀의 외관은 소비자의 구매행위를 유발하는 중요한 품질특성이지만 진정한 의미의 품질이라고 볼 수 없다.

② 취반 전 쌀의 외관 특성은 입형(쌀알의 크기 모양), 심복백 정도, 투명도, 색택, 완전미 비율 등이 중요하다.

③ 맛있는 쌀의 외관은 단원형이며 심복백이 없이 투명하고 맑다. 광택이 있고 취반 후 외관은 옅은 황백색이고 윤기가 있다.

(2) 식미 특성(eating quality)

① 식미는 사람이 먹어서 느끼는 맛으로 품질을 가장 정확히 대변하나 객관적 측정이 어렵다.

② 직접적인 맛(미각) 이외에 적당한 찰기(촉각), 저작감(촉각), 구수한 향기(후각) 등에 의해 개인적이고 종합적으로 결정된다.

③ 지역과 개인에 따른 차이가 있으며 식미는 유전적 특성에 의해 많이 좌우된다.

④ 최종 판단은 소비자가 취반 후 먹어보고 입으로 느끼는 것이 식미이기 때문에 품질요소 중 가장 직접적이고 중요하다.

(3) 안전성(safety)

① 국가마다 식품의 유해물질잔류허용기준을 정해 놓고 이 기준을 따른다. 예를들면 농약의 독성이나 식품별 섭취량 등을 식품의약품안전처에서 설정하고 고시한다.

② 농약잔류허용기준은 농산물(식품)에 남아 있는 농약성분을 사람이 일생동안 매일 먹어도 인체에 아무런 영향이 없는 수준을 법으로 정한 기준량이다.

③ 생산단계의 농산물은 농림축산식품부장관이 고시한 생산단계 잔류허용기준을 적용하고, 출하 저장 중인 농산물은 식품의약품안전처장이 고시한 농산물별 잔류허용 기준을 적용한다.

④ 쌀의 잔류농약은 2,4-D 등 105종에 대하여 규정하고 중금속은 카드뮴(Cd) 등의 잔류허용기준을 규정한다.

⑤ 쌀은 농약이 직접 접촉하지 않는 곡실만을 이용하며 왕겨를 벗겨내고 도정하여 먹으므로 경엽채류 과채류에 비해 식품안전성이 상대적으로 높다.

(4) 영양성(nutritional property)

① 영양성은 쌀의 에너지 함량, 소화율, 당질, 단백질, 지질, 비타민, 무기질 등 영양가의 다소는 식량으로서의 기본적 평가기준이 된다. 과거에는 영양소 함량이 높을수록 고품질로 평가하였으나 최근에는 단백질 함량처럼 함량과 식미 선호도가 반비례하기도 한다.

② 기능성은 영양소보다는 건강에 기여하는 기능성 성분의 함유 여부를 더 중요한 품질기준으로 보기도 한다.

(5) 취반 특성(cooking quality)

① 수침조건, 가수량, 취반용량, 취반용기(압력, 온도) 등 밥 짓는 조건에 따라 밥의 찰기(점착성), 경도, 응집성 등이 달라져서 식미가 달라진다.

② 취반 시의 가열흡수율, 취반팽창용적, 호화온도, 취반액 용출고형물량, 취반용출액, 요오드 흡광도 등도 식미에 영향을 준다.

(6) 이화학성(physicochemical property)

① 물리적 특성인 쌀의 경도, 점성, 호화온도, 알칼리붕괴도, 아밀로스함량, 응집성 등은 맛과 감각에 크게 영향을 미친다.

② 화학적 특성으로 쌀의 탄수화물, 단백질, 지질, 무기질, 향기, 감칠맛 성분 등의 성분 함량에 따라 맛과 감각이 달라진다.

(7) 가공성(processability)

① 도정성(milling property), 시장성(marketability), 저장성(storage quality) 등 저장 중 쌀의 이화학적 성분의 감손과 변질이 적고 도정 시 도정수율이 높은 쌀이 유통에서 유리하고 시장상인이 선호한다.

② 밥으로 직접 지어먹는 용도 외에 떡, 과자, 음료, 술, 면 등 다양한 용도의 가공에 적합한 2차적 특성도 중요한 품질요소이다.

표 9-5. 쌀의 품질구성 요소

연번	품질 항목	품질구성 요인
①	외관특성	낟알의 크기 모양, 투명도 균일한 정도, 쌀의 심복백 정도 색택, 신선도, 완전립률 등
②	식미특성	밥의 윤기(외관), 구수한 냄새, 찰기 맛, 질감, 쌀의 이화학적 특성 등
③	안전성	마이코톡신(mycotoxin), 농약, 첨가약제 등
④	영양성	소화흡수 및 이용성, 단백질, 지방, 비타민, 기능성 성분, 무기질, 기타 미량원소 등
⑤	취반특성	쌀의 수분흡수율, 팽창용적 호화온도, 취반액 용출 고형물량 등
⑥	이화학성	아밀로스 함량, 단백질 함량, 호화온도, Mg/K비 등
⑦	가공성	찰벼, 메벼, 녹말구성, 단백질 함량, 기능성 성분 등

4. 완전미와 불완전미

① 완전미는 품종의 고유 특성을 지니며 풍만하게 여물고 광택이 있으며 외견상 장해가 없는 쌀이다.

② 완전미는 해당 품종의 유전적 특성을 잘 나타내면서 조건도 잘 갖추어질 때 생산된다.

③ 일반적으로 완전미의 비율이 높을수록 고품질의 쌀이다.

④ 불완전미는 해당 품종 고유의 형상과 색택을 나타내지 못하는 쌀로 불완전미 함량이 높을수록 품위가 낮아지고 식미가 떨어진다.

표 9-6. 불완전미의 종류

연번	종류	불완전미의 특성
①	기백미(基白米, white based rice)	쌀알 아랫부분(쌀눈이 있는 부분)에서 양분축적이 불량할 때 발생하는 쌀이다. 등숙기 고온시 발생하는데, 전분집적이 가장 늦은 상부 지경에 많다.
②	동절미(胴切米, notched(belly) rice)	복절미라고도 하며, 쌀알 중앙부가 잘록하게 죄어진 쌀이다. 등숙기 저온, 차광, 질소 과다, 인산 및 칼리 결핍, 개화기 토양수분 부족, 영양 불충분 시 많이 발생한다.
③	동할미(胴割米, cracked rice)	쌀 입자 내부에 금이 간 쌀 급속건조, 과도한 건조, 고온건조 시 발생하며 장폭비가 작을 때 많이 발생한다. 벼알의 수분이 20% 이하일 때나 수분을 재흡수해도 많이 발생한다. 정미할 때 싸라기로 변한다.
④	배백미(背白米, white backed rice)	조기재배 등으로 고온등숙 시 약세영화에서 많이 발생한다. 현미의 광택과 도정률이 저하된다.
⑤	복백미(腹白米, white belly rice)	쌀알의 가운데 복부가 백색의 불투명한 쌀 품종의 특성과 환경의 영향으로 형성되며, 상위 등급미에 많다. 대립 또는 지경 상부에 많이 발생하고, 조기재배, 질소다비 및 질소 추비량 증가, 등숙기 저온 시 증가한다. 인디카 품종에는 거의 발생하지 않는다. 품질면에서는 완전미와 큰 차이가 없다.
⑥	사미(死米, opaque rice)	쌀알이 불투명하고(유색미와 달리) 광택이 없으며 내부까지 백색인 발육정지립, 약세영화, 조기재배, 영화수 과다, 도복 시 많이 발생한다. 인디카쌀이 온대자포니카쌀보다 많이 발생한다.
⑦	심백미(心白米, white core rice)	쌀알의 중심부가 백색의 불투명한 쌀 전분의 축적이 불충실하였던 세포층이 건조 후 탈수되면서 광의 난반사로 조직이 백색 불투명하게 보이는 쌀이다. 품종의 유전적 특성과 환경의 영향으로 나타나며, 대립 또는 지경 선단부에 많이 발생하고, 출수기에서 출수 후 15일 사이의 고온기에 많이 발생한다. 수분흡수와 효모의 번식이 양호하여 양조용으로 적합하다.
⑧	유백미(乳白米, milky white rice)	표면이 우윳빛처럼 백색의 불투명한 쌀알이다. 광택이 있어 사미와 구분되도 약세영화(하부지경)에 많이 발생하고, 도정하면 싸라기로 된다. 등숙불량 시, 냉해 시, 조기재배로 고온 등숙 시에 증가한다.
⑨	착색미(着色米, colored rice)	곰팡이와 세균이 번식하여 배유 내부까지 착색된 경우로 도정해도 반점이 남아 있다. 반점미, 흑점미, 다미, 홍변미 등이다.
⑩	청미(青米, green rice)	과피에 엽록소가 많이 남아 있는 쌀로 후기 개화립(약세영화), 조기수확, 다비, 도복 시에 많아진다. 도정할 때 싸라기로 변한다.

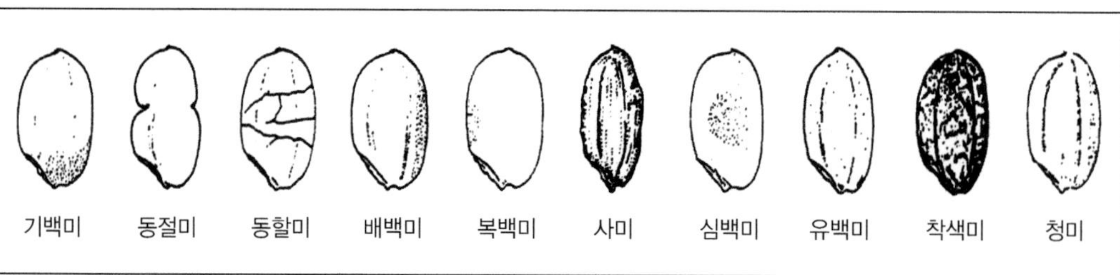

그림 9-4. 현미의 종류(Hoshikawa, 1975)

5. 품질에 영향을 미치는 요인

① 쌀 품질에 미치는 요인은 품종, 재배환경, 재배기술, 수확 후 관리로 대별할 수 있으며 이들은 각각 단독적으로 영향을 미치기보다 상호 밀접하게 관련되어 복합적으로 영향을 미친다.

② 수확 전 요인은 품종, 기상, 토양, 시비 등 수확 후 요인은 건조, 저장, 도정, 취사방법 등이다.

③ 식미에 미치는 정도로 단일 요인으로는 품종의 영향이 가장 크고 그 다음이 시비법이며 수확시기나 건조법, 작기의 영향도 크다.

④ 기온, 일조, 토성 등의 단일 요인의 영향은 그다지 큰 편이 아니나 이들을 합친 자연환경의 영향을 통합적으로 보면 품종 못지않게 큰 영향을 미친다.

1) 고품질쌀의 품종

(1) 고식미 품종의 특성

① 식미가 좋은 쌀은 밥을 지었을 때 쌀알의 전분세포가 가는 실모양을 나타내고, 전분 세포막에는 단백질 과립의 축적이 매우 적은 특성을 보이는데, 어느 정도는 유전적인 특성이므로 고품질 쌀을 생산하기 위해서는 유전적으로 고식미 품종을 선택해야 한다.

② 일반적으로 고식미 품종은 자포니카형으로 키가 크고 줄기가 약하여 쓰러지기 쉽고, 병해에도 약한 특징이 있으며 대체적으 수량성도 낮은 경향이 있다.

(2) 등록품종

① 우리나라에서는 2021년 말 기준 국립종자원의 국가품종목록에 339개의 벼 품종이 등록되어 있으나 시장에서 선호되는 고품질 품종은 30여 개에 불과하다.

② 과거에는 다수확 품종을 선호하였으나 이제는 재배목적이 다수확이냐 고품질이냐에 따라 품종선정의 선호가 다르다.

2) 고품질 쌀생산의 환경조건

(1) 온도와 품질

① 등숙기에 지나친 고온조건은 동할미, 배백미, 유백미를 증가시키기 쉽고 저온조건은 미숙립, 동절미, 복백미가 증가하여 품질이 떨어지기 쉽다.

② 온도가 낮은 지방에서는 적산온도가 일등미 비율과 높은 상관을 보인다.

③ 등숙기, 특히 등숙 전반기에 기온이 높으면 단백질 함량이 증가하여 식미가 저하된다.

④ 수확시기에 따른 품질은 조기 수확 시 청미, 사미, 파쇄립이 증가하고 만기 수확 시에는 동할미, 복백미, 피해립이 증가한다.

(2) 등숙기와 품질

① 우리나라 벼 품종은 밥쌀이든 흑미든 간에 등숙온도는 24℃에서 수량이 가장 높다.

② 흑미의 항산화 성분 함량은 24℃에서 가장 높다.

(3) 고품질 쌀 생산 지역의 특성

① 기상조건은 평균기온이 다소 낮고 주야간 기온교차가 크며 일조시간이 길고 상대습도가 낮은 특징이 있는데 전 생육기간에도 그렇지만 특히 결실기의 기상조건이 중요하다.

② 토양조건으로 지온과 관개수온이 낮고 관개수 중 무기성분 함량이 높으며 논토양의 관개수는 투수성이 낮은 특징이 있다.

3) 고품질쌀의 재배기술

(1) 작기에 의한 미질

① 작기에 의한 미질 변동은 기상조건, 특히 등숙기간 중의 기온과 일조 변화에 따라 나타난다.

② 보통 작기가 빠르면 고온등숙으로 아밀로스 함량이 증가하고 동할미가 증가하는 등 미질이 저하되기 쉽다.

③ 완전미 비율을 높이려면 품종별로 등숙 특성에 적합한 시기에 등숙되도록 작기를 조절할 필요가 있다.

(2) 고품질 쌀 생산을 위한 작기

① 최근 지구온난화현상이 심화되고 있는데 고품질 쌀의 생산에는 다소 저온이 유리한 점 등을 고려하면 지나친 조기이앙은 품질향상에 바람직하지 못하다.

② 품질을 가장 좋게 하는 적온에서 벼가 등숙되도록 지역별, 품종별로 이앙기를 조절하여야 한다.

(3) 고품질 쌀을 생산하기 위한 시비조건

① 질소 시비는 쌀의 식미에 부정적 영향을 미친다.

② 인산과 마그네슘의 시비는 일반적으로 밥맛을 증가시킨다.

③ 질소가 흡수되면 단백질을 합성하여 전분세포의 세포막에 축적된다.

④ 쌀의 단백질 함량은 식미와 고도로 유의한 부(−)의 상관을 보인다.

⑤ 질소시비량이 증가하면 심복백미 및 동할미가 증가하고 쌀알의 투명도가 낮아진다.

⑥ 쌀의 식미를 좋게 하려면 무엇보다도 먼저 질소비료 사용량을 줄이고 시비한 질소성분이 출수 후 쌀알로 전이되어 단백질로 축적되지 않도록 해야 한다.

⑦ 고식미밥쌀은 백미의 단백질 함량이 7% 이하이고 최근에는 6% 이하도 많다.

⑧ 마그네슘과 칼륨의 비(Mg/K 비율)가 높을수록 식미가 증가한다.

⑨ 칼륨의 시비량 증가는 쌀의 식미를 저하시키나 마그네슘은 식미를 증가시킨다.

(4) 수확적기

① 수확적기인 출수 후 40~50일을 넘겨 수확하면 지연일수에 비례하여 품위와 식미가 저하한다.

② 지구온난화현상으로 가을기온이 예년보다 2~3℃나 높아서 성숙속도가 빠르므로 더 빨리 수확해야 식미가 좋아진다.

③ 적기 수확일지라도 수분함량이 높아서 건조에 시간이 오래 걸리고 건조비용이 많이 소요된다.

④ 건조기를 사용하여 건조시키면 품질이 급속히 나빠질 가능성이 높다.

⑤ 콤바인으로 수확한 산물벼를 자루에 넣어 쌓아두면 24시간 정도에도 품질이 크게 저하된다.

(5) 병해와 수확후 품질

① 병의 발생 정도가 클수록 식미 저하가 심하다. 이병률 5% 이상이면 벼알에 부착되어 있는 후막포자가 도정 후까지 남아 검게(흑반점) 보이기도 하여 품위가 떨어진다.

② 잎도열병은 변색미, 쭉정이, 기형미를 증가시키고 이삭도열병은 갈변미를 만들며 냄새가 나고 관능검사 시 냄새, 맛, 점도가 떨어지는 등 종합적으로 식미가 나빠진다.

③ 이삭누룩병은 등숙불량과 현미의 품질저하를 초래한다.

④ 깨씨무늬병에 걸리면 현미의 광택이 없어지고 갈변미, 사미와 심복백미가 증가한다.

⑤ 흰잎마름병(백엽고병, bacterial leaf blight)은 쌀알의 성숙을 방해한다.

⑥ 세균성 벼알마름병은 쭉정이를 만들고 쌀알에 갈색 줄무늬가 생긴다.

⑦ 이삭마름병은 흑점미, 다점미, 갈변미 등 변색미와 불완전립이 발생하고 품질이 저하된다.

(6) 충해와 품질

① 벼멸구의 피해는 심백미, 유백미, 동할미를 증가시켜 쌀의 품위가 저하된다.

② 벼물바구미가 가해하면 품질저하는 크지 않으나 청미와 사미가 증가한다.

③ 노린재와 벼이삭선충이 가해하면 반점미와 흑점미가 발생한다.

6. 쌀의 품질평가 검사와 측정법

(1) 외관품위 검사법

① 쌀 품질평가법은 겉으로 보는 외관품위 검사법, 기기로 성분을 분석하여 평가하는 성분분석법, 사람이 직접 먹어서 느끼는 맛을 검정하는 식미검정법으로 한다.

② 쌀 품질은 소비자가 밥을 먹어보고 평가하는 것이 가장 정확하나 시장에서 구매할 때는 외관을 보고 구매하므로 외관품질도 매우 중요한 품질요소 중 하나이다.

(2) 포장양곡 표시사항

① 쌀 포장지에 생산년도, 중량, 품종, 원산지, 도정 연월일, 생산자 또는 가공자의 주소는 반드시 기재하도록 하여 소비자에게 정보 제공하고 있다.

② 권장 표시사항으로 강제성은 없으나 표시할 경우 등급을 특, 상, 보통으로 기재한다. 이때 특등품은 기타 이물질이나 착색립이 없고 싸라기는 3% 이하, 피해립은 0.2% 이하이어야 한다.

(3) 성분분석법

① 쌀 품질은 수분함량, 탄수화물, 단백질, 지방, 회분 등의 함량, 개별 성분의 성질, 성분들 사이의 상호작용에 의해 영향을 받는다. 특히 식미는 수분, 단백질, 지방함량의 영향을 크게 받는다.

② 근적외선을 이용한 분광분석을 통하여 시료에 함유되어 있는 수분, 단백질, 지질, 아밀로스 함량 등을 거의 실시간으로 신속하게 분석한다(NIR 분석기).

7. 식미검정법

(1) 기계적 식미측정

① 쌀의 이화학적 특성은 회귀분석에 의한 식미평가의 계량과 예측이 가능하다.

② 식미판정에서 쌀의 물리적특성으로 수분함량, 조직측정(texturometer), 취반특성 중 가열흡수열, 팽창용적, 취반용출액, 취반액 용출고형물량, 상온흡수율, 요오드 정색도, 밥알의 경도, 부착성, 점착성 등이 있다.

③ 아밀로스 함량, 단백질 함량, 조회분 함량, 아밀로그램 특성, 알칼리붕괴도, 밥의 경도, 취반액 용출고형물량 등은 주요 식미관련 이화학적 인자를 이용하여 식미를 70~80% 추정한다.

(2) 식미기를 이용한 측정

① 쌀 품질은 사람에 의한 관능적 식미평가가 중요하지만 많은 시간과 노력이 필요하며 훈련된 검정요원이 확보되어야 하는 단점 때문에 기기에 의한 식미 평가가 많이 시도되고 있다.

② 기계식 식미측정기와 근적외분광분석법(near infrared spectrophotometry, NIR)은 쌀에 700~2,500nm 파장의 근적외선을 조사하여 함유되어 있는 수분, 아밀로스, 단백질, 지질 함량 등을 비파괴적으로 측정하여 회귀에 의해 식미를 측정한다.

③ 밥에 윤기가 많을수록 식미가 좋은 원리에 근거하여 밥 표면에 특수 전자파를 조사하여 반사 및 흡수율을 측정하여 식미를 평가한다.

(3) 관능검사(sensory test)

① 관능검사법은 사람이 밥을 직접 먹어보고 측정하는 것으로 검사원(panel) 간 오차가 있지만 잘 훈련된 검사원이 측정하면 실제 식미를 가장 정확히 측정할 수 있다.

② 식미 관능검사실은 소음이 외부로부터의 차단되는 곳에 위치해야 한다.

③ 냄새 관능검사실은 반드시 환기장치를 설치하여 조리냄새가 관능검사에 영향을 주지 않도록 해야 한다.

④ 온도, 습도, 기압 검사실은 실온 20~25℃, 습도 50~60%, 기압은 주위보다 다소 높게 하여 주변 냄새의 유입을 막아야 한다.

⑤ 조명은 일반적으로 광도는 40~60W 백색 형광등 1~2개가 있는 조건이 알맞다.

⑥ 검사원의 좌석은 상호 영향과 혼란을 방지하기 위하여 칸막이를 설치한다.

(4) 관능검사 시료

① 관능검사 시료는 평소 식사하는 온도로 제공하되 매 시료마다 일정한 온도로 제공하고, 시료를 접시에 담을 때 모양이 일정하게 하여 시료가 식고 수분이 증발하여 측정오차가 발생하지 않도록 한다.

② 일반적으로 흰색의 플라스틱 접시를 사용하고 기준미를 포함하여 접시당 1회 4점 평가가 바람직하다. 밥을 접시에 담을 때에는 계량스푼을 이용한다.

(5) 검사원(panel)

① 검사원은 사전에 검사능력이 검증된 20명 정도로 하되 남녀 동수, 연령분포를 고르게 배정한다.

② 검사원에 대한 사전 점검내용으로 맛의 최저감도 조사(threshhold test), 단맛(설탕), 짠맛(소금), 신맛(구연산), 쓴맛(카페인) 용액의 맛을 구분하는 능력, 여러 농도의 설탕용액을 제시하고 단맛의 강도를 구분하는지 여부, 4~6개 시료의 4회 이상 반복평가 시의 일관성 유지 여부, 관능검사를 위한 용어의 구사능력 등이 필요하다.

③ 검사원은 검정 전에 향기없는 비누로 손을 씻고, 평가 30분 전에는 껌이나 음식물 섭취를 금한다. 시료의 취급방법, 평가속도 등에 대한 주의 및 사전교육을 실시한다. 각각 독립적으로 평가하며 평가 도중 일체의 대화를 금한다.

④ 모든 검사원에게 품질이 높은 시료와 낮은 시료를 각각 제시하고 각 관능적 특성에 해당하는 품질을 정확히 이해하고 설명해야 한다.

(6) 취반 및 검사

① 검사요원을 20명을 기준으로 할 때 시료 쌀 600g을 동일한 조건에서 취반한 후 검사원에게 제공한다.

② 검사시기는 결과에 미치는 영향이 가장 적은 시기를 택하는데 하루 중 공복이나 만복을 피하여 오전 10시경, 오후 3시경의 2회가 바람직하며 1인당 하루 4번까지 검사가 가능하다.

③ 검정은 시료를 600g(20명 기준) 칭량하고 가볍게 씻어서(4~5회) 일반적인 밥을 하는 방법대로 일정하게 실시한다.

그림 9-5. 시식용 쌀과 포장

(7) 평가항목 및 식미검정표

① 쌀밥의 식미 관능평가에 사용되는 평가항목은 밥의 모양, 냄새, 맛, 찰기, 씹히는 질감, 경도, 총평 등으로 한다.

② 쌀 품질이 좋고 나쁨을 논하려면 기준이 되는 표준미가 있어야 한다.

③ 평점은 기준미(0점)를 중심으로 좋은 쪽으로 약간 좋음(+1점)과 많이 좋음(+2점), 나쁜 쪽으로 약간 나쁨(-1점)과 많이 나쁨(-2점)의 5점 척도로 평가한다.

8. 종합적 쌀 품질 평가측정

① 쌀 유통현장에서 적용 가능한 품질 평가방법은 비파괴분석에 의한 기계적 방법과 관능검사를 병행한다. 기계적 방법은 간편하나 정확도가 떨어지고 관능검사는 실용적이나 객관성이 떨어지기 때문이다.

② 먼저 외관품위분석기로 완전미율 측정, 비파괴 성분분석기로 수분과 단백질 함량 측정, 식미계로 식미값 측정하여 신속하게 식미 추정. 기계적 측정을 보완하기 위해 검사요원에 의한 관능검사를 실시하여 종합하면 쌀 품질의 평가가 가능하다.

제5절 쌀의 영양성분과 취반특성

1. 영양적 특성

1) 일반 성분

① 쌀은 영양학적으로 우수하고 다양한 반찬으로 식단을 변화시키면 균형된 영양섭취가 가능하다.

② 탄수화물, 단백질, 지방의 이상적 에너지섭취 권장비율은 각각 65:15:20 정도가 건강에 좋다.

(1) 쌀의 영양성분

① 백미는 전분 78%, 단백질 7%, 조지방 0.4%, 조섬유 0.3%, 조회분 0.5%, 기타 비타민 등이 함유되어 있다.

② 백미는 현미보다 조지방, 조섬유, 조회분, 중성섬유의 함량이 낮다.

③ 일반 백미에는 비타민 A, C, D가 전무하나 황금쌀(비타민 C 함유)과 같이 특수목적 쌀이 육종되어 있다. 그러나 일부 국가에서만 생산이 허용되고 있다.

(2) 쌀의 탄수화물

① 쌀의 탄수화물은 80%가 전분이며 체내에서 포도당으로 분해되어 백미 100g당 356kcal의 에너지를 생산한다.

② 사람의 뇌조직은 포도당만을 에너지원으로 사용하기 때문에 쌀녹말은 특히 뇌활동의 에너지원으로 중요하다.

③ 쌀녹말은 밀이나 감자녹말보다 인슐린 분비의 자극이 적어서 비만과 당뇨병을 줄이는 효과가 있다.

(3) 쌀의 단백질

① 쌀 단백질은 글루텔린(glutelin) 70~80%와 프로라민(prolamin)으로 구성되어 있다.

② 쌀의 글루텔린은 소화가 잘 되나 프롤라민은 그대로 배출된다.

③ 쌀의 글루텔린에는 필수아미노산인 리신(lysine)이 흰쌀 100g당 220mg이나 밀가루는 140mg, 옥수수 110mg보다 2배 정도 높다.

④ 리신(lysine)은 콜레스테롤 함량을 떨어뜨리는 효과가 있다.

⑤ 유아의 아미노산 필요량을 기초로 정한 단백질값으로 아미노산가(amino acid score)는 백미 62, 밀가루 42, 옥수수 32 정도이다.

⑥ 쌀 단백질의 소화흡수율은 쌀이 99%, 밀 96%, 옥수수 95% 정도이다.

(4) 쌀의 지방(쌀겨 포함)

① 쌀 지방은 현미가 2.2%, 백미가 0.4%이지만 쌀눈에는 18%, 쌀겨에는 17% 정도가 된다.

② 지방은 쌀겨인 호분층에 많이 분포되어 있고 소화흡수율은 약 90%이다.

③ 쌀기름은 반건성유(semi-drying oil)에 속한다.

④ 쌀 지방의 지방산은 불포화지방산인 올레산(oleic acid)과 리놀레산(linoleic acid)이 70% 이상이고, 포화지방산인 팔미트산(palmitic acid)이 20% 정도 차지하는 양질의 기름이다.

⑤ 리놀레산(linoleic acid)은 혈액 중의 콜레스테롤을 저하시킨다.

⑥ 지방은 공기 중에 산소(O_2)와 결합하여 산패를 일으켜 헥사날(hexanal)이나 펜타날(pentanal)이 증가함으로써 묵은쌀 냄새가 나고 기름의 안정성을 해친다. 세포막 인지질의 일부를 만드는 데 꼭 필요한 필수지방산이므로 중요하다.

(5) 쌀의 비타민과 무기질

① 쌀에는 비타민 B 복합체가 풍부하며, 인체에 중요한 비타민E, 엽산, 니아신 등이 있다. 비타민 B 복합체는 당질로부터 열량을 내는데 반드시 필요한데, 물에 잘 녹기 때문에 쌀을 씻을 때 주의해야 한다.

② 비타민 B_1, B_6, 엽산(Bg) 당, 아미노산, 핵산, 지방대사에 이용되는 조효소 비타민 B_2, 니아신(Ba), 판토텐산(Bs) 세포호흡에 필요한 수소전달체와 조효소 A를 구성 비타민 E(토코페롤) 세포막의 인지질을 산화작용으로부터 보호한다.

③ 무기질 성분(쌀겨에 많음)으로 인산은 핵산과 ATP의 구성성분이고 칼슘(Ca)은 신경과 근육의 정상적인 기능을 위해 필요하며 나트륨(Na), 칼륨(K)은 신경기능과 세포의 삼투압 균형 유지를 도움을 준다.

④ 철분(Fe)은 세포호흡에서 전자운반체의 요소이며 적혈구의 산소(O_2) 운반단백질인 헤모글로빈의 구성성분이다.

⑤ 마그네슘과 칼륨비율은(Mg/K) 밥맛과 높은 상관관계가 있는데 높을수록 쌀의 밥맛이 좋다.

⑥ 쌀의 식이섬유는 면역력 증진, 질병예방, 유해 중금속의 흡착과 배출 등 건강에 유익하다.

2) 쌀겨와 쌀눈

① 쌀을 도정할 때 나오는 쌀겨나 쌀눈은 백미에 비해 단백질 함량이 2배 정도 높다.

② 쌀겨나 쌀눈은 백미에 비해 조지방, 조섬유, 조회분, 중성섬유 함량이 훨씬 높다.

③ 백미에 들어있지 않은 헤미셀룰로스, 셀룰로스, 리그닌 등이 다량 함유되어 있다.
④ 쌀겨에는 다량의 비타민 E가 존재하고 비타민 A, D도 상당량 함유되어 있다.
⑤ 쌀겨에는 식이섬유와 이노시툴, 콜린판토텐산 등 비타민류와 토코페롤, 페룰산, 피틴산 등 생리활성물질을 포함하고 있다.

3) 쌀의 일반성분 함량 비교

① 주요 곡류와 비교할 때 쌀의 단백질, 섬유질, 회분 함량은 다소 낮은 편이다.
② 쌀의 지방 함량은 보리, 옥수수, 수수, 귀리보다 낮고 밀, 호밀보다 높다.
③ 밀과 비교할 때 쌀의 단백질, 회분, 무기질, 비타민 함량은 다소 낮다.
④ 쌀의 필수아미노산 함량은 밀보다 높은데 이는 성장기 어린이에게 좋은 리신(lysine) 함량이 2배 많다.
⑤ 쌀은 아미노산가와 단백가가 높아 소화흡수율과 체내 이용률이 좋다.
⑥ 작물의 주요 단백질로 쌀은 글루텔린(glutelin), 보리는 호르데인(hordein), 밀은 글루텐(gluten), 옥수수는 제인(zein), 콩은 글로블린(globulin)이다.

표 9-7. 쌀의 부위별 일반성분 분포(단위 %, 백미수분 14% 기준)

연번	부위	탄수화물	지방	단백질	섬유질	회분
①	벼알	53	2	7	9	4
②	현미	66	2	12	1	1.2
③	백미	77	0.4	7	0.4	0.6
④	왕겨	2	0.6	2	40	16
⑤	쌀겨	14	17	13	9	8
⑥	쌀눈	2	18	18	3	7

표 9-8. 주요 작물들의 단백질의 영양가 비교

연번	구분	단백질 함량(%)	단백가	생물가	부족되는 아미노산
①	쌀	7	72	74	리신(lysine), 트레오닌(threonine)
②	밀	12	47	42	리신(lysine), 트레오닌(threonine)
③	콩	40	43	56	메티오닌(methionine), 트립토판(tryptophane)
④	옥수수	10	42	54	리신(lysine), 트립토판(tryptophane)

4) 도정과 영양분 손실

현미를 백미로 도정하면 쌀겨와 쌀눈이 제거되면서 영양성분이 일부 손실된다. 손실되는 양은 9분도미 기준으로 비타민이 70~80%, 단백질이 68%, 회분이 57%, 탄수화물이 23%, 지방 3.8%가 소실된다.

표 9-9. 도정에 의한 쌀의 영양분 손실률(%)

연번	구분	탄수화물	단백질	지방	회분	비타민 B_1	비타민 B_2
①	현미	0	0	0	0	0	0
②	5분도미	11	38	1.9	26	33	30
③	7분도미	16	55	2.2	42	44	50
④	9분도미	23	68	3.8	57	77	70
⑤	12분도미	25	77	4.5	66	88	85

2. 취반 특성

1) 밥이 되는 원리

(1) 호화(gelatinization)

① 호화는 쌀에 적당량의 물을 붓고 가열하면 전분이 팽윤하고 점성도가 증가하여 밥이 되는 화학적 작용이다.

② 쌀이 호화전분 형태로 변화되는 것이다. 즉 이중결정성을 잃어버리면서 풀처럼 되는 현상(호화)이다.

③ 호화조건으로 쌀의 30% 이상의 수분과 100℃에서 20분 이상의 가열이 필요하다.

④ 호화의 부피변화로 전분립 단독으로 충분한 수분에서 호화가 일어나면 용적이 약 60배나 증가한다. 그러나 실제 팽창도는 세포벽이나 단백질 입자의 작용으로 생쌀의 2.5배에 불과하다.

(2) 전분의 노화(retrogradation)

① 전분의 노화는 호화된 전분을 실온에 방치하면 시간이 경과함에 따라 점차 굳어지면서 식미가 저하되는 현상이다.

② 전분의 노화현상은 열에너지와 수분을 잃으면서 다시 결정구조를 만들어 전분이 엉켜붙기 때문이다.

③ 전분의 노화는 밥이나 떡을 저온에 장시간 방치하면 식미가 저하되고 소화성이 감소되는데 수분 30~60%, 0~3℃에서 급속히 진행된다.

④ 전분의 노화에 영향을 미치는 요인으로 전분 종류와 농도, 아밀로스(amylose)와 아밀로펙틴(amylopectin)의 함량, 단백질 및 지방 함량, 수분함량, 온도, pH, 염류의 존재 등이 있다.

⑤ 전분의 변화로 노화된 밥이나 떡을 가열하면 여기(excitation)된 물분자의 영향으로 전분이 다시 호화된다.

⑥ 밥을 전기보온밥솥에 장기간 저장하면 밥의 아미노산과 당이 반응하여 갈변물질을 형성하여 색이 누렇게 갈변하고 냄새가 나고 맛, 질감, 영양, 소화율이 저하된다.

3. 쌀의 향

1) 쌀과 향기성분

(1) 생쌀의 향을 구성하는 휘발성 성분

탄화수소(hydrocarbon)류 29종, 알데하이드(aldehyde)류 27종, 케톤(ketone)류 12종, 알코올(alcohol)류 4종, 퓨란(furan)류 4종 등 이들 휘발성 성분의 조합에 의해 향이 좌우된다.

(2) 쌀의 식미와 관련된 향기성분

① 쌀의 향은 여러 가지 성분이 혼합되어 나타나는데 생쌀보다 더 많은 휘발성 성분의 균형에 의해 좌우된다.

② 쌀의 특징적인 향기성분으로 일반미 밥에서 휘발성 성분들이 이미 규명되어 있다.

③ 향미에서 중요한 향성분인 팝콘향은 생쌀에는 검출되지 않고 밥에서만 검출되는 것으로 보아 취반 중 열에 의해 생성되는 것으로 추정된다.

④ 쌀의 휘발성 성분은 호분층에 들어 있으므로 도정률이 높을수록 휘발성 성분이 감소하고 밥향의 강도도 약해진다.

⑤ 저장기간이 길어지면 리놀레산(linoleic acid)이 산화되어 카보닐(carbonyl) 화합물이 증가하므로 묵은내가 나고 품질이 떨어진다.

2) 취반 과정

(1) 밥짓기

① 밥짓기의 소요 시간은 쌀의 양 및 취반기기에 따라 다르나 보통 30~50분 정도 소요된다.

② 쌀의 호화는 60~65℃에서 시작된다.

(2) 취반에 영향을 미치는 요인

① 수침시간에 따른 쌀의 변화로 쌀을 가열하기 전에 물에 적당하게 불리면 쌀 전분이 고르게 호화되어 밥맛이 좋아지고 취반시간도 단축된다.

② 쌀을 너무 오래 물에 담가두면 영양성분이 용출되어 영양소가 소실되고 밥의 경도가 감소되며 부착성이 증가되어 식미가 떨어진다.

③ 수분흡수 속도는 실온에서 수침 후 30분까지는 35% 내외로 급격히 증가되다가 그 후에는 완만하게 증가된다.

④ 백미의 적당한 수침시간은 30분 정도인데 영양소 손실을 막고 취반시간을 절약하며 밥맛이 저하되지 않는 정도이다.

⑤ 현미의 수침시간은 14~15시간이 적당한데 이는 쌀겨층이 수분 침투를 어렵게 하기 때문이다.

⑥ 수온이 높으면 수침시간이 단축되고 밥의 경도가 감소하며 찰기가 증가한다.

(3) 취반용수

① 수분은 일정량만 있으면 완전호화가 가능하므로 쌀의 양이 많다고 비례하여 취반용수를 증가시킬 필요가 없다.

② 적당한 밥짓기의 물량은 쌀 부피의 1.2배 또는 쌀 중량의 1.3~1.6배가 적당하다.

③ 물의 양이 많으면 유리수로 인하여 밥의 경도가 감소하고 부착성(끈기)이 증가하여 밥이 물러져 식미가 저하되고 물의 양이 적으면 전분의 완전호화가 어려워 밥이 설익고 경도가 높으며 부착성이 떨어져서 식미가 저하된다.

(4) 취반용기

① 밥솥은 열전도도가 낮은 무쇠솥이나 바닥이 두꺼운 스테인리스 솥이 좋고 일반솥보다는 압역솥이 좋다.

② 무쇠솥이 좋은 이유는 가열이 중단된 후에도 일정한 고온이 지속되어 뜸을 들일 수 있고 누룽지가 발생되어 밥 전체에 특유의 구수한 향취가 고루 퍼지기 때문이다.

③ 무거운 두껑으로 고압이 유지되므로 쌀알 내부의 고형물이 외부로 유출되는 것을 방지하고 내부까지 신속하고 고르게 호화되어 밥이 탄력과 찰기, 윤기를 갖기 때문이다.

제6절 쌀의 이용과 가공

쌀의 생산량이 증가하여 이제는 이용과 가공을 장려하여 소비를 촉진해야 하는 때가 되었다. 따라서 가공과 이용특성에 알맞는 품종이 활발히 진행되고 있다. 이러한 특수미는 주로 돌연변이 육종법에 의해 육성된다.

쌀은 밀보다 소화흡수가 잘 되는 우수한 식품이나 빵을 만들 때는 글루텐 단백질 등이 없어서 점성이 낮아 아직 소비가 미미한 실정이다.

표 9-10. 특수미의 이용

연번	항목	이용성
①	저아밀로스 쌀	쌀밥, 가공쌀밥, 알파화미, 술떡, 청주제조
②	고아밀로스 쌀	쌀국수, 알파화미, 쌀비스킷, 요리용 쌀(필라프)
③	중간찰(반찰)	도시락밥, 양조용, 식혜
④	향미	카레라이스, 볶음밥, 도시락밥, 쌀과자, 가공쌀밥, 혼합용 쌀
⑤	자색미	유색밥, 떡, 술, 과자, 눌엿, 색소원료, 건강식품, 화장품
⑥	대립미	술, 쌀과자, 된장
⑦	거대배아미	거대배미, 배아미밥, 영양제, 건강식품(GABA 함량이 높음)
⑧	저글로불린 쌀	신장병 환자 식사용
⑨	고글로불린 쌀	알레르기병 환자 식사용
⑩	당질미	이유식, 쌀음료
⑪	분질미	쌀녹말, 쌀가루

표 9-11. 쌀 가공식품들의 종류와 특성

연번	쌀 가공식품	특성 및 이용
①	쌀가루압출면	쌀가루를 압출가열 처리하여 쫄면이나 냉면 형태로 가공한 간편식품이다.
②	쌀가루혼합면류	쌀국수나 쌀라면 등 쌀가루를 30~50% 혼합한 즉석면류이다.
③	쌀고기	쌀과 콩을 사용하여 압출성형 방법으로 만든 쌀고기이다.
④	쌀발효음료	쌀을 이용한 유산균 발효음료 및 와인이다.
⑤	인스턴트 라이스	압출성형에 의해 제조된 것으로 물만 부으면 그대로 먹을 수 있는 간편식품이다.
⑥	즉석건조쌀밥	레토르트밥, 냉쌀밥 통조림밥 등 뜨거운 물만 부으면 그대로 먹을 수 있도록 건조시킨 밥, 레저 및 비상식량 등이다.
⑦	즉석고기덮밥	밥과 육류 등 부식을 동시에 열처리하여 가공한 인스턴트 간편식품이다.
⑧	미숫가루	물에 쉽게 풀어지도록 만든 편이식품이다.
⑨	쌀죽	쌀 모양을 그대로 살린 인스턴트 전통 쌀죽. 환자식, 이유식 등이다.
⑩	식혜	쌀을 이용하여 음료로 만든 식혜 제품이다.
⑪	현미 플레이크	현미를 먹기 좋게 플레이크(flake)로 제조하여 만든 대체용 편이식품이다.

쌀로 만든 약과

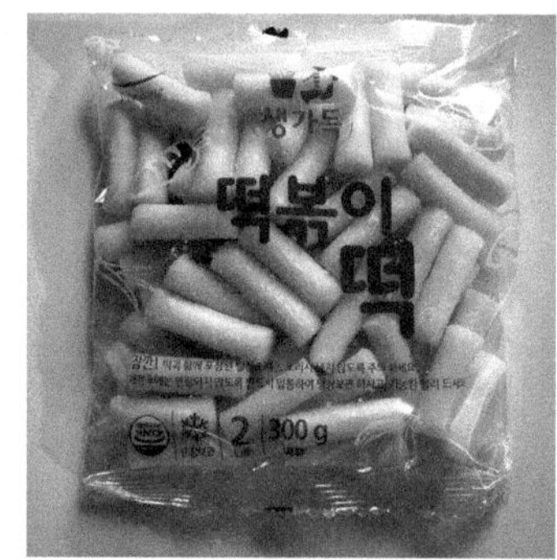

쌀로 만든 떡볶기 떡

인절미

쌀로 만든 한과

떡국떡

술빵

그림 9-6. 쌀가공품 사진들

1. 쌀밥류

① 상온에서 장기유통이 가능한 무균포장밥이 출시되면서 밥을 재료로 한 시장이 형성되고 다양한 밥류가 개발되어 있다.

② 밥가공에서 중요한 것은 밥맛을 좋게 하는 취반기술과 식미의 보존기술로 포장 시스템의 영향을 크게 받는다.

③ 조리한 쌀밥류를 적당하게 가공하여 편의성과 저장성을 향상시켰다.

9-12. 가공 쌀밥류의 제품들

연번	종류	내용 설명
①	건조밥(화미)	조리 가공한 밥을 열풍으로 급속 건조하여 상온에서 3년간 보존하도록 만든 밥이다.
②	김밥(삼각김밥)	밥을 김으로 감싸 둥글게 만든 뒤 잘라낸 음식으로 보관기간이 2~3일 정도이다.
③	냉동밥	조리 가공한 밥을 급속 냉동하여 보존하도록 만든 밥이다.
④	동결건조밥	쌀밥을 동결 건조시켜 뜨거운 물만 부으면 먹을 수 있다.
⑤	레토르트밥*	취시한 밥을 내열 포장재인 레토르트 용기(retort pouch)에 넣고 가압, 살균하여 상온에서 보존하도록 만든 밥이다. 햇반은 1996년 CJ의 개발 상품이었으나 현재는 다양한 이름으로 제품이 나와 있다.
⑥	무균포장밥	조리 가공한 밥을 기밀포장 용기에 넣고 살균, 밀봉하여 냉동하지 않고 상온에서 6개월간 보존이 가능하도록 만든 밥이다. 햇반이 여기에 속한다.
⑦	주먹밥	한끼 식사 대용 즉석 간이밥 쌀에 두류, 육류, 어류, 채소류 등의 부재료를 넣고 결착제와 조미료를 첨가하여 만든다. 보존기간은 2일 정도이다.
⑧	즉석고기 덮밥	밥+육류+부식을 동시에 열처리로 가공하여 인스턴트화한 밥이다.
⑨	즉석쌀밥(컵라이스)	뜨거운 물만 부으면 밥으로 복원되게 한 것. 레저 및 비상용 편의식으로 이용한다.
⑩	통조림밥	조리 가공한 밥을 통조림하여 100℃ 이상에서 살균한 후 상온에서 5년간 보존하도록 만든 밥이다.

〈레토르트밥〉

* 가공한 여러 가지 식품을 일종의 주머니에 넣어 밀봉한 후 고압가열살균솥(retort)에 넣고 고온에서 가열, 살균하여 공기와 광선을 차단한 상태에서 장기간 식품을 보존하도록 만든 가공식품이다. 장점은 캔 식품에 비해 부드럽고 가벼워 운반하기 편하며 용기상태에서 데울 수 있고, 약 2분간만 가열하면 먹을 수 있다. 용기가 납작하면 가열, 살균할 때 열 전달속도가 빨라 시간을 단축할 수 있다.

그림 9-7. 무균포장 가공쌀밥(햇반 등) 관련 제품들

2. 떡류(rice cake)

떡은 예로부터 제천의식과 관련하여 부족국가 시대부터 만들어졌을 것으로 추정되고 우리나라에서 떡은 각종 행사, 제사에 이용되었으며 행사용, 주식 대용, 간식 등으로 널리 이용되어 온 전통음식이다.

(1) 문헌에 의한 떡의 기록

① 가래떡, 인절미, 시루떡, 백설기, 팥떡, 계피떡, 증편 등 240여 종이 기록되어 있다.

② 찐떡의 종류가 가장 많고 사용되는 재료도 100가지 이상에 달한다.

(2) 떡의 종류

① 찐떡은 시루에 쪄서 만드는 떡이다.

② 친떡은 멥쌀가루나 찹쌀가루를 시루에 찌거나 찹쌀로 밥을 지어 절구 등에 쳐서 만드는 떡이다.

③ 지진떡은 찹쌀가루를 반죽하여 모양을 내어 기름에 지져서 만드는 떡이다.

④ 삶은떡은 찹쌀가루를 반죽하여 둥글게 빚어 끓는 물에 삶아서 만든 떡이다.

(3) 떡의 가공기술

① 떡은 유통 중 쉽게 노화되고 보존성이 떨어지는 문제점이 있는데 보통 떡은 굳기 때문에 1일 이상 유통이 곤란한데 최근에는 굳지 않는 기술이 개발되어 있다.

② 진공포장을 한 떡볶이용 흰떡은 1개월 이상 유통이 가능하고 상온에서 3개월 동안 저장 가능한 레토르트 떡이 출시되어 있다.

3. 죽류(rice gruel)

쌀 중량의 5~10배의 물을 붓고 끓여 점성을 가진 유동성 음식으로 만든 것으로 옛날부터 죽은 쌀에 잡곡 채소류를 혼합하여 물을 많이 넣어 양을 불려 먹던 가난한 음식이었다. 예전에는 종실류와 채소류의 흰죽, 팥죽, 호박죽 등이 대부분이고 잣죽, 깨죽, 전복죽, 어죽 등은 고급 죽이었다.

(1) 죽의 상품화

① 죽은 열량이 100g당 30~50kcal로 밥류의 30%에 불과하여 건강식으로 많이 이용된다.

② 편의식으로 부담없이 간편하게 먹을 수 있어 시장이 확대되고 있고 분말로도 제조하지만 레토르트 용기나 캔에 넣어 판매한다.

③ 맛죽류는 곡류(팥죽 등)를 채소(아욱죽 등), 패류(전복죽 등) 등과 혼합한 죽이다.

④ 즉석쌀죽은 쌀의 모양을 살리면서 조리시간이 단축된 인스턴트 전통 쌀죽이다.

4. 국수류(rice noodle)

(1) 쌀국수

① 쌀국수류 제조에는 아밀로스 함량이 높은 경질품종이 바람직하다.

② 자포니카 쌀은 아밀로스 함량이 낮아 국수를 만들기 어려워 밀가루와 혼합하여 국수를 제조한다.

③ 인디카 쌀은 아밀로스 함량이 높은 전분의 특성상 면을 만들 수 있어서 동남아에서는 100% 쌀국수(베트남 쌀국수 등)가 이용된다.

그림 9-8. 쌀국수의 포장지와 면의 모습

(2) 쌀을 이용한 면류

① 쌀라면은 밀가루에 쌀 30% 내외를 혼합하여 즉석면화한 것이다.

② 쌀국수는 쌀을 40~50% 혼합한 것이다.

③ 증숙(蒸熟)면은 쌀 30% 내외를 혼합하여 기름에 튀기지 않고 쪄서 건조한 즉석면으로 쌀 고유의 풍미와 식감을 최대한 유지하며 떡국의 맛을 갖춘 인스턴트면이다.

④ 압출면은 100% 쌀가루를 압출, 가열처리하여 조리면, 쫄면, 냉면으로 만든 제품이다.

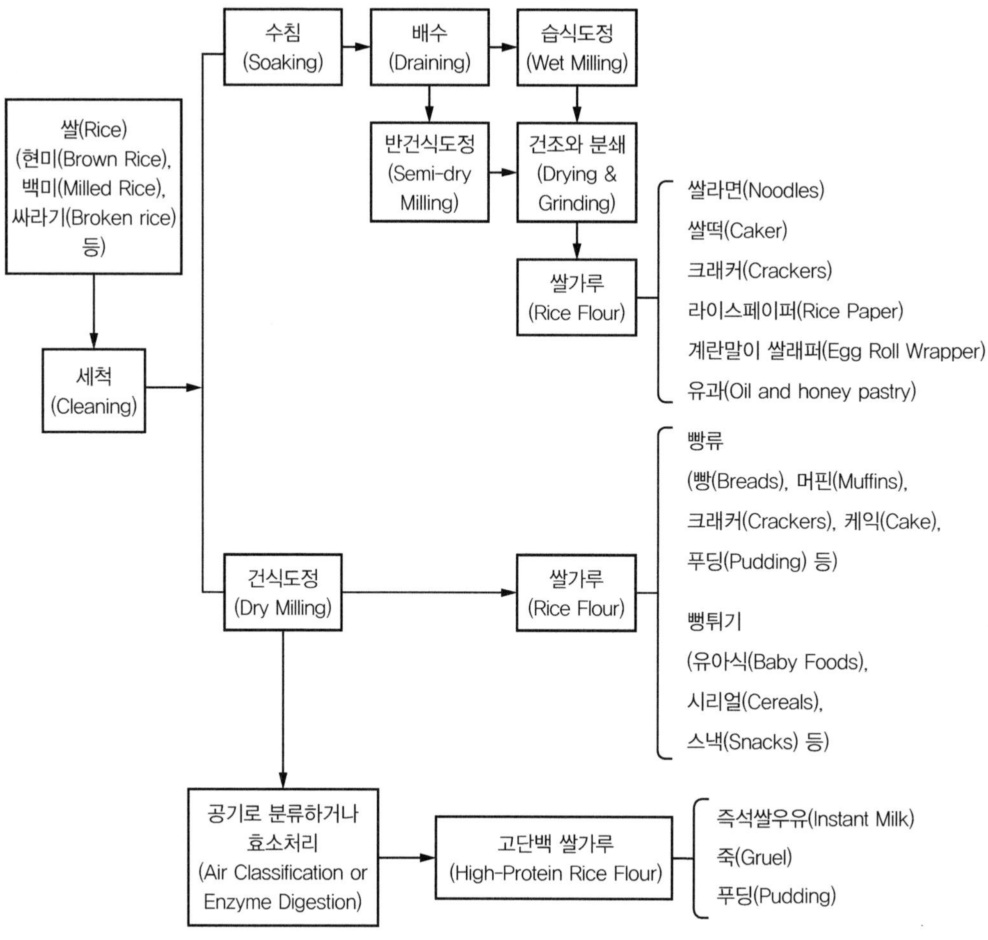

그림 9-9. 쌀의 가공 과정도

5. 빵류(rice bread)

밀가루와 쌀을 7:3 비율로 혼합하면 질 좋은 쌀식빵을 만들 수 있고, 최근에는 제빵기술이 발전으로 100% 쌀빵도 출시되어 있다.

6. 주류 및 음료류(rice wine and beverage)

(1) 주류

① 술은 인류 역사와 함께 해온 음식의 하나로 쌀을 익힌 것을 효모로 발효시켜 알코올 성분이 함유되도록 만든 것이 많이 있다.

② 술을 빚어 맑은 술을 떠내면 청주(약주), 그대로 거르면 탁주(막걸리, 동동주), 증류하면 소주가 된다. 청주의 제조에는 단백질과 지방 함량이 낮은 대립이면서 아밀로스 함량이 낮고 연질인 쌀이 좋다.

③ 쌀과 관련된 전통 민속주는 막걸리 등 국내에 50여종이 있다.

(2) 음료류

① 쌀을 이용한 음료류에는 식혜, 숭늉, 미숫가루 등이 있고 식혜는 엿기름에 밥알을 당화시켜 제조한 것이다.

② 감주 형태의 청량음료나 저알코올성 건강음료 제조에는 대립 찹쌀이나 향미 찹쌀이 좋다.

7. 쌀과자(rice snack)

① 쌀을 원료로 제조하는 한과류는 유과와 다식이 대표적이고 쌀뻥튀기 등이 있다.

② 다식은 한과의 일종으로 신라와 고려시대에 성행했던 차문화와 함께 생겨난 한과이다.

③ 유과는 찹쌀을 삭힌 후 가루로 하여 콩물과 술로 반죽하여 얇게 밀어 여러 모양으로 성형한 후 말려서 기름에 튀겨내어 꿀이나 조청을 발라 여러 가지 고물을 묻혀서 만드는 것이다.

④ 쌀뻥튀기(popped rice)는 압력용기 속에서 튀긴 쌀로 용기에 쌀을 넣고 밀폐한 후 가열하면 용기 속의 압력이 올라가 뚜껑을 갑자기 열면 압력이 급히 떨어지면서 쌀알이 몇 배로 부풀어 오른 것이다.

⑤ 쌀플레이크(flake)는 현미를 압착, 가공하여 주식 대체용 편의식품으로 만든 것이다.

8. 엿류(rice taffy)

① 쌀을 익히고 엿기름으로 삭힌 즙액을 끓이고 농축하여 끈적끈적하게 만든 것이다.

② 묻히는 고물에 따라 깨엿, 콩엿 등으로 만들 수 있다.

③ 색깔에 따라 보통의 붉은 엿, 진하게 농축시킨 검은 엿, 기포를 포함시킨 흰엿, 묽게 졸인 조청 등이 있다.

④ 쌀엿의 상품성은 고온에서 녹아내리는 단점을 보완해야 하는 문제가 있다.

9. 쌀가루(rice flour)

① 쌀을 가루(생미분)로 만들어 가루전분 그대로 이용할 수도 있고 2차로 가공하여 이용한다.
② 미숫가루는 용해성을 개선하여 냉수에도 풀어지도록 하여 휴대가 가능한 편의식품이다.

10. 쌀식초류(rice vinegar)

① 쌀식초는 3~6% 초산을 함유하며 시고 약간 단맛이 있는 조미료로서 옛날부터 술의 발전과 동시에 이용되어 왔다.
② 쌀식초는 육류 소비량 증가에 따라 함께 증가하고 있는 추세이다.
③ 쌀식초의 개발 방향은 건강증진, 성인병 예방, 미용효과, 약용 등이다.
④ 쌀식초는 15% 이상의 산농도를 생산할 수 있는 균주의 개발이 필요하다.

제7절 부산물의 이용

1. 볏짚(rice straw)

① 우리나라에서 벼를 재배하고 나면 쌀 생산량에 맞먹는 약 400여 만톤의 볏짚이 생산된다.
② 예전에는 볏짚을 가마니, 멍석, 망태, 새끼, 짚신 등의 가공품을 만들어 생활필수품으로 이용(농외 소득원)하였고 초가집의 지붕재, 가축의 겨울철 보조사료와 깔짚, 난방과 취사를 위한 연료, 퇴비 재료, 일부는 가압하여 합판 대용으로도 이용하였다.
③ 볏짚은 키가 작은 통일벼가 보급되면서 볏짚의 길이가 짧아지고 강도가 약하여 새끼를 꼬거나 가마니를 짜는 데 부적합하여 가공품으로서 이용이 감소하였었다.
④ 요즘은 볏짚을 가축의 겨울철 보조사료와 깔짚으로 많이 이용되고 토산품의 장식용, 버섯재배 배지 등으로 이용된다.
⑤ 벼재배에서 바람직한 볏짚의 이용방향은 콤바인 수확 시 절단하여 논에 환원시키는 것이다.

2. 왕겨(rice husks)

① 벼를 도정하면 20% 내외의 왕겨가 생산된다.

② 왕겨는 식물학적으로 벼 종실의 과피에 해당한다.

③ 왕겨는 규산함량이 높고 질소함량이 낮아서 용도는 제한되나 대부분 토양에 넣어 토양개량제로 사용하거나 퇴비를 만들때 이용한다.

④ 탄화시킨 왕겨는 농자재로 우수하여 한때는 수경재배 배지(훈탄)로 많이 사용되었다.

③ 과거에는 왕겨로 베갯속을 넣는 등 생활용품의 충진재나 단열재로 이용하였다.

3. 쌀겨(rice bran)

① 쌀을 도정하면 쌀겨가 생산되는데 쌀겨는 식물학적으로 벼 종실의 종피와 호분층을 깎은 분쇄 혼합물이다.

② 쌀겨는 벼알의 껍질층에 해당하므로 단백질, 지방질, 무기물, 비타민, 섬유질 등의 함량이 높아서 과거 식량이 부족하던 시대에 보조식량으로도 이용되었다.

③ 기름을 짜거나 단무지 등의 식품보존재로 쓰이며 배합사료를 만들거나 효소를 추출하기도 한다.

④ 쌀겨에는 피트산($C_6H_{18}O_{24}P_6$, phytic acid)이 1~2% 함유되어 있는데 항암효과와 금속이온의 킬레이트화 작용이 있다.

⑤ 쌀겨는 가공품의 변질 및 착색 방지제로 밤, 콩, 연근, 우엉, 장아찌류, 단무지 등의 변색 및 변질 방지제로 사용되고 있다.

⑥ 통조림 내부 등의 금속표면 부식 방지제, 영양제와 주사액의 안정제, 향료 화장품 유지 및 도료의 산화방지제로 이용된다.

⑦ 쌀겨의 지방함량은 약 20% 정도로 높은 데 쌀겨 기름은 반건성유(semi-drying oil)에 속한다.

⑧ 쌀 지방의 지방산은 불포화지방산인 올레산(oleic acid)과 리놀레산(linoleic acid)이 70% 정도, 포화지방산인 팔미트산(palmitic acid)이 20% 정도 차지한다.

⑨ 쌀겨는 저장 중 리파아제(lipase)의 작용으로 산패나 변질이 되기 쉬우므로 가공원료로 이용하려면 변질 방지에 유의해야 한다.

⑩ 쌀겨의 성분에서 건강기능성 성분인 토코페롤(tocopherol)과 오리자놀(oryzanol) 등을 추출하여 건강기능성 식품을 제조한다.

부록

1. 참고문헌(Referance)

Dobermann A. and T.H. Fairhurst. 2000. Rice: Nutrient Disorders & Nutrient Management. International Rice Research Institute (IRRI).

Fairhurst, T.H. C. Witt, R.J. Buresh, and A. Dobermann. 2007. Rice: A Practical Guide to Nutrient Management 2nd edition. IRRI.

Maclean, J.L. D.C. Dawe, B. Hardy, and G.P. Hettel. 2002. Rice Almanac 3rd Edition. IRRI.

Shouichi Yoshida. 1981. Fundamentals of Rice crop Science. IRRI.

강영희 외. 1988. 식물생리학. 아카데미서적.

강원희 외. 일반식물학. 월드사이언스

고희종 외. 2010. 식물육종학. 향문사.

국립원예특작과학원 www.nihhs.go.kr

기상청 기상청 www.kma.go.kr

김계훈. 2006. 토양학. 향문사.

김기선, 이희재. 2012. 원예작물학Ⅱ. KNOU press.

김길하 외. 2012. 삼고 해충학. 향문사.

김정호 외. 2010. 과수원예각론. 향문사.

김종국 외. 2008. 신고 산림보호학. 향문사.

김종천. 1993. 원예학원론. 건국대학교출판부.

김준석. 1974. 신고원예학. 향문사.

김형무 외. 2008. 신제 식물병리학. 향문사.

남상용. 2010. 제카의 허브. RGB.

남상용. 2011. 식물공장대전. RGB.

남상용. 2020. 원예산물의 저장과 유통. RGB.

남상용. 2020. 원예학개론. RGB.

남상용. 2020. 작물생리학. RGB.

농림축산식품부. https://www.mafra.go.kr/sites/mafra/index.do

농촌진흥청 www.rda.go.kr

鈴木正彦. 2012. 園藝學 基礎. 農文協.

今西英雄. 2019. 園藝學 入門. 朝倉書店

류수노 외. 2015. 재배학원론. KNOU press.

문원 외. 2010. 원예학. KNOU press.

박광호 외. 2009. 알기쉬운 벼재배기술. 향문사.

박권우. 2019. 원예번식학. 선진문화사.

박순직 외. 2002. 식용작물학Ⅰ. 한국방송통신대학교 출판부.

박순직 외. 2002. 재배식물육종학. 한국방송통신대학교출판부.

변종영 외. 2017. 작물생리학. 향문사.

손응용, 권신한. 1976. 작물육종학원론. 선진문화사.

심상인 외. 2019. 식용작물학-전작. 향문사.

이경준 외. 2015. 산림생태학. 향문사.

이경준. 2015. 수목의학. 서울대학교 출판문화원.

이규배. 2018. 식물형태학. 라이프사이언스.

이정명. 2013. 채소학각론. 향문사.

이정명. 2014. 채소학총론. 향문사.

이종훈. 2001. 최신 도작과학. 선진문화사.

임열재. 2017. 과수학총론. 향문사.

장권열 외. 2008. 육종학범론. 향문사.

전방욱, 김성룡. 2018. 식물생리와 발달. 라이프사이언스.

전작. 2013. 조재영. 향문사.

채제천. 2006. 삼고 재배학원론. 향문사.

최봉호 외. 2009. 종자생산학. 향문사.

최은영 외, 2020. 원예작물학Ⅰ. KNOU press.

八木宏典. 2019. 現代農業入門. 家의 光協會.

한국비료공업협회, http://www.fert-kfia.or.kr/

한국작물보호협회, http://www.koreacpa.org/

홍병희. 2009. 종자학. 향문사.

홍영남. 2012. 식물생리학. 월드사이언스.

後藤雄佐. 2013. 作物學 基礎. 農文協.

2. 한영색인(Korean-English Index)

3. 영한색인(English-Korean Index)

식용작물학
Food Crop Science

2021년 12월 15일 초판 인쇄
2021년 12월 25일 초판 발행
2023년 3월 2일 재판 인쇄
발행 : 삼육대학교 자연과학연구소(namsyzip@naver.com)
출판 : RGB Press(36cactus@naver.com)
ISBN 978-89-98180-28-7

편저 출판에 도움을 주신 분들

편집과 인쇄를 맡아준 파오디의 조흥원 실장, 이 일로 인해 발생한 여러 어려움을 잘 참아준 삼육대학교 작물생리학 실험실연구원들과 가족들에게도 감사를 드린다.

저자경력

남 상 용 (농학박사)

서울대 농업생명과학대학 식물생산과학부 학부, 석사, 박사졸업
현재 삼육대학교 환경디자인원예학과/대학원 환경원예학과 교수
현재 삼육대학교 부설 자연과학연구소 소장
현재 농촌진흥청 다육식물 유전자원관리기관 책임자
현재 (사)한국선인장과 다육식물협회장

김 경 민 (농학박사)

경북대학교 농업생명과학대학 농학과 학부, 석사, 박사 졸업
현재 경북대학교 농업생명과학대학 응용생명과학부 교수
현재 경북대학교 해안농업연구소 소장
현재 (사)경북세계농업포럼 이사장

박 재 령 (농학박사)

동아대학교 생명자원과학대학 분자생명공학과 학부, 석사 졸업
경북대학교 농업생명과학대학 응용생명과학부 박사졸업
현재 농촌진흥청 국립식량과학원 전문연구원
현재 삼육대학교 환경디자인원예학과/대학원 강사